电波无线能量传输技术研究与进展

Recent Wireless Power Transfer Technologies via Radio Waves

[日] Naoki Shinohara 主编

董士伟 李小军 李成国 禹旭敏 译

电子工业出版社

Publishing House of Electronics Industry

北京·BEIJING

内 容 简 介

本书全面介绍了电波无线能量传输的各方面内容。全书共 11 章，第 2~5 章论述了电波无线能量传输系统涉及的关键技术，第 6~9 章论述了电波无线能量传输技术的典型应用，第 10~11 章论述了电波无线能量传输技术的共存性问题。全书概念清晰，组织有序，层次分明，主要章节都采用理论结合实践的方式展开论述，提供了很多研究开发的实例。读者既可以找到直接的设计参考，也能获得全方位的帮助。

本书既可作为高等院校相关专业高年级本科生或研究生的教学用书，也可作为从事相关技术开发和系统研制的工程技术人员的参考用书。

Original English language edition copyright©2018 of the original English Edition Recent Wireless Power Transfer Technologies via Radio Waves by River Publishers.

Chinese language edition copyright©2021 by Publishing House of Electronics Industry.

All rights reserved. No part of this book may be reproduced or transmitted in any form or by any means, electronic or mechanical, including photocopying, recording or by any information storage retrieval system, without permission in writing from the Proprietor.

本书中文简体字版专有出版权由 River Publishers 授予电子工业出版社，未经出版者预先书面许可，不得以任何方式复制或抄袭本书的任何部分。

版权贸易合同登记号　图字：01-2021-4975

图书在版编目（CIP）数据

电波无线能量传输技术研究与进展 /（日）篠原真毅（Naoki Shinohara）主编；董士伟等译. —北京：电子工业出版社，2021.10

书名原文：Recent Wireless Power Transfer Technologies via Radio Waves

ISBN 978-7-121-34433-6

Ⅰ.①电… Ⅱ.①篠… ②董… Ⅲ.①电波传播—无线传输技术—研究 Ⅳ.①TN011

中国版本图书馆 CIP 数据核字（2021）第 210896 号

责任编辑：张　迪（zhangdi@phei.com.cn）
印　　刷：北京虎彩文化传播有限公司
装　　订：北京虎彩文化传播有限公司
出版发行：电子工业出版社
　　　　　北京市海淀区万寿路 173 信箱　邮编　100036
开　　本：787×1 092　1/16　印张：14　字数：358.4 千字
版　　次：2021 年 10 月第 1 版
印　　次：2023 年 4 月第 2 次印刷
定　　价：99.00 元

凡所购买电子工业出版社图书有缺损问题，请向购买书店调换。若书店售缺，请与本社发行部联系，联系及邮购电话：（010）88254888，88258888。

质量投诉请发邮件至 zlts@phei.com.cn，盗版侵权举报请发邮件至 dbqq@phei.com.cn。

本书咨询联系方式：（010）88254469，zhangdi@phei.com.cn。

主编简介

Naoki Shinohara（篠原真毅）分别于 1991 年、1993 年和 1997 年获日本京都大学电子工程专业工学学士学位、电气工程专业工学硕士和工学博士学位。自 1996 年起，他在京都大学任助理研究员，自 2010 年起任京都大学教授。他致力于空间太阳能电站（太阳能发电卫星）和微波能量传输系统的研究，是 IEEE MTT-S 技术委员会（无线能量传输与变换）主席、IEEE MTT-S 关西分会程序委员会成员、IEEE 无线能量传输会议咨询委员会成员、URSI 委员会副主席、无线能量传输国际期刊（剑桥出版社）执行主编、IEICE 无线能量传输委员会第一任主席和成员、日本电磁波能量应用学会副主席、空间太阳能系统学会成员、实用无线能量传输联盟（WiPoT）主席，以及无线能量管理联盟（WPMc）主席。

推 荐 序

　　我々の社会は電気エネルギーに依存しっしている。現在の電気エネルギーの利用法は、発電所で発電した電気を、その電源からユーザーまで途切れることなく有線でつなぎ供給するか、化学エネルギーに変換して蓄電池に蓄え、電源から切り離し持ち運ぶかである。ワイヤレス給電はこの2つの中間にあり、「ワイヤレスで電源とユーザーをつなぐ」革新技術として、近年世界中で研究や実用化が盛んになっている。本書は世界のワイヤレス給電の最先端の研究を基礎から応用まで網羅した基本的なテキストである。本書が中国語に訳され、出版されることでさらに幅広い読者に読んでもらえるようになることに感謝したい。多くの私の中国の友人の研究者たちや学生たちも、本書が出版されることでより深くワイヤレス給電について学んでもらえることと思う。その結果、ワイヤレス給電という革新的な技術の研究のすそ野が広がり、技術がより発展でき、最終的には人間社会の変革にまでつながることと考える。最後に本書の中国語訳に関し、友人の中国 CAST の董士伟氏、私の研究室博士課程学生の楊波氏には多大な努力をしていただいた。ここに感謝したい。

　　当今社会的运行非常依赖电能。而当前电能的使用方式是通过输电线将发电厂的电能连接到用户，或者将电能转换为化学能储存在蓄电池中，拔掉电源线后再来使用。无线充电技术介于这两种方式之间，并且作为一种"无线连接电源和用户"的革新技术，近年来在全球范围内都在积极进行研究和产业化。作为一部基础性著作，本书涵盖了世界范围内有关无线充电技术从基础到应用的前沿研究。在此致谢将本书翻译成中文出版的所有相关人员，使更多的读者可以阅读到本书。本书出版后，我想许多我的中国友人研究学者和学生也可以更进一步地了解无线充电技术。因此，我相信这将扩大无线充电技术这一革新技术的相关研究，进一步推动无线充电技术的发展，最终将间接推动人类社会的变革。最后，关于本书的中文译本，中国空间技术研究院的友人董士伟博士和我研究团队的博士生杨波先生付出了很大的努力，在此深表感谢。

篠原真毅

2021 年 9 月，于京都

前　言

设想一下，在未来社会，如果不再通过电池或电缆供电，人们或许会忽视电力在日常生活中的重要地位。移动电话将能终日待机而不会发生蓄电不足，大量传感器设施可以持续地收集无处不在的大数据信息，从而使人们及时洞悉大大小小的社会问题。这样的未来不是梦，也不是科幻小说，我所描述的正是眼前的未来，是一个因无线能量传输（WPT）技术变革的社会。WPT 技术是基于电波和无线技术发展起来的，而它们已在无线通信和遥感中得到率先应用。本书将介绍 WPT 技术的最新研究进展和前沿应用。希望谨借此书，与你分享一个无需电池和电缆的电气化未来。

篠原真毅

未来的无线能量传输社会

译者前言

本书是日本京都大学篠原真毅教授联合 21 位知名学者，集多年心血而成的重要学术成果，于 2018 年出版发行，并在国际天线理论与工程界引起巨大反响。中国空间技术研究院西安分院和空间微波技术重点实验室的研究人员较早接触到这部书，并多受启迪，对研究产生了显著的促进作用。为便于这部鸿篇巨制更好地为国内天线界学者和工程师所用，译者经过 2 年的努力将原著翻译为中文版。

本书包含 11 章，内容全面，覆盖了电波无线能量传输的发展历程、关键技术、系统设计、应用等。而译者也是具有相关研究背景的学者和技术人员。在翻译的过程中，译者与原作者进行了必要的交流，以保证译著的质量。

全书由董士伟统稿，参加本书翻译的有李小军、李成国和禹旭敏。在本书翻译过程中，得到了电子工业出版社张迪编辑的大力协助，在此致以由衷的谢意。本书的出版也得到国家自然科学基金项目（项目号 51777168 和 61801374）的部分资助。

为保持本书内容与原版书内容一致，全书中的参考文献与原版书保持一致。

原著主编篠原真毅教授、上海大学杨雪霞教授、浙江大学冉立新教授给予翻译组极大支持，在此也特对他们致以谢意。

译 者

2021 年 9 月，于西安

目 录

1 绪论 (1)
1.1 引言：无线能量传输简史 (1)
1.2 无线能量传输技术 (4)
1.3 参考文献 (5)

第 I 部分：相关技术

2 无线能量传输中的固态电路 (9)
2.1 引言 (9)
2.2 低功率无线能量收集 (10)
2.3 中功率无线能量传输 (19)
2.3.1 中功率微波发射电路 (20)
2.3.2 中功率微波整流电路 (20)
2.4 高功率定向波束传输 (23)
2.5 大功率近场感应无线能量传输 (28)
2.6 结论 (31)
2.7 参考文献 (31)

3 微波电子管发射机 (38)
3.1 引言 (38)
3.2 磁控管 (38)
3.2.1 工作原理 (39)
3.2.2 烘箱磁控管降噪方法 (40)
3.2.3 注入锁定磁控管 (41)
3.2.4 相位控制磁控管 (41)
3.2.5 幅相控制磁控管 (42)
3.2.6 功率可变相控磁控管 (43)
3.2.7 磁控管微波能量传输演示验证 (44)
3.3 速调管 (45)
3.3.1 工作原理 (45)
3.3.2 速调管无线能量传输演示验证 (46)
3.4 增幅管 (46)
3.5 总结 (47)
3.6 参考文献 (48)

4 天线技术 (52)

4.1 引言 (52)
4.2 远场波束效率 (53)
4.3 近场辐射波束效率 (54)
4.4 感应近场波束效率 (55)
4.5 接收天线波束收集效率 (57)
4.6 相控阵天线波束形成 (60)
4.7 波达方向 (63)
4.8 参考文献 (66)

5 整流天线效率 (68)

5.1 引言 (68)
5.1.1 何为整流天线 (68)
5.1.2 能量收集中的整流天线 (70)
5.1.3 历史回顾 (71)
5.1.4 效率链 (72)
5.1.5 整流天线效率优化 (72)
5.2 天线效率 (73)
5.2.1 高效天线 (73)
5.2.2 天线阵列 (74)
5.2.3 高阻抗天线（更利于匹配）(74)
5.2.4 宽带天线 (75)
5.2.5 不含匹配网络的整流天线集成设计 (75)
5.2.6 大立体角高增益整流天线 (75)
5.3 匹配网络 (77)
5.3.1 宽带整流器 (79)
5.3.2 工作输入范围宽的整流器 (79)
5.4 整流基本原理：RF-DC 转换效率和直流损耗 (81)
5.4.1 转换效率 (81)
5.4.2 寄生效率 (83)
5.4.3 直流电源到负载的功率传输效率 (83)
5.4.4 非线性增强 (84)
5.4.5 结电阻增加 (86)
5.4.6 低温工作 (86)
5.4.7 增强输入功率 (87)
5.4.8 同步开关整流器（自同步整流器）(88)
5.4.9 谐波管理 (89)
5.4.10 晶体管低传导损耗 (90)
5.4.11 具有弱非线性结电容的二极管 (91)

5.5	升压效率	(91)
	5.5.1 商业化电路	(91)
	5.5.2 引人瞩目的实验结果	(92)
5.6	结论	(93)
5.7	参考文献	(93)

第Ⅱ部分：应用

6 远场能量收集和后向散射通信 ··· (103)
- 6.1 引言 ··· (103)
- 6.2 种植型射频能量收集 ··· (104)
  - 6.2.1 WISP ··· (104)
  - 6.2.2 WISPCam ·· (106)
  - 6.2.3 应用 ··· (107)
- 6.3 环境射频能量收集 ··· (112)
  - 6.3.1 电力供应途径构建 ·· (113)
  - 6.3.2 多频段能量采集 ··· (116)
  - 6.3.3 环境后向散射 ·· (119)
- 6.4 结论 ··· (120)
- 6.5 致谢 ··· (120)
- 6.6 参考文献 ··· (120)

7 使用无线充电的分布式传感 ··· (124)
- 7.1 引言 ··· (124)
- 7.2 物联网（IoT） ··· (125)
  - 7.2.1 WPT 支持的物联网（目前的实例） ································· (125)
  - 7.2.2 物联网未来发展轨迹 ·· (126)
  - 7.2.3 未来物联网发展的传感器及实例 ····································· (127)
  - 7.2.4 阻抗传感器 ·· (128)
  - 7.2.5 零功率无线裂缝传感器 ··· (130)
  - 7.2.6 多比特无芯片传感器标签 ·· (132)
  - 7.2.7 WPT 推动分布式传感的实现 ·· (133)
  - 7.2.8 射频供电的用于识别和定位的环保型应答器 ······················· (134)
  - 7.2.9 用于无线假肢控制的射频供电植入式传感器 ······················· (135)
  - 7.2.10 用于环境监测的射频功率温度传感器 ······························ (138)
- 7.3 空间互联网 ··· (138)
  - 7.3.1 生态系统 ··· (138)
  - 7.3.2 空间互联网未来发展轨迹 ·· (139)
  - 7.3.3 卫星集群愿景 ·· (140)
- 7.4 结论 ··· (141)

7.5 参考文献 (141)

8 IoT (146)
 8.1 引言 (146)
 8.2 后向散射通信 (147)
  8.2.1 高速率后向散射 QAM 调制 (149)
  8.2.2 具有 WPT 功能的后向散射 QAM (153)
  8.2.3 用于移动无源后向散射传感器的高效无线能量传输系统 (156)
 8.3 参考文献 (160)

9 波束式无线能量传输和太阳能发电卫星 (162)
 9.1 引言 (162)
 9.2 面向固定目标的远距离波束式无线能量传输 (163)
 9.3 面向固定目标的中短距离波束式无线能量传输 (165)
 9.4 面向移动目标的波束式无线能量传输 (168)
 9.5 太阳能发电卫星（SPS） (171)
 9.6 参考文献 (175)

第 III 部分：无线能量传输的共存

10 人体电磁安全及国际健康评估 (181)
 10.1 引言 (181)
 10.2 电磁场与健康的历史背景 (181)
 10.3 电磁场对健康影响评估的相关研究 (182)
  10.3.1 概述 (182)
  10.3.2 流行病学研究 (183)
  10.3.3 动物实验 (185)
  10.3.4 细胞实验 (186)
 10.4 WHO 和 IARC 评估及相关趋势 (187)
 10.5 电磁过敏 (190)
 10.6 电磁场生物效应和风险沟通 (190)
 10.7 结论 (190)
 10.8 参考文献 (191)

11 2.4GHz 频段 WPT 和 WLAN 的共存 (194)
 11.1 引言 (194)
 11.2 连续 WPT 和 WLAN 数据传输的邻近信道工作模式 (195)
  11.2.1 连续无线能量传输试验装置 (195)
  11.2.2 测试结果 (196)
 11.3 断续 WPT 和 WLAN 数据传输的共信道工作模式 (197)
  11.3.1 断续无线能量传输试验装置 (197)
  11.3.2 共信道工作模式下的丢帧率估计 (198)

| 11.3.3 测试结果 ··· (199)

11.4 基于暴露评估的速率自适应 ··· (203)

  11.4.1 速率自适应方案 ·· (203)

  11.4.2 基于整流天线输出暴露评估的速率自适应方案 ············ (203)

11.5 结语 ··· (204)

11.6 致谢 ··· (205)

11.7 参考文献 ·· (205)

1

绪　　论

篠原真毅（Naoki Shinohara）

日本京都大学生存圈研究所

摘要

本章介绍了无线能量传输（WPT）技术自19世纪到21世纪的发展历程。WPT技术是一项21世纪的无线技术，但其又是基于自19世纪发展而来的古老而基础的电波技术。本章简要总结了WPT技术的技术基础。

1.1 引言：无线能量传输简史

21世纪初，无线能量传输（WPT）技术已经引起相当的关注。人们已经利用基于电波的无线技术来实现广播、信息传输和遥感，无法想象没有无线技术生活会是怎样。尽管如此，无线电波本身对于无线技术而言并非关键，但却是重要的信息载体。

更有甚者，无线电波还用于能量相关的应用，如用微波炉实现的微波加热。1884年，波印廷（J. H. Poynting）首次推导了波印廷矢量，它表明电波自带能量，从此人们一直用电波来发热。1864年，麦克斯韦（J. C. Maxwell）推导了麦克斯韦方程组，它们阐述了电波、光波和电力的内在规律，这些对象的区别仅仅是频率。这表明可以将无线电波用于电力传输，这就是WPT。19世纪末期，特斯拉（N. Tesla）在科罗拉多斯普林斯用150kHz、300kW的电波开展了第一次WPT试验[1]（见图1.1）。然而他却以失败告终，因为150kHz的电波终究太弱了，不能为用户提供足够的无线能量。与此同时，胡丁（M. Hutin）和勒布朗（M. Leblang）申请了一项专利，其内容是基于3kHz的磁场，利用感应式无线充电器为电动车充电[2]。到19世纪末期，欧洲已经在使用电动车了。众所周知，马可尼（G. Marconi）在同一时期成功地开展了第一次无线通信试验。可以说，19世纪末期无线技术的变革不仅体现在无线通信中，也体现在无线供能中。

1926年，八木（H. Yagi）和宇田（S. Uda）在日本进行了一次有趣的无线能量传输试验，他们也正是八木宇田（Yagi-Uda）天线的发明者。他们在发射天线和接收天线之间设置无馈电的寄生单元，在68MHz的频率上传输无线功率，这种装置类似八木宇田天线，称为"波道"。通过发射2~3W的电功率，成功接收到了近200mW的功率[3]。

图 1.1　特斯拉开展 WPT 试验的高塔（1899）

在特斯拉的试验失败以后，用电波进行无线能量传输的工作被人抛诸脑后，除了八木宇田的试验。无线电波不再应用于能量传输，而是应用于无线通信和广播，世界也因这些应用而发生了改变。根据香农定理，为了增大无线电波传输的信息量，必须提高频率。第二次世界大战之后，电真空器件的发展推动了微波的应用，这些器件包括速调管、磁控管和 TWT（行波管）。提高频率有助于提升天线的增益，利用微波可以更好地将无线能量聚焦在目标上。布朗（W. C. Brown）利用磁控管产生的微波开展了 WPT 试验，他首次研制了工作在 2.45GHz 频段的整流天线，也就是用于微波能量整流的天线，通常在微波无线能量传输中用作接收装置和 RF-DC 转换装置。采用所研制的整流天线和磁控管，布朗于 1964 年和 1968 年开发了美国第一架微波驱动的无人机（直升机）[4]（见图 1.2），飞行的无人机接收到了从 2.45GHz 微波整流而来的约 270W 的功率。1975 年，他和迪金森（R. Dickinson）在美国的金石（Goldstone）成功地开展了 1 英里距离的 WPT 外场试验（见图 1.3），在试验中，能量发射端采用了 26m 口径的抛物面天线和 450kW 的速调管，这是国际上最大规模的 WPT 试验。布朗还在实验室进行了一次无线能量传输试验，这次试验采用喇叭天线和磁控管，在 2.45GHz 的微波频率获得了 54%的 DC-DC 总效率，这是国际上微波无线能量传输试验所能达到的最高效率。立足于上述这些成功的微波能量传输试验，太阳能发电卫星（SPS）的概念于 1968 年得以提出[5]。SPS 是未来的空间太阳能电站（在地球之上 36000 公里），产生的电能通过无线的方式传输到地面用户。从 WPT 商业化应用角度看，微波无线能量传输系统显得太大了，但自 20 世纪 70 年代以来，SPS 一直牵引着微波无线能量传输技术的研究与发展。

图 1.2　布朗开展的微波能辅助无人机试验（1964 年和 1968 年）

图 1.3　布朗和迪金森开展的 1 英里 450kW WPT 试验（1975 年）

布朗的试验和 SPS 计划中的 WPT 通常定义为"波束型 WPT"或"窄波束 WPT"，微波取代了电缆将能量聚集到接收机处，传输效率理应接近 100%。WPT 的传输效率可以利用麦克斯韦方程组和弗里斯（Friis）传输方程来计算，为了提高传输效率可以采用更高的频率。据此而言，特斯拉的 WPT 试验采用了 150kHz，因而失败了，而布朗采用 2.45GHz 的试验就取得了成功。然而，即便采用了微波频率，目前的效率水平仍然不高，系统尺寸也仍大于商业应用的要求。因此，自 20 世纪 80 年代以后，WPT 领域的研发工作聚焦在基于电波的无线通信和 WPT 协同上，这些工作的成果之一就是 2.45GHz 和 920MHz 的 RF-ID。在这一系统中，无线功率分配到多个用户，模式与无线通信系统类似，因此系统效率很低。这样的 WPT 系统可称为"泛在型 WPT"或"宽波束 WPT"。还有一种商业应用的 WPT 系统即低频磁场感应式 WPT，但其能量发射端和接收端之间的距离几乎为零。在 20 世纪 80 年代，就出现了为剃须刀、电动牙刷、无绳电话等设备充电的商业无线充电装置。自 20 世纪 90 年代以来，近场通信（NFC）系统如交通 IC 卡和银行卡已经风行全世界。我们周围已经出现了很多 WPT 应用，只是我们没有注意。RF-ID 更像一个无线通信系统；而近场通信被视为接触式供电系统，而不是无线供电系统。潜在的无线能量传输商业化应用是一些大型电动车感应式 WPT 充电器研发项目的成果，这些项目主要在 20 世纪 80 年代后的美国加州、法国和德国进行研究。基于微波的波束型无线能量传输技术研发也在世界多所大学开展起来[6]。这些研究工作必将在 21 世纪催生出许多新型无线能量传输技术。

2006 年，麻省理工学院（MIT）的一个研究小组基于感应型 WPT 提出了谐振耦合 WPT 技术[7]。他们利用谐振原理提高感应线圈的 Q 因子，并利用高 Q 值线圈通过 10MHz 的波在 2m 距离上实现了无线能量传输。感应型 WPT 的优势是成本低、效率高，缺点是发射端和接收端之间距离短。谐振耦合 WPT 改进了收发距离上的劣势，保持了低成本和高效率的优势。自这项技术推出以来，国际上愈加关注无线能量传输技术，其研发和商业化过程也得以加快[8]。当前，几个联合了多家大公司的大型联盟正在推动研发移动电话的无线充电器。驻停电动车（EV）和运动电动车的无线充电装置研发也在世界范围内开展起来，相关标准也在讨论中。商业化的无线能量传输应用采用了感应型和谐振耦合无线能量传输技术，采用的频率在 100kHz 左右或以下。在美国，已经成立了风投公司，意在推动移动电话的微波无线充电技术发展。鉴于上述这些进展，在不久的将来，因电池寿命产生的焦虑将得到消除，为设备充电所需的电缆也将毫无必要。

1.2 无线能量传输技术

麦克斯韦方程组不仅可用于阐释电波传输，也可用于光波和电力传输，它们仅仅是频率不同而已。电力通常采用直流（DC）或 50/60Hz 交流的形式，如果磁场和电场源自高频电流，就是千赫兹到兆赫兹频率的电力。磁场或者电场只能在近场区传播，其距离之短甚至不到一个波长。电波主要利用的则是兆赫兹到吉赫兹的频率，可以传播到甚远距离。因此我们需要从电力频率到磁场或者电波频率之间的变频器。

综上所述，WPT 系统大致上可分为 3 个部分：发射端从电力频率到高频的变频电路或者高频发生器、在收发两端之间传输无线功率的天线或线圈，接收端从高频到电力的变频器或者转换到直流的整流电路（整流器）（见图 1.4）。

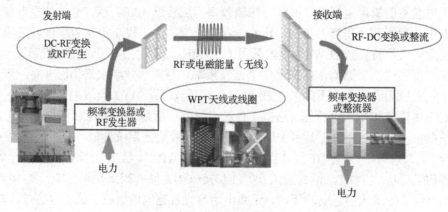

图 1.4 WPT 系统

上述几个环节都要求高效率。将 DC-RF 转换效率、传输效率（电波波束效率）和 RF-DC

转换效率连乘起来就得到 WPT 的总效率。本书阐述了电波无线能量传输技术及其应用，尤其是微波无线能量传输。第Ⅰ部分中，第 2、3 章阐述了 DC-RF 变换电路的技术；第 4 章阐述了天线技术，第 5 章主要讨论了 RF-DC 转换技术。第Ⅱ部分介绍了许多电波无线能量传输有意思的应用，而第Ⅲ部分则论述了电波无线能量传输技术的安全和 EMC 问题。

1.3 参考文献

[1] Tesla, N. (1904). The transmission of electric energy without wires. *The thirteenth Anniversary Number of the Electrical World and Engineer* (Kempton, IL; Adventure Ultimate Press).

[2] Hutin, M., and Leblang, M. (1894). Transformer System for Elegtrig Rail-Ways. Patent US527857A.

[3] Yagi, H., and Uda, S. (1926). On the feasibility of power transmission by electric waves. *Proc. Pan Pac. Sci. Congr.* 2, 1307-1313.

[4] Brown, W. C. (1984). The history of power transmission by radio waves. *IEEE Trans. Microw. Theory Techn.* 32, 1230-1242.

[5] Glaser, P. E. (1968). Power from the sun; its future. *Science* 162, 857-886.

[6] Matsumoto, H. (2002). "Research on solar power station and microwave power transmission in Japan: review and perspectives," in *IEEE Microw. Magaz.* 3, 36-45.

[7] Kurs, A., Karalis, A., Moffatt, R., Joannopoulos, J. D., Fisher, P., and Soljaćić, M. (2007). Wireless power transfer via strongly coupled magnetic resonances. *Science* 317, 83-86.

[8] Shinohara, N. (2011). Power without wires. *IEEE Microw. Magaz.* 12, S64-S73.

第1部分：相关技术

2

无线能量传输中的固态电路

佐亚·波波维奇（Zoya Popovic）

美国博尔德科罗拉多大学

2.1 引言

目前已有多种无线能量传输技术得到了验证，并且在公开文献上报道，图 2.1 总结了这些技术，其中图 2.1（a）为近场感应型（感性和容性）能量传输、图 2.1（b）为远场定向波束型能量传输、图 2.1（c）为远场非定向低功率能量收集、图 2.1（d）为过模腔内无线能量传输。选用哪种方法取决于应用场景，如在道路上和驻停或行驶的车辆之间进行大功率传输，传输距离为 10～20cm，传输功率数十千瓦，最为合理的技术途径就是千赫兹到兆赫兹的近场调谐感应型无线能量传输技术。另一方面，要是收集来源未知的极低密度环境功率为无人照管的传感器供电，那么用吉赫兹频段的远场整流天线和阵列更为实用，尤其在没有光照和振动的环境下。再者，如果需要为密闭环境内多个设备以非接触的方式供电，那么过模腔就是最合适的输电介质。

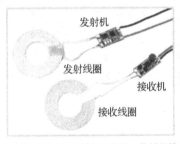

（a）近场感应型（感性和容性）能量传输

（b）远场定向波束型能量传输

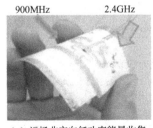

（c）远场非定向低功率能量收集

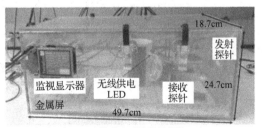

（d）过模腔内无线能量传输

图 2.1 不同原理的 WPT

无线能量传输的接收端和发射端都会采用固态电路，器件和电路形式取决于功率电平和频率，而后者又取决于应用。如图 2.2 所示是无线供电系统的一般流程图，但是具体的 DC-AC 和 AC-DC 电路，以及它们和无线远场或近场无源设备的集成方式却因功率和频率的不同而存在显著差异。WPT 系统的效率可以表示为

$$\eta_{\mathrm{TOT}} = \eta_{\mathrm{T}} \cdot \eta_{\mathrm{W}} \cdot \eta_{\mathrm{R}} \tag{2.1}$$

其中，η_{T} 是发射端的效率，η_{W} 是传输效率，η_{R} 是接收端的效率。在本章，效率将作为衡量图 2.1 中不同 WPT 系统的重要指标之一，下面就从低功率远场能量收集的应用谈起。

图 2.2 无线供电系统的一般流程图

图 2.2 中，中间的 WPT 环节一般是空气或其他介质，发射端和接收端可以位于彼此的近场区或远场区。初始能源和能量存储环节在本章将不会详细讨论。

2.2 低功率无线能量收集

能量可以通过电磁波的传播来传输，辐射天线和接收天线处于各自的远场区，因而互相没有加载效应。在这种情形下，无线传输效率 η_{W} 比起近场传输低不少，但却不完全取决于收发天线的位置布局。可用的入射功率密度为毫瓦每平方厘米量级[1]，辐射功率要么来源于专用的低功率发射机，要么从周围已有的源收集，前者一般是窄带或多频的，而后者可能是宽带的，甚至具有一定未知性。基于调制电磁波传输的无线能量收集研究也正在进行中[2]。发射机和接收装置的位置是可变的，且一般不确知，这就要求天线具有非定向性，而且能量接收电路能够在因多径造成的功率电平波动时具有较高的效率。因为可用功率密度很低，对某些潜在的电子类应用，需要长时间连续收集能量，并在可用的时候加以利用。例如，低占空比使用的无电池供电无线传感器[3]，在这种应用中，供电独立于信号传输，这使之区别于 RFID 标签。图 2.3 给出了这类传感器的组成框图。

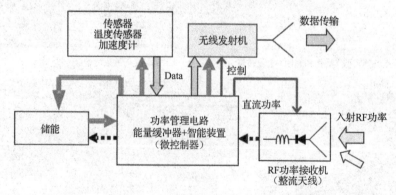

图 2.3 无线供电传感器的组成框图（具有可变传输占空比）

如图 2.3 所示，其从一个或多个 ISM 发射机的远场收集能量，且与数据传输无关。整

个传感器模块包括能量管理、传感器和收发电路。

在这种低功率应用中，发射机往往用作它途的未知源，如微波炉[1]或者通信发射机[4][5]。因此这里的接收电路应该设计为在可变的低入射功率密度下可以实现整流。在无线供电的无线传感器的组成框图中（见图 2.3），与整流电路集成在一起的天线（文献里称为"整流天线"）接收一个或多个频率任意极化的辐射，其功率密度低于 $1mW/cm^2$。通过数控功率变换器对直流输出进行管理，使其总能近似于整流天线的最优直流负载，从而将全部输入功率存入储能装置，为微处理器、传感器和数据收发机供电。传感器数据输入到工作于 2.4GHz ISM 频段的商业化低功率无线收发机，数据传输是最耗电能的任务，但并不连续工作，这对大多数应用是可以接受的。如果储能不足，数据就不能发送，并且存在损坏存储设备的风险。因此，在闭环系统中可以监测待整流的射频功率和可用存储能量，从而自适应地调整数据传输的占空比。

无线能量接收效率由整流天线效率 η_{RA} 和变换效率 η_C 决定，可写为下式[6]：

$$\eta_R = \eta_{RA} \cdot \eta_C = \frac{P_{R,DC}}{P_{RF,inc}} \cdot \frac{P_{harv}}{P_{R,DC}} = \frac{P_{harv}}{P_{RF,inc}} \tag{2.2}$$

其中，$P_{R,DC}$ 是整流天线的输出直流功率，P_{harv} 是传送到储能单元的功率，$P_{RF,inc}$ 是照射到几何面积为 A_G 的整流天线上的功率，可用下式计算：

$$P_{RF,inc} = S \cdot A_G \tag{2.3}$$

其中，$S = S(\theta, \phi)$ 是一个或多个平面电磁波垂直入射时的功率密度，其值取决于入射角度，在能量收集情况下往往低于 $100\mu W/cm^2$。为了得到总入射功率，一般要在一个球面上对总入射功率密度进行积分。通过测量已知阻值的负载 R_L 上的电压并标定入射功率密度，可以确定如下定义的整流天线效率：

$$\eta_{RA} = \frac{P_{R,DC}}{P_{RF,inc}} = \frac{V_{DC}^2}{R_L} \cdot \frac{1}{S \cdot A_G} \tag{2.4}$$

其中，S 是一个或多个平面波垂直入射时的功率密度，前提是单个发射机位于远场，接收天线是电小天线，口径上 S 保持均匀。如果存在多个发射机，那么多个平面波叠加的结果就是 DC 功率相加。注意，这是最为保守的算法，因为天线的几何面积总是小于它的有效面积，因此式（2.4）考虑了天线的口径效率和损耗、天线与整流器之间的阻抗失配、整流电路的损耗等因素。因为整流器的非线性阻抗特性，整流天线效率是入射功率的非线性函数，同时上述这些参数也取决于频率。

大多数低功率电平的整流器都是用肖特基二极管实现的，形式上要么是单端二极管整流器（串联和并联）或多二极管整流器，要么是用于提高输出电压的 Dickson 泵（倍压器）电路，如图 2.4 所示。有些文献如本章参考文献[7]，其给出了单二极管整流器和多二极管整流器的简单对比，以及详细的非线性分析。如果入射功率很有限，那么单二极管是最好的选择，因为激励每一个二极管都需要一定的阈值电压。因为二极管阻抗随功率电平而变，所以当二极管整流器与天线在预期功率电平上实现阻抗匹配时，整流效率达到最高。下文将给出获得最优整流天线效率的设计和验证流程，该效率由式（2.4）定义。以集成单肖特基二极管整流器的 1.96GHz 线极化贴片天线为例给出了设计结果，然后将同样的方法应用于 2.45GHz 的双极化整流天线设计，并分析了最优直流收集电路设计。这一节的设计结果可以作为能量管理电路设计的输入。

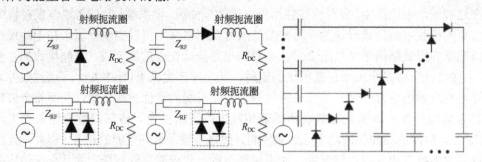

图 2.4 单端二极管整流器（串联和并联），平行和逆平行双二极管整流器，以及 Dickson 电荷泵（倍压器）多二极管整流器

既然天线要与整流器这个非线性射频负载达到阻抗匹配，那么第一步就是分析整流器特性。最佳整流条件下的阻抗与最佳反射系数条件下的阻抗并不一致，需要通过图 2.5 所示的非线性负载牵引的建模或测量进行确定。与网络分析仪特性相比，射频输入阻抗和直流输出负载，以及射频输入功率都是变化的，输出量是可变负载上的直流功率，保持整流器件两端的电压在前向偏置阈值和击穿电压之间就能确定最佳直流负载。

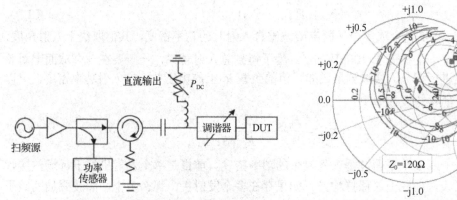

(a) 用于并联肖特基二极管整流器非线性整流效率分析的负载牵引测量和仿真装置的组成

(b) 二极管在 0dBm（1mW）RF 功率入射条件下的等效率测量曲线（蓝色）和仿真曲线（红色）（$R_{DC}=1050\Omega$，工作频率为 1.96 GHz）

图 2.5 非线性负载牵引的建模或测量

图 2.5（b）中，方块符号表示效率最优时的阻抗，菱形符号表示 $R_L = 63\Omega$ 时的最高效率点。

负载牵引测量和模拟非线性谐波平衡仿真的结果是一组等直流功率曲线，最宜绘制在阻抗 Smith 圆图上，如图 2.5（b）所示。图中用商用负载牵引系统测得的数据与用 Keysight 公司 ADS 电路仿真软件的谐波平衡非线性仿真结果相对比，所绘制的曲线是用 Skyworks 公司 SMS7630-79 二极管在 0dBm 功率电平下的特性，这个值就是在 $S = 40\text{mW/cm}^2$ 的功率密度下 5cm×5cm 大小的天线接收到的功率。通过分析可以得到最高效率下的 RF 阻抗，该阻抗随 DC 负载、工作频率而变，对不同的二极管也不尽相同。

为了完成整流电路设计，需要在感兴趣的功率范围内进行天线的阻抗设计，既要匹配整流器的最佳阻抗，也要匹配直流收集电路的设计。这里给出一个例子，是从蜂窝电话基站的发射信号进行能量收集的应用[8]，在 1.96GHz（蜂窝频段）的经过非线性特性仿真确定最佳阻抗为 137+j49。图 2.6（a）是工作在 1.96GHz 的探针馈电的线极化贴片天线；图 2.6（b）给出了背面微带电路，它将馈点阻抗匹配到最佳阻抗。参考文献[7]详细描述了匹配的设计流程。高阻抗（窄）线将天线阻抗向实轴移动，而低阻抗线作为变换器。附加的一段 19mm 的线最终将阻抗变换到二极管阻抗，由此可在需要的功率电平获得最优效率。二极管阻抗可从源牵引仿真和测试数据获得。直流收集电路在射频上形成开路。天线和匹配电路制作在 0.762mm 厚的 Rogers 4350b 基板上，并用 Ansoft HFSS 进行了仿真。

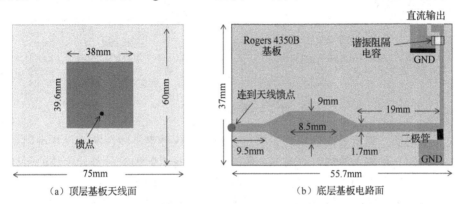

图 2.6 1.96GHz 同轴馈电线极化贴片天线及微带匹配电路、直流收集电路的版图（天线与电路通过穿过共用接地层的过孔连接）

集成整流天线特性研究要在远场进行，如图 2.7 所示。为了精确地确定入射功率密度，首先将一个定标喇叭天线放置在整流天线所在的参考面，然后用功率计测量入射功率。控制标定过的功率密度在 20~200μW/cm² 之间，测量置于参考面上的整流天线对不同直流负载的输出功率。由此可以根据式（2.4）计算效率，得到的结果如图 2.8 所示。

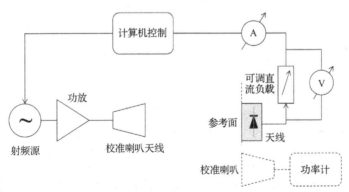

图 2.7 整流天线测量系统框图（在特定输入功率和工作频率下，使用数字控制直流负载在实验中确定最佳负载。整流天线置于用已知喇叭天线标定入射功率密度的参考面上）

无线供电的传感器在远场接收发射机辐射的功率，因为传感器可能放置在不同的位置，而且传感器相对于发射机可能有不同的朝向，所以有必要在不同入射功率和不同角度下研究集成整流天线的特性。可以在整流天线输出端直接测量直流方向图，也就是在每个角度下对特定的功率密度，用天线的功率方向图和整流器效率得到的乘积。

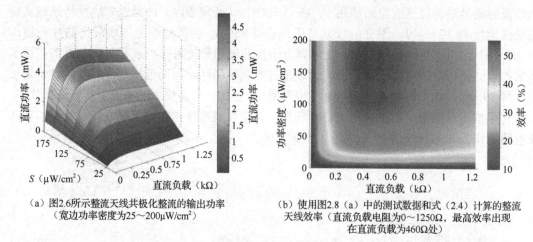

(a) 图2.6所示整流天线共极化整流的输出功率
（宽边功率密度为25~200μW/cm²）

(b) 使用图2.8（a）中的测试数据和式（2.4）计算的整流
天线效率（直流负载电阻为0~1250Ω，最高效率出现
在直流负载为460Ω处）

图2.8 整流天线效率

输入功率越低，整流天线效率的下降就会越快，这种整流过程的非线性可用于预测整流天线的方向图与单独天线辐射方向图之间的差异。图 2.9 为这种差异比较的示例，一并给出了归一化 RF 天线方向图、预估的和测量的整流天线直流方向图，后者比 RF 功率方向图大约低 3dB，这与视轴方向 200μW/cm² 功率密度下测得的 54%的效率非常一致。同样可以扩展到其他功率密度值来预估直流方向图。

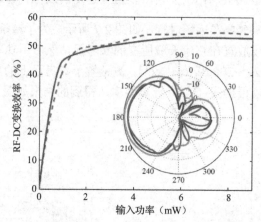

图2.9 整流天线效率的测量结果（虚线）和非线性二极管整流器仿真效率与天线仿真辐射效率的乘积（实线）

图 2.9 中，插入的图包括 50Ω 贴片天线共极化 E 面方向图、200μW/cm² 入射功率密度下预估直流方向图、200μW/cm² 入射功率密度下整流天线的方向图测量结果。

整流天线输出功率需要实现对储能单元的高效充电。功率管理电路的目的是充当整流天线功率源和储能设备之间的缓冲器（见图 2.3）。作为能量收集应用中的理想缓冲器，变换器必须执行 3 种功能：（1）在输入端口实现最佳阻抗匹配，在整个入射功率密度范围内使整流天线效率最大化；（2）在整个整流天线输出电压范围和储能充电状态内，将收集的能量以最小的损耗转移到储能装置中；（3）为储能用电池或电容监测能量存储状态，提供合理的充电控制和保护。既然整流天线的效率取决于变换器的匹配性能、变换器的效率取决于整流天线和储能装置的工作状态,那么在特定应用中最好对这些组成部分进行联合设计。

变换器的第一个功能是用其输入端口模拟整流天线的最佳负载阻抗,从而尽量提高整流天线的效率[6][8][9]。整流天线里集成的滤波器形成了直流端口,从功率变换的角度将整流天线模型简化为戴维南方程,而整流天线的输出阻抗简化为一个等效电阻。这样,整流天线的最佳负载就变成一个直流电阻,从图 2.8 所示的测量结果容易得到。图 2.10 所示的理想变换器可以用一个输入端口和一个输出端口来建模,前者模拟电阻 R_{em},后者将所有功率从输入端口转移到储能装置,这里采用的是电池模型。低功率能量收集应用的挑战是用最小的控制电路实现图 2.10 所描述的这些功能,目的是使因控制产生的损耗与待处理的功率相比要尽量小。这一原则排除了很多先进的控制电路和方法,它们往往应用于高功率范围。实现最简控制的一种简单方法是采用升压变换器,将整流天线数十到数百毫瓦的电压升到典型的电池电压,一般是 2~4V。通过时序控制电路和所得的电感电流波形可以确定实现整流天线良好匹配的要点,对此参考文献[8]中有详细论述。功率变换器的优化包括功率级部件、功率半导体器件,以及控制电路设计的收集。在低功率范围应用中,控制电路损耗占损耗的主要部分;而在高功率范围应用中,导通损耗占主要部分。

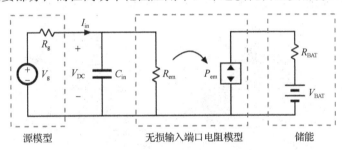

图 2.10 功率变换器的理想无损输入端口电阻模型

图 2.10 中,其给出了模拟电阻 R_{em} 的输入端口和从输入端口转移到输出储能装置的输出端口,这里的储能装置为电池。

参考文献[8]给出的一个实例是从蜂窝移动基站塔收集射频功率,在 24 小时周期内输出幅值的变化可以达到至少 2 个数量级,而且站塔与站塔之间差异巨大。在这个设计里,用德州仪器公司的 MSP430 微型控制器作为时序控制器,实现了在线优化的自适应控制电路。在文献[7]和[8]中,基于低成本的货架部件开发了硬件成果,在 100μW 左右的低功率上获得了最高的效率纪录。在这一功率等级以下,控制硬件的静默损耗将成为限制因素。鉴于在超低功率无线传感器方向的显著收益和进展,已经在低功率等级出现了许多功率变换的定制方案,如参考文献[9]到[11]所述。参考文献[12]中设计了一种用于能量收集的功率变换器,既能适应 100μW 以下的高效率工作,又实现了输入端口到整流天线的匹配。该集成电路采用深亚阈值设计方法,获得 200nA 的标称静默供电电流。图 2.11 给出了该集成电路的照片,同时给出了利用外部 MSP430 微控制器在线优化和手动时序调控下的变换器效率的实验结果。集成电路与一个 6cm×6cm 的贴片整流天线和一颗 2.5V 电池连接,在入射功率密度为 2μW/cm² 以下都有正向功率输出,在低至 30mW 输入功率下的变换效率为 70%,变换器的模拟电阻在整个工作范围内的变化不超过±5%,这样得到的匹配效率高于 95%。

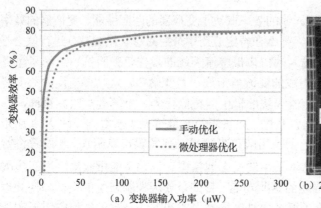 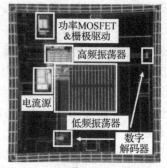

(a) 变换器输入功率（μW）　　(b) 2mm×2 mm的5V CMOS芯片的照片（采用0.35μm工艺）

图 2.11　变换器的效率测量（分别采用定制能量收集 IC 进行手动和微控制器优化时序参数调控）

本章参考文献[13]给出了一个包含负载管理的系统级集成实例，图 2.12 为无线传感器的功率管理电路板。传感器工作于低占空比脉冲模式，数据采集和传输速率都不高，仅在赫兹量级。负载管理算法会因电池测量电压（SOC）和射频输入功率而改变采集速率与系统模式，可变的采集速率用于调整电池 SOC，并获得系统的能量平衡。

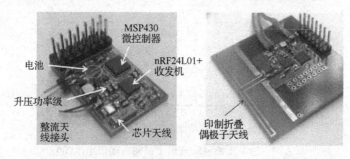

图 2.12　无线传感器的功率管理电路板（该传感器采用货架部件实线能量收集）

图 2.12 中 2.1cm×1.7cm 的电路上包含了功率管理、传感器和收发电路。传感器收集到的数据用芯片天线（左侧）或印制板折叠偶极子天线（右侧）发送，电路装配在集成贴片天线整流器背面的接地板上，整流器实现无线供电。

不同的应用可能需要不同的整流器和天线拓扑，尽管贴片天线的优势是可以将电路装配在天线接地板之后，并安装在任何物体上，但如果不要求定向覆盖，也可以使用没有接地的偶极子天线，如果要求高定向性，则可采用带反射器的偶极子[14]。可以在多种基板上加工天线，如在柔性基板采用喷墨印刷工艺等[5][15]。整流天线也可以在直流输出端进行适当排列以得到高电压或大电流[16][17][18]。其他电路拓扑如全波整流或电荷泵，可用于在高输入功率电平下提高效率。

尽管我们讨论的是用兼容 FCC 要求的低功率发射机实现整个供电系统，但用多发射机或者调制发射机，甚至通过环境能量收集都可以实现。参考文献[4]验证了利用 470～570MHz 电视广播发射机的电波辐射进行能量收集，参考文献[14]和[15]还验证了在 2 个常规蜂窝/ISM 频段，即 900MHz 和 2.4GHz 的能量收集。如图 2.13 所示，双圆极化螺旋天线[17]用于在甚低入射功率密度下实现 2～18GHz 的宽带能量收集。在这项研究中，任意产生 10000 组 2～8GHz 之间的双音信号，并使其以不同的功率电平入射到双圆极化螺旋整流天线阵列上，在所有情况下测量直流功率相对于两个双频信号独立入射时直流功率之和的增加量，这一概念在参考文献[2]中拓展到混沌信号波形，参考文献[19]则利用各种峰均比（PAR）信号进行了研究。

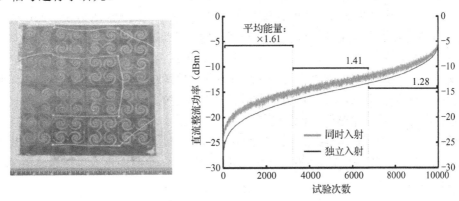

图 2.13　双圆极化螺旋天线（可用于扩展规模能量收集的阵列）

图 2.13 中，用可变多频信号（功率密度介于 $0.1\mu W/cm^2$ 到 $0.1mW/cm^2$ 之间）照射阵列，比较了双频信号（介于 2～8GHz 之间）在独立入射和同时入射下的整流功率结果。10000 次试验的结果按照直流功率排序可以说明整流效率提高对功率的依存关系。

在某些应用中，低占空比工作的传感器的电池很难或无法更换，如病人健康监测传感器、航空器架构监测传感器、危险环境传感器和隐秘工作传感器等。一个有趣的案例是从商用飞机上高度测量雷达天线副瓣收集能量，来进行飞机结构健康检测[20]。能量收集设备必须在 10 分钟内提供至少 $300\mu J$ 的能量，这样才能为低功耗、低占空比的传感器供电，也就是功率需求为 $P = -33dBm$。整流器必须提供这样的平均直流功率，考虑几种商用二极管，并且基于可用的非线性模型，用 NI/AWR 公司的 Microwave Office 软件谐波平衡仿真模块进行源牵引仿真，就可以确定最高整流效率下二极管的输入射频阻抗，然后可选出输入功率需求最低的器件，即 Skyworks 公司的 SMS7621-079 和 SMS7630-061GaAs 肖特基二极管。图 2.14 是以上两种器件的源牵引仿真结果。对于所有情况，都按得到所需的-33dBm 输出功率来设定输入功率，同时扫描直流负载以得到最高的整流效率。

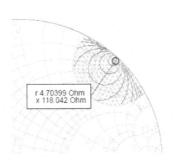 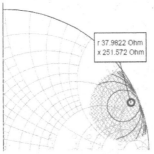 

（a）Skyworks公司的SMS7621-079　　（b）Skyworks公司的SMS7630-061　　（c）整流天线
　　肖特基二极管（Modelithics模型）　　　GaAs肖特基二极管（Spice模型）

图 2.14　4.3GHz 最高整流效率下源牵引仿真给出的射频源阻抗

图 2.14 还给出了 4.3GHz 集成贴片整流天线，直流收集点位于贴片的射频零点处。在暗室中通过标定，使整流天线所在的平面处功率密度为 $0.13\mu W/cm^2$ 和 $0.65\mu W/cm^2$，然后再进行测试，根据测得的高度计天线的辐射方向图可知，这两种功率密度都在能量收集环境的预估功率密度的较低范围内。分别用 $100\mu F$ 和 $1mF$ 的 2 个电容作为储能装置。

图 2.15（a）是所有原型电路的开路电压，其中只给出了 SMS7630-061 原型电路在高功率电平的测量结果。利用开路电压可确定器件的谐振频率，也可以计算电容里存储的能量，入射功率密度为 $0.13\mu W/cm^2$ 时，测得峰值开路电压为 57mV，此时使用 $100\mu F$ 的电容可以储能 $0.16\mu J$；入射功率密度为 $0.65\mu W/cm^2$ 时，测得峰值开路电压为 218mV，此时使用 $1mF$ 的电容可以储能 $23.8\mu J$。因为必须经历固定长度的时间才能获得储能，所以开路电压和储能值并不足以描述器件的行为特性。正因为如此，对充电电路的时间常数进行了测量，如图 2.15（b）所示，从结果可见 SMS7630-061 的电路性能要好得多，比其他两种电路可以用更短的时间获得储能。在 4.2～4.4GHz 频段，一个时间常数里传送到电容的平均功率高于-31.5dBm。

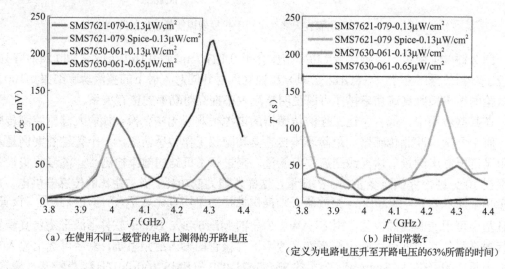

（a）在使用不同二极管的电路上测得的开路电压　　（b）时间常数 τ
（定义为电路电压升至开路电压的 63%所需的时间）

图 2.15　开路电压和时间常数 τ

上述实例给出了能量收集 WPT 系统的低入射功率接收机设计流程。面向这种应用，至今已经出现了各种不同的整流天线，包括偶极子、交叉偶极子、缝隙、贴片、八木天线阵、螺旋天线等。也提出了多种整流器拓扑架构，参考文献[21]综述了一些实例。对于能量收集，必须支持宽带或多频工作模式。参考文献[5]和参考文献[15]介绍了几种双频能量收集整流天线的实例，而参考文献[22]和[23]则介绍了宽带阵列和单元的实例，参考文献[17]验证了几乎十倍频程带宽的双极化整流天线。通过一种 2.45GHz 腕带整流天线展示了环境能量集成器件研发方法[24]，参考文献[25]将其应用于传感器供电。接收低功率电平的根本限制在于二极管需要在限定的电压下导通，尽管目前零偏置肖特基二极管是常规选择方案，但还是开展了一些零导通电压二极管的研究，如参考文献[26]和[27]，其目标就是实现能量收集应用中的超低功率整流。

2.3 中功率无线能量传输

在低频段实现的数瓦级中功率无线能量传输已经商用化,用于为个人设备供电,通常在很近的距离上用紧耦合变压器和标准电路通过感应方式实现,如参考文献[28]所述。尽管近来 ISM 频段的 6～27MHz 也得到应用,但常用的工作频率还是 100kHz 左右。取消磁芯后容易引起难对准的问题,将频率从数千赫兹提高到数兆赫兹的原因之一就是提高对这一问题的容忍度。采用高频还可以提高初级线圈的反射电阻,因此功率可在更低的电流强度下传输。与开关电源类似,采用兆赫兹频段的 ISM 频谱的其他优势还在于减小无源部件参数、增大功率密度、提高性能和瞬态响应,削弱与周围目标、设备的耦合。在功率电子领域已有这一频率范围的大量成果发表,参考文献[29]～[32]给出了一些固态电路的设计实例,包括逆变器(发射机)和整流器(接收机)。

本章讨论的重心是微波无线能量传输,对于高频无线能量传输属于更难实现的频率范围。在瓦级功率等级,对于远场吉赫兹的无线输电,安全规则需要予以关注,本节将讨论一个屏蔽 WPT 系统的实例,给出这类应用中的中功率固态电路。图 2.16 是经屏蔽的 10GHz 强过模金属波导腔[33],由瓦级高效功放通过贴片探针进行激励。将多个无线供电的装置放在波导腔内,就形成了功率密度的统计分布[34]。在结构或频率扰动条件下,对越多的装置进行充电(负载扰动),功率分布就越均匀,如图 2.16 中的柱状图所示的测量和仿真结果所示,实验中用置于波导腔内的 11 个反射器模拟受电设备,选用了 2000 种可能的设备相对位置关系。

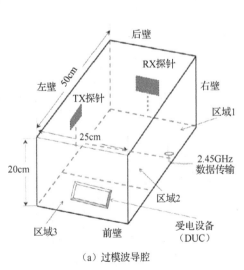
(a) 过模波导腔

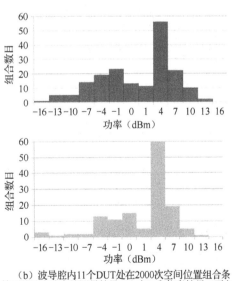
(b) 波导腔内 11 个 DUT 处在 2000 次空间位置组合条件下的功率分布的测量结果(上方)和仿真结果(下方)

图 2.16 经屏蔽的 10GHz 强过模金属波导腔

图 2.16(a)所示的过模波导腔用于为多个设备同时充电。一个受电设备(DUC)置于波导腔内的区域 3。出于测量目的,在腔内划分了 3 个区域。10GHz 发射和接收贴片探针位于波导腔 2 个壁上,波导腔尺寸为 $8.3\lambda_0 \times 6.6\lambda_0 \times 16.6\lambda_0$,支持许多模式。图 2.16(b)所示

的功率源自单台 0.25W 的发射机,其接收全部通过贴片探针。

2.3.1 中功率微波发射电路

在 1~10W 功率级别,分别用 GaAs 和 GaN 器件验证了高效功率放大器,参考文献[35]很好地综述了各种技术途径。在 2GHz 频段,用 SiC 上 250nm 的 GaN 器件实现了 85%以上的功率附加效率[36];在 10GHz 频段,用 MMIC 功放获得了近 70%的效率[37][38]。在上述功放中,将晶体管推至强非线性区,产生的谐波用于器件栅极(电流源)电流和电压时域波形整形,以使 $v(t) \cdot i(t)$ 之积最小,从而使效率最高。尽管因信号严重失真而不适于通信系统,但上述放大器对于供电应用却是最佳之选,特别是图 2.16 所示的屏蔽方式应用。一些 S 和 X 频段功放实例及其连续波特性的测试结果如图 2.17 所示。

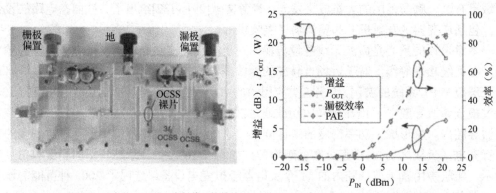

(a)基于 Qorvo 公司 SiC 上 GaN 未封装晶体管的 2GHz 逆 F 类混合集成功放及其连续波特性的测试结果

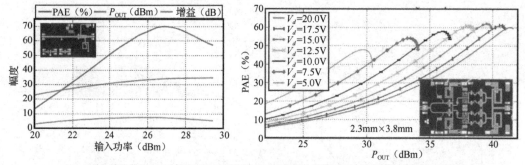

(b)10GHz 单片单级 GaN 功放和两级功率合成 12W 的峰值功率单片功放的连续波特性的测试结果

图 2.17 一些 S 和 X 频段功放实例及其连续波特性的测试结果

图 2.17(a)所示的基于 Qorvo 公司 SiC 上 GaN 未封装晶体管的 2GHz 逆 F 类混合集成功放,其在连续波测量条件下的功率附加效率(PAE)高于 85%,输出功率为 7W。图 2.17(b)所示 10GHz 单片单级 GaN 功放的输出功率为 5W,峰值功率下的功率附加效率约为 70%,增益低于 10dB,两级功率合成 12W 的峰值功率单片功放,其增益高于 20dB,通过电源调整,在一定输出功率范围内峰值效率高于 55%。

2.3.2 中功率微波整流电路

在远场传能或图 2.16 所示的过模腔系统中,到达整流天线(功率接收机)的入射能量波束受辐射源和传播环境的影响,其极化方式是时变的。为了降低位置敏感度,应该尽量不依赖从源到接收机的对准。双线极化(或圆极化)整流天线可以整流出正交极化波各自携带的功率并将直流输出加起来,它将平均地接收大部分功率且在时间上的起伏变化极小,总效率高于一个线极化整流天线效率[39]。这一特性已经通过参考文献中多个集成了整流器和天线的整流天线得到验证。参考文献[40]~[44]中采用了双线极化方形贴片,每个极化使用一个整流器,其直流输出在一个节点上合成起来。参考文献[45]采用的是圆极化贴片,其中一个端口接50Ω的匹配负载,另一个端口用于接收功率,所以整流天线需要根据来波情况进行设计。参考文献[46]中采用的是正交偶极子,直流输出通过同一个直流负载连接。

下面给出一个面向中功率等级发射机的双极化贴片整流天线的设计实例,因为功率密度增强到毫瓦每平方厘米范围(与之对比前面章节是微瓦每平方厘米范围),在整流器的输出端将产生谐波分量,可用于提升整流效率。在许多已发表的微波整流器中,研究了输入端和输出端的谐波滤波问题[47],主要目的是限制谐波功率再辐射。可有效利用谐波终端对波形整形和所得RF-DC转换效率的作用,可这类似于确定功放的谐波终端工作类型[48]。在整流器中,非线性整流器件在输入信号频率的谐波上产生电压和电流信号,可以通过在二极管参考面上合理地端接谐波信号来减少时域电流和电压波形的重叠,从而提升整流器效率。上述原理如图2.18(b)所示,图中是导通角减小的整流器(C类),所有的谐波信号都被理想短路。预期的时域波形如图2.18(c)所示,仿真中采用了Skyworks公司的SMS7630肖特基二极管非线性模型,以及谐波平衡方法,并且与实际整流电路对应,端接调控了5个谐波分量。

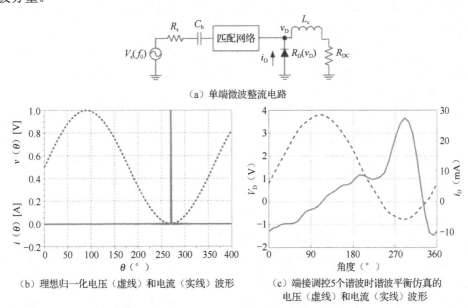

图2.18 单端微波整流电路及其在理想状态和端接5个谐波时的电压与电流波形

图2.18中,理想的隔直电容C_b在微波源和整流器件之间提供直流隔离,理想的扼流电感L_c则将直流负载从射频功率隔离开来。

因为电流仅在很短的时间内导通,理论上唯一影响效率的因素就是二极管的导通电阻,

图 2.19（a）为通过傅里叶级数分析计算的 C 类波形的效率，同时采用了整流器理想化电路模型。在可用输入功率为 0~10dBm 的范围和可变直流负载下，对 Skyworks 公司 SC-79 型封装的 SMS7630 肖特基二极管在 2.45GHz 进行了源牵引，以便确定最高效率时输入功率、基波负载、直流负载的组合条件，如图 2.5 所示。SMS7630 的导通电阻是 20Ω，最佳直流负载是 1080Ω，因此 R_{ON} 大约是 R_{DC} 的 2%。从图 2.3 可见，峰值效率的理想上限是 87%。在该整流电路设计中，考虑了 5 个谐波分量的调控，这个 C 类整流器的效率测试结果如图 2.19（b）所示。

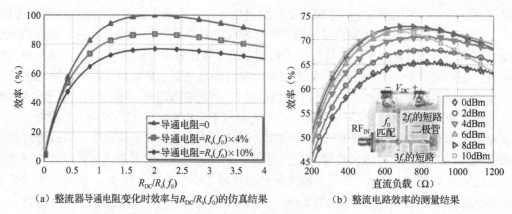

（a）整流器导通电阻变化时效率与$R_{DC}/R_s(f_0)$的仿真结果　　（b）整流电路效率的测量结果

图 2.19　整流器导通电阻变化时效率与 $R_{DC}/R_s(f_0)$ 的仿真结果和整流电路效率的测量结果

图 2.19 中，整流器导通电阻变化时效率与 $R_{DC}/R_s(f_0)$ 的仿真结果，采用了有限次谐波分量调控和图 2.19（b）所示的波形整流电路效率的测量结果。

在 2.45GHz 设计了双极化 40mm 的方形贴片天线，配置了 2 个整流电路，每个极化对应 1 个整流电路，如图 2.20（a）所示。对基波频率上二极管的阻抗进行预先匹配可以获得最低插损，通过负载牵引得到 2.45GHz 贴片天线所需的输入阻抗为 16.9+j5.8Ω。图 2.20（b）为谐波频率的阻抗，可见为了实现高效工作模式，5 个谐波频率上都需端接低阻。为实现上述阻抗，贴片天线的馈点位置从贴片中心缩进 3.6mm，天线的两个馈点通过共用接地板上的过孔连接到电路。天线和电路采用了不同的基板，这样使电路尺寸最小，而且使天线具备高效率。因为整流器和天线输入阻抗匹配，所以就无须额外地匹配电路，从而减小了插损和尺寸。

图 2.20 中，贴片天线和整流电路共用接地面。图 2.20（b）所示的谐波频率的阻抗为整流电路在 2.45~12.5GHz 范围内的 S_{11} 的测试结果，包括二极管封装电感、端口 1 在二极管平面上而端口 2 连接天线馈点和端口 3（直流端口）开路。标志符分别指基波的二次到五次谐波，接近可获得高效率的 C 类端接条件（参考阻抗为 50Ω）。

图 2.21 为从两个正交极化波测量的整流功率，平衡性非常好，因此在任何极化入射波下都可以获得最高平均效率。功率密度对应着整流电路输入端的功率电平，由式（2.3）可得在 0.1~10mW 范围内（取决于天线性能）。

2 无线能量传输中的固态电路

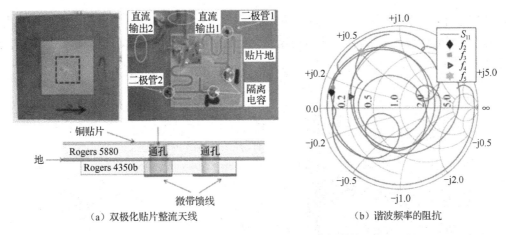

（a）双极化贴片整流天线　　　　　　　（b）谐波频率的阻抗

图 2.20　双极化贴片整流天线及其谐波频率的阻抗

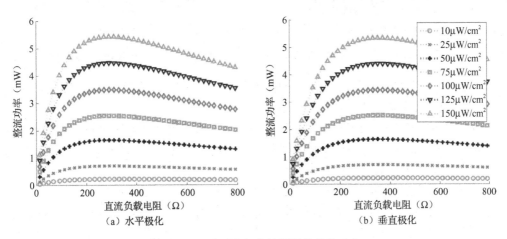

（a）水平极化　　　　　　　　　　　（b）垂直极化

图 2.21　两个正交极化波测量的整流功率

上述中功率双极化整流天线的实例表明，模仿功率放大器的工作类别来设计整流器颇有好处。在更高的功率量级上这一点更明确，此时二极管的功率容量一般已经显得非常受限，而晶体管则可用于与放大器对偶的模式，下节将介绍这种整流器的设计。

2.4　高功率定向波束传输

为了实现高功率定向波束发射机所需的高功率，已经产生了两种技术途径：有源集成相控阵中的固态功放集成和磁控管。许多研究采用了固态相控阵，尤其是空间合成阵列，如参考文献[49]。在这种应用中，往往涉及波束形成[50]；而在更高的功率等级，已通过磁控管相控阵空间功率合成加以验证[51]，这将在本书其他章节述及。

在功率电平更高时（如定向波束传输），肖特基二极管可能被击穿，研究者提出一些方法将功率分配给多个二极管。在参考文献[52]中，用图2.22所示的结构完成2.45GHz的100W微波功率的整流，通过功率分配器将接收到的入射功率分配到肖特基二极管阵列，每个子阵包括9个整流天线单元，而每个整流器的效率都是直流负载的函数，如图2.22（b）所示。

参考文献[52]给出了一个 16 单元的整流器阵列，可完成 100W 微波整流，用调节电路来保护二极管免于击穿，并减小直流输出的纹波。用磁控管在 5.5m 距离照射该阵列，在 1.2Ω 负载上检测到 67W 的整流输出功率。

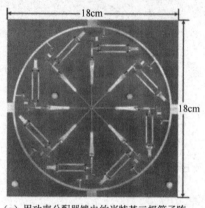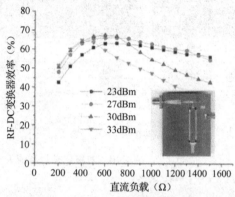

（a）用功率分配器馈电的肖特基二极管子阵　　（b）不同直流负载下单个整流电路转换效率的测量结果

图 2.22　用功率分配器馈电的肖特基二极管子阵和不同直流负载下单个整流电路转换效率的测量结果

其中，图 2.22（a）所示的用功率分配器馈电的肖特基二极管子阵用于接收来自 5.5m 距离外的磁控管发出的大于 100W 的输入功率。

对于波束传输方法，应该采用更高的频率来减小天线尺寸。频率提高以后，要在波束效率（取决于孔径的电尺寸）和整流电路效率之间进行权衡。本节将讨论 S 和 X 频段整流器，表明瓦级的整流在高频段效率会降低。

已有研究成果证明用微波频段高效自同步晶体管整流器可以对更高的输入功率进行整流[48][53]。在特定的负载下，用微波晶体管开发功率放大器和整流器具有时域反转对偶特性，因此可以获得近似的效率[54]。假定一个微波功放工作在高效模式，在电源电压 V_D 和合理的栅极驱动及偏置下，输出射频功率为 P_{OUT}。如果切断漏极供电，并将射频功率 $P_{IN} = P_{OUT}$ 输入到射频漏极端口，那么功放就成为整流器，其转换效率等于功放的功率附加效率，即 $\eta = \text{PAE}$；此外，如果保持栅极偏置和输入激励一致，则在最优直流负载 R_D 上产生输出直流电压 $V_{DC} = V_D$。这一原理称为时域反转对偶，如图 2.23 所示，两种电路的漏极电压和电流互逆，并满足 $v_{PA}(t) = v_R(-t)$ 和 $i_{PA}(t) = -i_R(-t)$。

图 2.23 中的整流器工作在自同步模式，栅极没有射频输入。

整流器的同步工作需要为晶体管栅极提供一路射频源以将其驱动[55]。自同步工作依靠从漏极通过共有电容 C_{gd} 耦合到栅极的功率实现驱动。因为端接阻抗 Z_{gate} 反射强，耦合功率就被反射进入栅极用于驱动晶体管，而不需要附加的射频源。用包括第三象限 I-V 曲线的特殊非线性模型[54]进行仿真，可以得到如图 2.23（b）所示电路的时域波形，这种电流电压的关系对各种模式的功放都适用，不仅限于已经得到验证的 F 类[54]、逆 F 类[48]和 E 类[55]~[57]。参考文献[48]基于对电流和电压波形傅里叶分析，给出了针对谐波端接的高效功率整流器的理论分析，这与谐波端接的功放理论类似。根据分析，可以获得射频电路设计的直流负载最优值。整流器效率上限作为器件导通电阻的函数，也可以推导得出。

2 无线能量传输中的固态电路

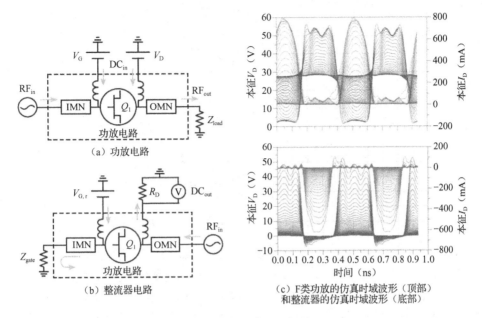

（a）功放电路

（b）整流器电路

（c）F类功放的仿真时域波形（顶部）和整流器的仿真时域波形（底部）

图 2.23　功放-整流器对偶原理

这里总结了一些 S 频段和 X 频段 GaN 自同步整流器的实例。如图 2.17（a）所示是用 Qorvo 公司的 TGF2023-02 型 GaN HEMT 开发的 2.14GHz 逆 F 类功放，在其二次和三次谐波上进行了端接调控。从图 2.17（b）所示的测试结果中可知，在漏极电压为 28V 和偏置电流为 160mA 的情况下，其在 3dB 压缩点实现了 PAE=84%、P_{OUT}=37.6dBm 和 15.7dB 增益等性能。要将同一功放用作整流器，可以将栅极加以偏置并连接到一个阻抗调谐器，这样就可将两端口的固放转变为一端口的整流器 [见图 2.23（b）]，如图 2.24 所示是其测试结果，该测试结果表明了自同步模式下栅极阻抗 Z_{gate} 的影响。整流器在晶体管栅极输入 10W 的射频功率下实现了 85%的效率，在 98Ω 电阻上得到了 30V 直流电压。与功放测试结果对照，可以证明实验中功放和整流器之间的对偶关系。

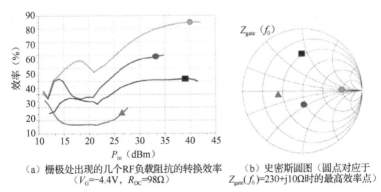

（a）栅极处出现的几个RF负载阻抗的转换效率（V_G=-4.4V，R_{DC}=98Ω）

（b）史密斯圆图（圆点对应于 $Z_{gate}(f_0)$=230+j10Ω时的最高效率点）

图 2.24　图 2.23（b）所示整流器的测试结果

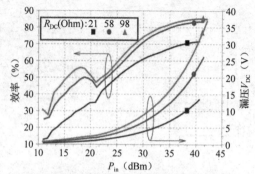

(c)几个直流漏极电阻值的转换效率和直流输出与输入功率的关系
(V_G=-4.4V, Z_{gate}=230+j10)

图 2.24 图 2.23（b）所示整流器的测试结果（续）

从图 2.24 中可知，当 V_D = 30V 时，整流器在 40dBm 时可获得 85%的最高效率。

为了证实时域反转对偶原理，分别研究了 2 个 X 频段高效 GaN MMIC 功放在功放和整流器工作模式下的特性[53]，如图 2.25 所示，这两个 MMIC 都结合了 Qorvo 公司的 150nm SiC 衬底 GaN 工艺线设计。电路 A 是一个单级放大器，采用了夹断偏置的（I_{DQ} = 5mA）10×100μm 晶体管，输出匹配电路以效率为目标进行优化，但没做谐波调控。电路 B 也是一个单级放大器，由两个偏置在深 AB 类的 10×100μm 晶体管通过无源合成器合成来实现。MMIC 的性能总结如图 2.25（c）所示，其中漏极直流负载随输入功率变化。同时还在栅极偏置变化下研究了电路特性，发现深夹断可以将两个整流器的效率分别提高 12 和 6.2 个百分点，但对输入阻抗影响甚微。图 2.25（c）总结了这两款 X 频段 GaN MMIC 分别工作在功放（PAE）和整流器（转换效率）模式下的性能。在这两种模式下，射频功率都是指漏极端口的功率，因为模式之间的对偶性要求功放的输出功率正是整流器效率最高时的输入功率，漏极的直流负载是 100Ω。

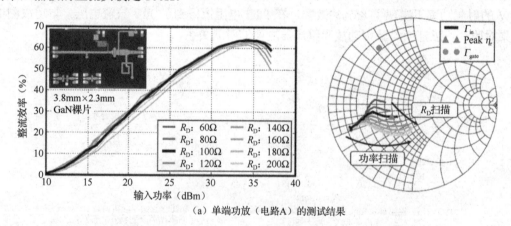

（a）单端功放（电路A）的测试结果

图 2.25 2 个 X 频段高效 GaN MMIC 功放在功放和整流器工作模式下的特性

2 无线能量传输中的固态电路

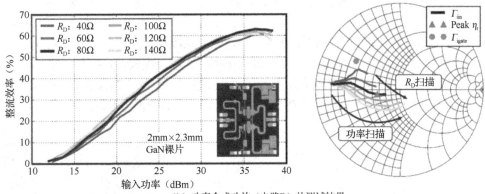

(b) 功率合成功放 (电路B) 的测试结果

测量结果	功率放大器		整流器	
	电路A	电路B	电路A	电路B
效率 (%)	68.0	63.1	64.4	62.5
输入功率 (W)	3.8 (DC)	4.2 (DC)	2.6 (RF)	4.6 (RF)
输出功率 (W)	3.0 (RF)	3.4 (RF)	1.7 (DC)	2.9 (DC)

(c) 两个电路分别作为功放和整流器的性能对比

图 2.25 2 个 X 频段高效 GaN MMIC 功放在功放和整流器工作模式下的特性 (续)

功放和整流器的对偶性是普遍存在的,其也适用于两级功放[57]。一款 X 频段两级 GaN MMIC 功放,偏置在 AB 类,在 9.9GHz 获得的输出功率大于 10W,饱和增益大于 20dB,PAE 为 50%。如图 2.26 所示,将其用于整流器时,在高于 8W 的功率电平下可以得到 52% 以上的 RF-DC 转换效率。

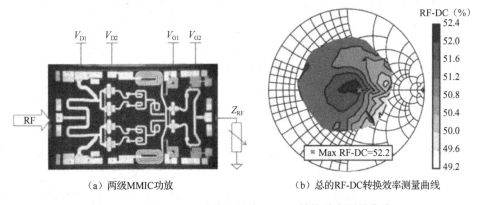

(a) 两级MMIC功放   (b) 总的RF-DC转换效率测量曲线

图 2.26 两级 MMIC 功放和总的 RF-DC 转换效率测量曲线

除 WPT 外,高效高功率微波整流器还有一些应用,如用来开发电源的芯片级 DC-DC 变换器。开关频率越高,效率和功率就越低,因为无源部件和有源部件的损耗随频率升高而增大。二十多年以前,用 GaAs 器件和传输线电路就可以获得 64% 的效率,工作频率为 4.6GHz,功率电平在瓦级以下[58],逆变级包括一个功率放大器和一个功率振荡器。在参考文献[55]和[56]中,用 Qorvo 公司 0.25μm 的 GaN 裸片开发的功放作为 DC-AC 变换级 (逆变器），而用直流隔离的谐振耦合网络来实现时域反转对偶整流器，集成开发了频率为 1GHz 左右的 DC-DC 变换器，在 5W 功率上效率达到 75%。同样的电路结构也在 150nm GaN 工艺线上进行了集成设计，工作频率为 4.6GHz[59]，因为该频率下的开关损耗提高导致效率有些下降。然而这款 2.3mm×3.8mm 的变换器真正实现了单片集成，没有任何磁性元件，如图 2.27 所示。总效率达到 50%，表明整流器和功放的效率都在 70% 以上。在该案例中，图 2.2 的原理框图仍然适用，只是中间的框图简化为片上的谐振电路。

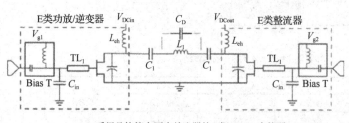 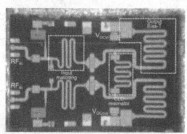

（a）采用晶体管自同步整流器的 E 类 DC-DC 变换器　　（b）工作频率为 4.6GHz 的 SiC 衬底 GaN 裸片（功放和整流器集成在 2.3mm×3.8mm 的芯片上）

图 2.27　采用晶体管自同步整流器的 E 类 DC-DC 变换器和工作频率为 4.6GHz 的 SiC 衬底 GaN 裸片（功放和整流器集成在 2.3mm×3.8mm 的芯片上）

2.5　大功率近场感应无线能量传输

大功率近场无线能量传输应用广泛，包括水下电缆互联、无人机（UAV）供电和电动汽车（EV）充电等。解决电动汽车行驶距离受限的可能途径是在路上为行驶的电动汽车无线供能，这一途径还能缓解对电池的需求。20kW 以上级别的能量传输可以为以巡航速度行驶的电动汽车供电，这也是这类系统的设计指标[60]。另外，在为停车场、车库，以及其他静态场景下的电动汽车充电中，无线能量传输也是颇有吸引力的，因为此时的无线系统更加方便和可靠。迄今已经证实，电感感应式能量传输可用于对电动汽车进行无线能量传输，如参考文献[60]~[62]；少数案例中也采用了电容耦合式能量传输方式，如参考文献[63]和[64]。图 2.28 是一个模块化电容耦合式无线能量传输（CWPT）系统的实例，可以在 12cm 间隙和 $1m^2$ 面积上扩展到 50kW 容量的传输，效率高于 85%，电容耦合式无线能量传输系统比起电感感应式无线能量传输系统有如下优势：（1）无需沉重和昂贵的磁铁来进行场汇聚；（2）因工作在高频而受益，其原因在于汽车和道路之间的容抗与工作频率成反比[65]；（3）工作频率越高，大功率传输时的位移电流需要的电场越弱；（4）采用合理的几何形状可以降低对偏移的敏感性。

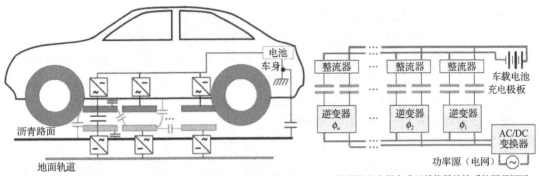

(a) 电动汽车的模块化电容耦合式无线能量传输系统整体示意图   (b) 多模块电容耦合式无线能量传输系统原理框图

图 2.28 模块化电容耦合式无线能量传输（CWPT）系统实例

图 2.28（a）中，每个模块包括道路上的逆变器、一对电容极板和车上的整流器，整流器为车载电池充电。极板与车体之间、极板与轨道、车身与轨道、相邻极板之间的寄生电容也在图中。如图 2.28（b）所示，为减小边缘场并满足安全性要求，在逆变器之间附加了相位偏移。

大功率能量传输总是伴随着强电磁场，所以安全仍是一个需要解决的问题。参考文献[66]中给出的暴露限值限定了人体可以暴露的电磁场强度，所有商品必须满足要求。已经尝试通过近场电容耦合[67][68]和电感感应[69][70]移相供电模块阵列的方法来弱化边缘场，下面结合参考文献[69]中的实例进行详细讨论。图 2.29 是一个模块及其电路原理框图。逆变器采用 H 桥拓扑，并应用 650V、15A 的硅上 GaN 场效应管（GaN System 公司的 GS66504B）来实现，工作频率为 6.78MHz（ISM 频段）。功率通过一对耦合极板进行传输，一个极板在前向通路里，另一个在回路里。为了减小逆变器里的环路电流并实现软开关，理想情况是具备近阻性输入阻抗，这就要求在原边和副边进行补偿，可以用 L 段匹配网络来实现。

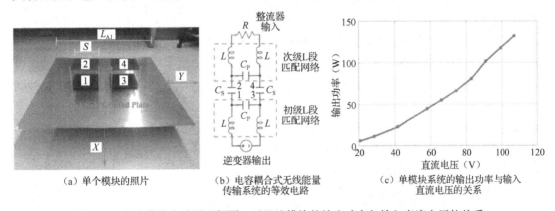

(a) 单个模块的照片   (b) 电容耦合式无线能量传输系统的等效电路   (c) 单模块系统的输出功率与输入直流电压的关系

图 2.29 单个模块电路原理框图，以及该模块的输出功率与输入直流电压的关系

图 2.29 中，图 2.29（a）是单个模块的照片，其显示了 4 个电容极板。为了便于观察，去除了顶部模拟车身的铝板，铝板的边长 L_{Al}=100cm，箭头表示 2 个测量点。图 2.29（b）是电容耦合式无线能量传输系统的等效电路，其包括 L 段匹配网络。C_S 和 C_P 代表电容耦合式无线能量传输系统的有效容性耦合。图 2.29（c）是单模块系统的输出功率与输入直流

电压的关系。其中，输出功率高于110W时效率达到90%。

为了模拟一个实际的汽车充电系统，在耦合极板的上下都安置了铝板，分别代表汽车和道路，如图2.29（a）所示，其中为了便于观察，去除了顶部的铝板。设计了原边和副边匹配网络，并通过π型网络的等效串联电容传输功率，而并联电容则被融合到L段匹配网络中。试验系统中方形基板的边长 $s=17.68$ cm，按照参考文献[71]给出的设计方法，取 L 段匹配网络串联电容 $C_S=14.2$ pF，并联电容 $C_P=0.8$ pF，串联电感 $L=22.4$ μH。该原型系统向射频负载 $R=42Ω$ 提供 110W 功率，效率则达到 90%，这里用射频负载模拟整流器的输入阻抗。图2.29（c）是输出功率与输入直流电压的关系。在功率电子领域，已经报道了大量高效逆变器和整流器，它们用于上述功率等级的无线能量传输。参考文献[72]给出了专为千瓦级无线能量传输设计的电路实例。在无线能量传输系统中，效率通常随着发射和接收线圈（用于电感感应供电）或极板（用于电容耦合供电）间的偏移而变化。许多文献针对较低的功率水平解决了这个问题，但是在高功率系统中它对绝对损失功率的影响仍然最大。针对电感感应供电和电容耦合供电，参考文献[73]和[74]分别提供了通过自适应电路解决这一问题的方法。

在可能存在人的车辆内部和周围，电场矢量的总幅度必须低于国际非电离辐射防护委员会（ICNIRP）规定的限值。上述单模块原型系统产生的电场超过了 ICNIRP 在 6.78MHz 时的安全限值 33.4V/m（RMS），并且随着输出功率增加到所需的千瓦水平而进一步增加。为了符合参考文献[66]中的电场暴露限值，可以使用多模块电容耦合式无线能量传输系统[见图2.28（b）]，其中近场减弱是通过相邻相同模块之间的相对相位实现的，类似于相控阵天线远场中的波束控制。在参考文献[75]和[76]中，通过全波仿真表明，当相移为180°时，获得了最佳的场对消效果，这使得模块的馈电非常简单，只要以平衡方式进行馈电即可。

使用 ANSYS HFSS 对电容耦合式无线能量传输系统进行了全波电磁仿真，该系统中的极板几何形状与被测模块对应，图2.30（a）是用于仿真的设置。使用双模块实验装置，其中极板尺寸为 5cm×5cm，极板之间的间隔为 $h=12$ cm，并且同一模块中极板对之间的距离为 $d=15$ cm。模块彼此相距 $D=20$ cm。2kΩ 的负载电阻代表副边 L 段匹配网络的输入阻抗，而该网络的负载是整流器。用射频发射机产生馈电信号以模拟逆变器的输出，并可以提供相当高的功率电平。这些极板由 ICOM IC-7410 频率锁定发射机产生的 50V 峰值正弦波馈电，频率分别为 7MHz、14MHz 和 29MHz。使用具有差分探头的示波器监测施加到极板上的电压，使用 ETS HI-6005 电场探头测量电场，使用高功率巴伦（W2AU）对极板馈电。图2.30（b）是电场与距离的函数关系，工作频率为 7MHz，而图2.31（a）是模块之间相对相位不同时的结果，工作频率为 29MHz。

其中，图2.30（b）是对于 2 模块或 4 模块系统，以及不同相位时，7MHz 电场的测量结果（实线）和仿真结果（虚线）与 X 轴向距离的函数关系。

图2.31（b）是根据 $\Delta E=(E_0-E_{180})/E_0$ 计算的场消减，其中 E_0 和 E_{180} 分别是系统在同相馈电和 180°相差馈电时产生的电场幅度。在图2.31 中的 3 种工作频率下，2 模块系统的场消减率高于 24%，4 模块系统消减率达到 32%。在距离较近的地方（小于 25cm），场强更强，2 个和 4 个模块系统的消减率分别超过 24%和 43%。在较远距离处，仿真结果与测量结果不同，这是因为在较低场强下的场测量灵敏度降低，同时缺乏周围物体的建模。

最近，同一研究团队将这种电容耦合式无线能量传输方法扩展到 1kW 系统，效率超过 85%，发射场消减超过 60%。

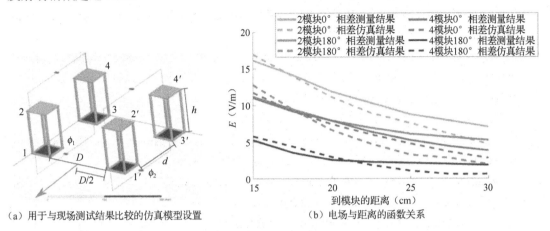

（a）用于与现场测试结果比较的仿真模型设置　　（b）电场与距离的函数关系

图 2.30　用于仿真的设置及其电场与距离的函数关系

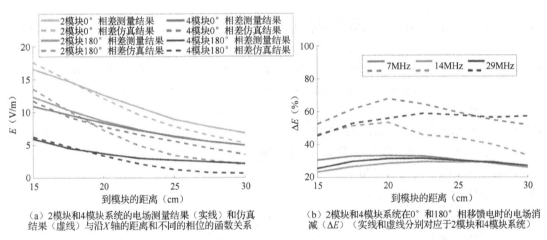

（a）2模块和4模块系统的电场测量结果（实线）和仿真结果（虚线）与沿 X 轴的距离和不同的相位的函数关系

（b）2模块和4模块系统在0°和180°相移馈电时的电场消减（ΔE）（实线和虚线分别对应于2模块和4模块系统）

图 2.31　2 模块和 4 模块系统的电场测量结果（实线）和仿真结果（虚线）与沿 X 轴的距离和不同的相位的函数关系，以及 2 模块和 4 模块系统在 0°和 180°相移馈电时的电场消减（ΔE）

2.6　结论

本章介绍了一些用于无线功率传输的固态电路的开发方法。它涵盖了从电动汽车的兆赫兹频率高功率电容传输到微瓦和毫瓦功率范围内的吉赫兹频率 WPT 的实例。简要讨论了发射机，而将重点放在功率接收机上，因为对于无线供电应用，后者是特有的。

2.7　参考文献

[1] Z. Popovic, "Cut the Cord: Low-Power Far-Field Wireless Powering," in *IEEE Microwave*

Magazine, vol. 14, no. 2, pp. 55-62, March-April 2013.

[2] A. Collado and A. Georgiadis, et al., "Improving wireless power transmission efficiency using chaotic waveforms," *2012 IEEE MTT-S International Microwave Symposium Digest*, Montreal, Canada, June 2012.

[3] Z. Popovic, E. Falkenstein, D. Costinett and R. Zane, "Low-power farfield wireless powering for wireless sensors," *Proceedings of the IEEE, Special Issue onWireless Powering*, vol. 101, no. 6, pp. 1397-1409, June 2013.

[4] R. Vias, H. Nishimoto, M. Tentzeris, Y. Kawahara and T. Asami, "A Battery-Less, Energy Harvesting Device for Long Range Scavenging of Wireless Power from Terrestrial TV Broadcasts," *IEEE 2012 IMS Digest,* Montreal, Canada, June 2012.

[5] R. Scheeler, S. Korhummel and Z. Popovic, "A Dual-Frequency Ultralow-Power Efficient 0.5-g Rectenna," in *IEEE Microwave Magazine*, vol. 15, no. 1, pp. 109-114, Jan.-Feb. 2014.

[6] T. Paing, J. Shin, R. Zane and Z. Popovic, "Resistor emulation approach to low-power RF energy harvesting," *IEEE Trans. Power Electronics*, vol. 23, no. 3, May 2008, pp. 1494-1501.

[7] E. Falkenstein, M. Roberg and Z. Popović, "Low-power wireless power delivery," *IEEE Trans. Microwave Theory Techn.*, vol. 60, no. 7, pp. 2277-2286, July 2012.

[8] A. Dolgov, R. Zane and Z. Popovic, "Power management system for online low power RF energy harvesting optimization," *IEEE Trans. Circuits Syst.*, vol. 57, no. 7, pp. 1802-1811, Jul. 2010.

[9] M. D. Seeman, S. R. Sanders and J. M. Rabaey, "An ultra-low-power power management IC for wireless sensor nodes," in *Proc. IEEE 29th Custom Integr. Circuits Conf.*, San Jose, CA, USA, Sep. 2007, pp. 567-570.

[10] I. Doms, P. Merken, R. P. Mertens and C. Van Hoof, "Capacitive power-management circuit for micropower thermoelectric generators with a 2.1 μW controller," in *Proc. IEEE Int. Solid-State Circ. Conf.*, San Francisco, CA, USA, Feb. 2008, pp. 300-303.

[11] E. E. Aktakka, R. L. Peterson and K. Najafi, "A self-supplied inertial piezoelectric energy harvester with power-management IC," *Intern. Solid-State Circuits Conference (ISSCC)*, Feb. 2011, pp. 120-121.

[12] T. Paing, J. Shin, R. Zane and Z. Popovic, "Custom IC for Ultralow Power RF Energy Scavenging," *IEEE Trans. on Power Electron., Letters*, vol. 26, no. 6, pp. 1620-1626, Jun. 2011.

[13] E. Falkenstein, D. Costinett, R. Zane and Z. Popovic, "Far-field RFpowered variable duty cycle wireless sensor platform," *IEEE Trans, Circuits and Systems II*, vol. 58, no. 12, pp. 822-826, Dec. 2011.

[14] Ramos and Z. Popovic, "A compact 2.45 GHz, low power wireless energy harvester with a reflector-backed folded dipole rectenna," in *Wireless Power Transfer Conference (WPTC)*, 2015 IEEE, pp. 1-3, May 2015.

[15] G. Orecchini, L. Yang, M. M. Tentzeris and L. Roselli, "Wearable Battery-free Active Paper-Printed RFID Tag with Human Energy Scavenger," *IEEE Intern. Microwave Symp. Digest*, Baltimore, MD, June 2011.

[16] Z. Popovic, S. Korhummel, S. Dunbar, R. Scheeler, A. Dolgov, R. Zane, E. Falkenstein and J. Hagerty, "Scalable rf energy harvesting," *IEEE Trans. Microwave Theory and Techn.*, vol. 62, pp. 1046-1056, April 2014.

[17] J. A. Hagerty, F. Helmbrecht, W. McCalpin, R. Zane and Z. Popovic, "Recycling ambient microwave energy with broadband antenna arrays," *IEEE Trans. Microwave Theory and Techn.*, pp. 1014-1024, March 2004.

[18] U. Olgun, C. C. Chen and J. L. Volakis, "Investigation of Rectenna Array Configurations for Enhanced RF Power Harvesting," in *IEEE Antennas and Wireless Propagation Letters*, vol. 10, pp. 262-265, 2011.

[19] A. Boaventura, D. Belo, R. Fernandes, A. Collado, A. Georgiadis and N. B. Carvalho. "Boosting the efficiency: Unconventional waveform design for efficient wireless power transfer," in *IEEE Microwave Magazine*, vol. 16, no. 3, pp. 87-96, 2015.

[20] J. Estrada, I. Ramos, A. Narayan, A. Keith and Z. Popovic, "RF energy harvester in the proximity of an aircraft radar altimeter," *2016 IEEE Wireless Power Transfer Conference (WPTC)*, Aveiro, 2016, pp. 1-4.

[21] C. R. Valenta and G. D. Durgin, "Harvesting Wireless Power: Survey of Energy-Harvester Conversion Efficiency in Far-Field, Wireless Power Transfer Systems," in *IEEE Microwave Magazine*, vol. 15, no. 4, pp. 108-120, June 2014.

[22] J. Kimionis, A. Collado, M. M. Tentzeris and A. Georgiadis, "Octave and Decade Printed UWB Rectifiers Based on Nonuniform Transmission Lines for Energy Harvesting," in *IEEE Transactions on Microwave Theory and Techniques*, vol. PP, no. 99, pp. 1-9.

[23] C. Song, Y. Huang, J. Zhou, J. Zhang, S. Yuan and P. Carter, "A High-Efficiency Broadband Rectenna for AmbientWireless Energy Harvesting," in *IEEE Transactions on Antennas and Propagation*, vol. 63, no. 8, pp. 3486-3495, Aug. 2015.

[24] S. E. Adami, P. Proynov, G. S. Hilton, G. Yang, C. Zhang, D. Zhu, Y. Li, S. P. Beeby, I. J. Craddock and B. H. Stark, "A Flexible 2.45-GHz Power Harvesting Wristband With Net System Output From -24.3 dBm of RF Power," in *IEEE Transactions on Microwave Theory and Techniques*, vol. PP, no. 99, pp. 1-16.

[25] S. Kim et al., "Ambient RF Energy-Harvesting Technologies for Self-Sustainable Standalone Wireless Sensor Platforms," in *Proceedings of the IEEE*, vol. 102, no. 11, pp. 1649-1666, Nov. 2014.

[26] C. H. P. Lorenz et al., "Breaking the Efficiency Barrier for Ambient Microwave Power Harvesting With Heterojunction Backward Tunnel Diodes," in *IEEE Transactions on Microwave Theory and Techniques*, vol. 63, no. 12, pp. 4544-4555, Dec. 2015.

[27] C. H. P. Lorenz, S. Hemour and K. Wu, "Physical Mechanism and Theoretical Foundation

of Ambient RF Power Harvesting Using Zero-Bias Diodes," in *IEEE Transactions on Microwave Theory and Techniques*, vol. 64, no. 7, pp. 2146-2158, July 2016.

[28] http://powermat.com, http://www.qualcomm.com/solutions/wirelesscharging.

[29] S. Aldhaher, D. C. Yates and P. D. Mitcheson, "Design and Development of a Class EF2 Inverter and Rectifier for MultimegahertzWireless Power Transfer Systems," in *IEEE Transactions on Power Electronics*, vol. 31, no. 12, pp. 8138-8150, Dec. 2016.

[30] D. Ahn and P. P. Mercier, "Wireless power transfer with concurrent 200 kHz and 6.78 MHz operation in a single transmitter device," *IEEE Trans. Power Electron.*, vol. 31, no. 7, pp. 5081-5029, Jul. 2016.

[31] S. Aldhaher, P. C.-K. Luk, K. El Khamlichi Drissi and J. F. Whidborne, "High-input-voltage high-frequency Class E rectifiers for resonant inductive links," *IEEE Trans. Power Electron.*, vol. 30, no. 3, pp. 1328-1335, Mar. 2015.

[32] Hui, S. Y. Ron and Wing W. C. Ho, "A new generation of universal contactless battery charging platform for portable consumer electronic equipment," *IEEE Transactions on Power Electronics* 20.3 (2005): 620-627.

[33] S. Korhummel, A. Rosen and Z. Popović, "Over-Moded Cavity for Multiple-Electronic-Device Wireless Charging," *IEEE Transactions on Microwave Theory and Techniques*, vol. 62, no. 4, pp. 1074-1079, April 2014.

[34] A. G. Zajić and Z. Popović, "Statistical modeling of a shielded wireless charging device," *2015 9th European Conference on Antennas and Propagation (EuCAP)*, Lisbon, 2015, pp. 1-5.

[35] F. Raab, P. Asbeck, S. Cripps, P. Kenington, Z. Popovic, N. Pothecary, J. Sevic and N. Sokal, "Power amplifiers and transmitters for RF and microwave," *IEEE transactions on Microwave Theory and Techniques* 50, no. 3 (2002): 814-826.

[36] M. Roberg, J. Hoversten and Z. Popović, "GaN HEMT PA with over 84% power added efficiency," *Electron. Lett.*, vol. 46, no. 23, pp. 1553-1554, Nov. 2010.

[37] S. Schafer, M. Litchfield, A. Zai, Z. Popović and C. Campbell, "X-Band MMIC GaN Power Amplifiers Designed for High-Efficiency Supply-Modulated Transmitters," *IEEE MTT International Microwave Symp. Digest*, June 2013, Seattle.

[38] S. Piotrowicz, Z. Ouarch, E. Chartier, R. Aubry, G. Callet, D. Floriot, J. Jacquet, O. Jardel, E. Morvan, T. Reveyrand, N. Sarazin and S. Delage, "43W, 52% PAE X-Band AlGaN/GaN HEMTs MMIC Amplifiers," *IEEE MTT-S International Microwave Symposium Digest (IMS)*, 2010, pp. 1-4.

[39] D. Costinett, E. Falkenstein, R. Zane and Z. Popovic, "RF-powered variable duty cycle wireless sensor," *Microwave Conference (EuMC), 2010 European*, pp. 41-44, 2010.

[40] T. Paing, A. Dolgov, J. Shin, J. Morroni, J. Brannan, R. Zane and Z. Popovic, "Wirelessly powered wireless sensor platform," *European Microwave Conf. Digest*, pp. 241-244, Munich, Oct. 2007.

[41] H.-K. Chiou and I.-S. Chen, "High-efficiency dual-band on-chip rectenna for 35- and 94-GHz wireless power transmission in 0.13-um CMOS technology," *IEEE Trans. Microwave Theory Techn.*, vol. 58, no. 12, pp. 3598-3606, Dec. 2010.

[42] J. J. Schlesak, A. Alden and T. Ohno, "A microwave powered high altitude platform," *Microwave Symposium Digest, 1988., IEEE MTT-S International*, pp. 283-286 vol. 1, 25-27 May 1988.

[43] A. Georgiadis, G. Andia and A. Collado, "Rectenna design and optimization using reciprocity theory and harmonic balance analysis for electromagnetic (em) energy harvesting," *Antennas and Wireless Prop. Letters, IEEE*, vol. 9, pp. 444-446, 2010.

[44] Z. Harouni, L. Cirio, L. Osman, A. Gharsallah and O. Picon, "A dual circularly polarized 2.45-GHz rectenna for wireless power transmission," *Antennas and Wireless Prop. Lett., IEEE*, vol. 10, pp. 306-309, 2011.

[45] D.-G. Youn, K.-H. Kim, Y.-C. Rhee, S.-T. Kim and C.-C. Shin, "Experimental development of 2.45 GHz rectenna using FSS and dualpolarization," *Microwave Conf. 30th European*, pp. 1-4, Oct. 2000.

[46] S. Imai et al., "Efficiency and harmonics generation in microwave to DC conversion circuits of half-wave and full-wave rectifier types," in *2011 IEEE MTT-S International*, May 2011, pp. 15-18.

[47] H. Takhedmit et al., "A 2.45-GHz low cost and efficient rectenna," in *Antennas and Propagation (EuCAP), 2010 Proceedings of the Fourth European Conference on*, April 2010, pp. 1-5.

[48] M. Roberg, T. Reveyrand, I. Ramos, E. A. Falkenstein and Z. Popovic, "High-Efficiency Harmonically Terminated Diode and Transistor Rectifiers," in *IEEE Transactions on Microwave Theory and Techniques*, vol. 60, no. 12, pp. 4043-4052, Dec. 2012.

[49] R. A. York and Z. Popovic, eds. *Active and quasi-optical arrays for solid-state power combining.* vol. 42. Wiley-Interscience, 1997.

[50] N. Shinohara and H. Matsumoto, "Experimental study of large rectenna array for microwave energy transmission," *IEEE Transaction MTT*, vol. 46, no. 3, pp. 261-267, Mar. 1998.

[51] N. Shinohara, H. Matsumoto and K. Hashimoto, "Solar Power Station/Satellite (SPS) with Phase Controlled Magnetrons," *IEICE Trans. Electron,* vol. E86-C, no. 8, pp. 1550-1555, 2003.

[52] Wan Jiang, B. Zhang, Liping Yan and C. Liu, "A 2.45 GHz rectenna in a near-field wireless power transmission system on hundredwatt level," *2014 IEEE MTT-S International Microwave Symposium (IMS2014)*, Tampa, FL, 2014, pp. 1-4.

[53] M. Litchfield, T. Reveyrand and Z. Popovic, "High-efficiency X-band MMIC GaN power amplifiers operating as rectifiers," *2014 IEEE IMS*, June 2014, pp. 1-4.

[54] T. Reveyrand, I. Ramos and Z. Popovic, "Time-reversal duality of high efficiency RF

power amplifiers," *Electronics Lett.*, vol. 48, pp. 1607-1608, Dec. 2012.

[55] J. A. Garcia, et al., "GaN HEMT Class E$_2$ Resonant Topologies for UHF DC/DC Power Conversion," *IEEE Trans. Microwave Theory Techn.*, vol. 60, pp. 4220-4229, Dec. 2012.

[56] I. Ramos et al., "GaN Microwave DC-DC Converters," *IEEE Trans. Microwave Theory Techn.*, vol. 63, pp. 4473-4482, Dec. 2015.

[57] M. Coffey, S. Schafer and Z. Popović, "Two-stage high-efficiency X-Band GaN MMIC PA/rectifier," *2015 IEEE MTT-S International Microwave Symposium*, Phoenix, AZ, 2015, pp. 1-4.

[58] S. Djukic et al."A planar 4.5-GHz DC-DC power converter," *IEEE Trans. Microw. Theory Techn.*, vol. 47, no. 8, pp. 1457-1460, Aug. 1999.

[59] I. Ramos et al., "A Microwave Monolithically Integrated Distributed 4.6 GHz DC-DC Converter," *IEEE IMS* 2016, San Francisco, June 2016.

[60] G. A. Covic and J. T. Boys, "Modern trends in inductive power transfer for transportation applications," *IEEE Journal of Emerging and Selected Topics in Power Electronics*, vol. 1, no. 1, pp. 28-41, March 2013.

[61] S. Y. R. Hui, W. Zhong and C. K. Lee, "A critical review of recent progress in mid-range wireless power transfer," *IEEE Transactions on Power Electronics*, vol. 29, no. 9, pp. 4500-4511, Sept. 2014.

[62] J. Enriquez, "Qualcomm wireless technology charges electric vehicles in motion," https://www.rfglobalnet.com/, accessed: 2017-05-19.

[63] H. Zhang, F. Lu, H. Hofmann, W. Liu and C. C. Mi, "A four-plate compact capacitive coupler design and lcl-compensated topology for capacitive power transfer in electric vehicle charging application," *IEEE Transactions on Power Electronics*, vol. 31, no. 12, pp. 8541-8551, Dec. 2016.

[64] J. Dai and D. C. Ludois,"Capacitive power transfer through a conformal bumper for electric vehicle charging," *IEEE Journal of Emerging and Selected Topics in Power Electronics*, vol. 4, no. 3, pp. 1015-1025, Sept. 2016.

[65] A. Sepahvand, A. Kumar, K. K. Afridi and D. Maksimovic, "High Power Transfer Density and High Efficiency 100 MHz Capacitive Wireless Power Transfer System," *Proc. IEEE Workshop on Control and Modeling for Power Electronics (COMPEL)*, Vancouver, Canada, July 2015.

[66] I. C. on Non-Ionizing Radiation Protection (ICNIRP), "Guidelines for limiting exposure to time-varying electric, magnetic and electromagnetic fields (up to 300 GHz)," *Health Physics*, vol. 74, no. 4, pp. 494-522, 1998.

[67] B. H. Waters, B. J. Mahoney, V. Ranganathan and J. R. Smith, "Power delivery and leakage field control using an adaptive phased array wireless power system," *IEEE Transactions on Power Electronics*, vol. 30, no. 11, pp. 6298-6309, Nov. 2015.

[68] G. Sauerlaender and E. Waffenschmidt, "Wireless power transmission system," Aug. 19

2014, uS Patent 8,810,071. [Online]. Available: https://www.google.ch/patents/US8810071.

[69] A. Kumar, S. Pervaiz, Chieh-Kai Chang, S. Korhummel, Z. Popovic and K. K. Afridi, "Investigation of power transfer density enhancement in large air-gap capacitive wireless power transfer systems," in *Wireless Power Transfer Conference (WPTC), 2015 IEEE*, vol., no., pp. 1-4, 13-15 May 2015, Boulder, CO, U.S.A.

[70] F. Lu, H. Zhang, H. Hofmann and C. Mi, "A Double-Sided LCLC Compensated Capacitive Power Transfer System for Electric Vehicle Charging," *IEEE Transactions on Power Electronics*, vol. 30, no. 11, pp. 6011-6014, November 2015.

[71] S. Sinha, A. Kumar, S. Pervaiz, B. Regensburger and K. K. Afridi, "Design of efficient matching networks for capacitive wireless power transfer systems," in *2016 IEEE 17th Workshop on Control and Modeling for Power Electronics (COMPEL)*, June 2016, pp. 1-7, Trondheim, Norway.

[72] J. Choi, D. Tsukiyama, Y. Tsuruda and J. Rivas, "13.56 MHz 1.3 kW resonant converter with GaN FET for wireless power transfer," *Proc. IEEE Wireless Power Transfer Conf.*, May 2015, pp. 1-4.

[73] C. Florian, F. Mastri, R. P. Paganelli, D. Masotti and A. Costanzo, "Theoretical and Numerical Design of a Wireless Power Transmission Link With GaN-Based Transmitter and Adaptive Receiver," *IEEE Transactions on Microwave Theory and Techniques*, vol. 62, no. 4, pp. 931-946, April 2014.

[74] S. Sinha, A. Kumar and K. K. Afridi, "Active Variable Reactance Rectifier - A New Approach to Compensating for Coupling Variations in Wireless Power Transfer Systems," *Proceedings of the IEEE Workshop on Control and Modeling for Power Electronics (COMPEL)*, Stanford, CA, July 2017.

[75] I. Ramos, K. Afridi, J. A. Estrada and Z. Popovic, "Near-field capacitive wireless power transfer array with external field cancellation," in *2016 IEEE Wireless Power Transfer Conference (WPTC)*, May 2016, pp. 1-4, Aveiro, Portugal.

3

微波电子管发射机

三谷友彦（Tomohiko Mitani）

日本京都大学

摘要

本章描述了微波电子管发射机（磁控管、速调管和放大器），特别是磁控管目前仍被用作微波能量传输研究的发射机，而对注入锁定磁控管、相控磁控管、幅相控制磁控管和功率可变相控磁控管这些功能强大的磁控管发射机都进行了详细介绍。同时，还介绍了利用微波电子管发射机进行微波能量传输的验证试验，包括未来的概念系统。

3.1 引言

微波电子管是在微波波段产生或放大射频（RF）电磁波的真空管。微波电子管的历史可以追溯到 20 世纪初，当时巴克豪森（Barkhausen）和库尔兹（Kurz）在一个三极管中观察到被称为"电子舞蹈振荡"的自激振荡，成功地提取了最短波长为 43 厘米的高频电磁波[1]，几乎在同一时间，赫尔发明了磁控管[2]，并通过 Okabe 的阳极分裂技术，提高了微波波段的振荡效率[3]。20 世纪中叶，速调管由两个研究团队独立发明出来[4][5]，Haeff 首先发明了行波管（TWT）[6]，并对其进行了理论和实验研究[7]~[9]，其他类型的微波电子管如正交场放大器（CFA）、回旋管等，都陆续在 20 世纪后半叶被后人发明[10][11]。

与固态器件相比，微波电子管具有输出功率大、工作电压高、耐热高等特点。由于高输出功率的优点，微波电子管目前仍然用于雷达、微波加热、卫星通信发射机等应用系统，而磁控管则成为微波炉等家用电器的重要组成部分。

本章介绍了无线能量传输（WPT）尤其是微波能量传输（MPT）中的微波电子管发射机。Raytheon 公司的 Brown 在这方面全面和深入的研究成就了 MPT 在 20 世纪的卓越进步，而自 1975 年起，很多国家尤其是日本开展的研究开始产生越来越多的贡献。

3.2 磁控管

磁控管作为一种正交场器件和振荡器，主要用于微波加热和雷达应用，它主要是为 ISM（工业、科学和医学）频段微波加热而设计的。特别值得一提的是，2.45GHz 的烘箱磁控管虽然是在近一个世纪前发明的,但它仍然是世界上最便宜的 1~10 千瓦级的微波振荡器。915MHz 的磁控管常用于工业微波加热,但 ISM 频段对这一频率的分配仅限于北美和南美国家。而在 5.8GHz 的 ISM 频段,最近研制了一台功率超过 1kW 的磁控管[12]。

由于 2.45GHz 的烘箱磁控管在可用性、效率和成本方面的优势,它在微波能量传输研究中经常被用作发射机。迄今已经研制了各种具有锁频、锁相或相控、输出功率可控的磁控管发射机,一些微波能量传输研究中还使用了 5.8GHz 的连续波磁控管。

3.2.1 工作原理

磁控管的剖视图如图 3.1 所示,其为同轴二极管结构,中间的阴极起到灯丝的作用,放出热电子,阳极具有多个空腔谐振器。在大多数磁控管中,谐振器的数量是偶数个。当电场 E 作用于阳极和阴极之间时,外加磁场 B 作用于轴向,如图 3.1 所示,然后电子以 $E \times B$ 漂移的方式沿方位向运动。

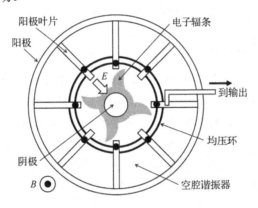

图 3.1 磁控管的剖视图

由于阳极腔具有不同的谐振模式,因此在阳极与阴极的相互作用区存在较小的射频波动。当方位向电子运动和其中一种谐振模式同步时,由于 $E \times B$ 的漂移效应,电子在 RF 电位为正的阳极叶片周围聚集,同时远离射频电位为负的阳极叶片。最后,电子在与方位向漂移运动的相互作用区内形成"辐条",而高频场在谐振频率处得到大大的增强和振荡。如图 3.1 所示,从连接到其中一个阳极叶片的输出天线或在阳极打开的输出窗口处可提取振荡 RF 功率。

磁控管的工作条件受布纳曼-哈特里阈值电压 V_{th} 的限制:

$$V_{th} = \frac{\omega_m B}{2n}(r_a^2 - r_c^2) - \frac{m\omega_m^2 r_a^2}{2en^2} \tag{3.1}$$

其中,B、r_a、r_c、ω_m、e 和 m 分别代表外部磁通密度、阳极半径、阴极半径、振荡角频率、元电荷和电子质量;n 是从 1 到 $N/2$ 的整数,其中 N 是阳极叶片的数目(N 一般是偶数)。当阳极电压 V_a 大于 V_{th} 时,磁控管开始振荡,当 $n = N/2$ 时,相邻阳极叶片之间的 RF 电势相位差为 π,这种振荡方式被称为"π 模式"。在 π 模式下,从式(3.1)中可以得到 V_{th} 的最小值,大多数磁控管在这种条件下被设计出来。为加强 π 模式振荡,通常用均压环连接到阳极叶片,如图 3.1 所示,此外由于均压环与每相隔一个的叶片进行电连接,所以相邻叶片之间的相位差更趋向于 π。

磁控管的 RF-DC 转换效率 η 表示为 $\eta = \eta_c \eta_e$，η_c 和 η_e 分别为电路效率和电子效率。η_c 是由磁控管输出电路的品质因数决定的，换言之，当 Q_L 是负载品质因数、Q_E 是外界品质因数时，$\eta_c = Q_L/Q_E$ [13]。η_e 通常是由输入能量（势能）和剩余电子的动能所决定的，根据磁控管中电子密度的假设，它的表达式有很多种，以下为 η_e 的其中一种解析表达式[11]。

$$\eta_e = 1 - \frac{1}{2V_a}\left\{\frac{B(r_a^2 - r_c^2)\omega_m}{n} - \frac{m}{e}\left(\frac{r_a\omega_m}{n}\right)^2\right\} \quad (3.2)$$

$$= 1 - \frac{4m\omega_m}{eBn}\frac{r_a^2}{r_a^2 - r_c^2} + \left(\frac{2m\omega_m}{eBn}\frac{r_a^2}{r_a^2 - r_c^2}\right)^2 \quad (3.3)$$

$$V_a = \frac{eB^2}{8m}\left(\frac{r_a^2 - r_c^2}{r_a}\right)^2 \quad (3.4)$$

由式（3.2）可知，在 π 模式下 η_e 达到最大值。

3.2.2 烘箱磁控管降噪方法

众所周知磁控管是一个有噪声的振荡器，其中一个主要原因是阳极谐振腔产生了不同频段的谐振频率和振荡频率，另一个主要原因是磁控管的工作方式。在微波炉中，磁控管通常由廉价的供电电源驱动，如半波电压倍增器或全桥整流器这些没有平滑电路的装置。由于常用的烘箱磁控管具有"频率推移"效应，磁控管振荡频率变化较大[10]；振荡频率随阳极电流的增大而线性提升，如图 3.2（a）所示为半波倍压器驱动的烘箱磁控管的典型频谱，由于这种磁控管有如此宽的频谱，要想应用于微波能量传输是相当困难的。

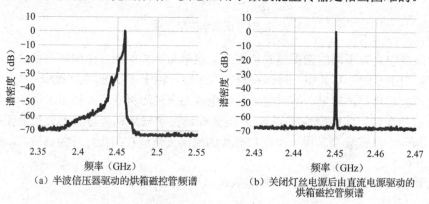

（a）半波倍压器驱动的烘箱磁控管频谱　　（b）关闭灯丝电源后由直流电源驱动的烘箱磁控管频谱

图 3.2　半波倍压器驱动的烘箱磁控管频谱和关闭灯丝电源后由直流电源驱动的烘箱磁控管频谱

20 世纪 80 年代，布朗发明了一种使磁控管低噪声工作的方法，尽管他以前对 MPT 中应用高噪声的烘箱磁控管持怀疑态度[14]。当使用直流电源驱动烘箱磁控管并关闭灯丝电源时，由于"内部反馈机制"，烘箱磁控管的寄生噪声极低[15]。在烘箱磁控管正常工作时，阴极灯丝由外部电源持续加热以此实现热电子发射。但是由于回轰能量，即使关掉灯丝电源，电子发射仍然保持不变。然后阴极灯丝温度自动降低，让所需的阳极电流流通，最后磁控管变得静默。关掉灯丝电源而产生的降噪效果，不仅是由于内部反馈机制造成的，而且也是阳极电流波动的消除造成的[16]。在一定的电流范围内，烘箱磁控管的阳极电流变得不稳定，而阳极电压却几乎不变。切断灯丝电源后，其电压-电流特性有一定的斜率，从而直流电源可以稳定控制阳极电流。图 3.2（b）为关闭灯丝电源后由直流电源驱动的烘箱磁控管的典型频谱，这种尖锐的频谱更适合于微波能量传输应用。此外，通过关闭灯丝电流，还可以降低振荡频带外的磁控管寄生噪声[17]。

3.2.3 注入锁定磁控管

注入锁定磁控管是通过注入锁定的方法将振荡频率与参考信号的频率锁定的磁控管。频率锁定是振荡器中常见的现象[18]，在注入锁定磁控管中，参考信号通过环形器从磁控管的输出天线注入，当参考信号频率接近磁控管自由工作频率时，输出频率与参考信号频率合成。当磁控管频率被参考信号频率锁定时，锁定范围 Δf 表示为如下 Adler 方程[10]：

$$\frac{\Delta f}{f} = \frac{1}{Q_E}\sqrt{\frac{P_i}{P_o}} \tag{3.5}$$

其中，f、Q_E、P_i 和 P_o 分别为锁定范围中心频率、磁控管外部品质因数 Q、注入功率、磁控管输出功率。注入锁定磁控管通常被称为"磁控管定向放大器"[15]，因为它在保持频率锁定的同时，也像参考信号的放大器。

注入锁定方法可以有效地统一磁控管的输出频率，在自由工作状态下这些频率各自不同。然而，磁控管输出信号与参考信号之间的相位差即使在注入锁定后仍然存在，因为外部信号注入不会改变磁控管原本的自由运行频率。残余相位差 θ 表示为下面的方程：

$$\sin\theta = \frac{\Delta f' Q_E}{f}\sqrt{\frac{P_o}{P_i}} \tag{3.6}$$

其中，$\Delta f'$ 为磁控管参考信号频率与自由工作频率之差[10]。因此，当采用注入锁定磁控管构建相控阵时，必须将 θ 集中到一定值（如 0）。

3.2.4 相位控制磁控管

相控磁控管或锁相磁控管（PCM）是一种频率和输出相位都由参考信号来锁定的磁控管，相控磁控管（PCM）的典型原理图如图 3.3 所示。将注入锁相与锁相环（PLL）方法相结合，由此实现了 PCM 的锁频和锁相。与注入锁定磁控管的方法一样，参考信号也是通过环形器注入磁控管的。如 3.2.3 小节所述，注入锁定方法只有在磁控管频率接近参考频率的情况下才能有效工作。此外，磁控管输出相位并不是由参考信号频率与磁控管自由运行频率的差值唯一确定的，如式（3.6）所示。因此，要采用锁相环（PLL）法控制磁控管的频率和相位。

在锁相环中，磁控管被视为压控振荡器（VCO），通过混频器，将磁控管输出相位与参考信号相位进行比较。具体方法有两种：采用双平衡混频器进行直接相位比对；使用数字相频检测器通过分频器对磁控管输出和参考信号输出进行分频[19][20]。当磁控管没有锁定到参考信号时，混频器的中频端口输出一个正弦波，该正弦波对应于磁控管与参考信号之间的频率差。一旦磁控管被锁定，中频端口输出与磁控管和参考信号相位差对应的直流电压，然后利用反馈回路控制磁控管频率，将磁控管输出相位锁定到参考信号相位。

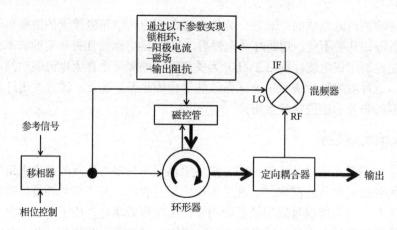

图 3.3 相控磁控管（PCM）的典型原理图

PCM 中磁控管频率和相位的控制方法分为阳极电流控制[19]~[21]、外磁场控制[15]和输出负载控制[22][23]三种。阳极电流控制方法利用磁控管的频率推移效应来实现。由于磁控管的频率在一定的电流范围内随阳极电流单调变化，因此通过将其反馈给磁控管电源的阳极电流，可以将参考信号的输出相位差收敛为零。外磁场控制方法则通过控制电子辐条的方位角漂移速度来实现频率的变化，其中电磁铁用来控制施加在磁控管上的磁场，由于相位变化相对于磁场是单调的，通过将其反馈到电磁铁的电源，可以将参考信号的输出相位差收敛到零。输出负载控制方法则利用磁控管的频率牵引效应，用分支线调谐器这样的可变电抗来改变输出负载阻抗，由此影响磁控管的频率，且通过反馈到可变电抗操作，可以将参考信号的输出相位差设置为零。

移相器用于控制 PCM 经过频率和相位锁定后的输出相位，通过使用多个 PCM 发射机，可以构建高功率相控阵天线。要通过 PCM 相控阵产生精确的微波波束，每个 PCM 的相位收敛性能是至关重要的。

值得注意的是，这 3 种控制方法不仅影响磁控管的频率，而且影响输出功率。当磁控管的频率和相位被锁定到参考信号时，输出功率也是固定的。因此，可以开发先进的 PCM 使之具有输出功率控制的附加功能，如下文所述。

PCM 具有多种应用，已知阳极电流控制型 PCM 可作为调频和相位调制发射机[20]，通过相移键控（PSK）和频移键控（FSK）已分别实现了 2Mbps 和 250kbps 的数据传输。2.45GHz 的 PCM 脉冲驱动同样也被研发出来了[24]。在占空比为 0.5 的 1kHz 循环脉冲工作模式下，注入 4W 参考信号功率时，已开发的 PCM 输出相位在 100μs 内就可以锁定。脉冲驱动 PCM 的相位稳定度小于 ±2.4。

针对 5.8GHz 的磁控管，日本研制了一种名为 COMET 的小型微波能量发射机。这种 COMET 由 5.8GHz 的阳极电流控制型 PCM、圆极化径向线槽天线的发射天线和热辐射系统组成，它的尺寸为直径 310mm、深度 99mm，微波输出为 280W，重量低于 7kg。

3.2.5 幅相控制磁控管

幅相控制磁控管（PACM）是一种频率、输出相位都锁定在参考信号的磁控管，其输出功率也锁定在参考功率。PACM 的原理图如图 3.4 所示，其频率和相位锁定方法与带有阳极电流控制 PLL 的 PCM 方法相同，且输出功率采用外磁场进行控制。磁控管的部分输出功率从定向耦合器中提取并整流为直流信号，将直流电压与参考信号电压进行比较，然后将输出功率反馈给电磁铁的电源，使其收敛到设定功率。

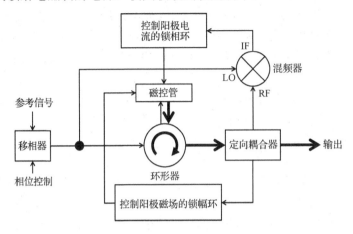

图 3.4 PACM 的原理图

日本验证了一种 2.45GHz 的 PACM[25]，这种 PACM 可以在 300～500W 的动态范围内改变微波输出功率，且输出相位稳定度小于 1°，同时它的频率稳定性小于 10^{-6}。

3.2.6 功率可变相控磁控管

功率可变相控制磁控管（PVPCM）是一种频率和输出相位都锁定在参考信号的磁控管，其输出功率可在没有反馈回路的情况下自由改变。PVPCM 的原理图如图 3.5 所示。

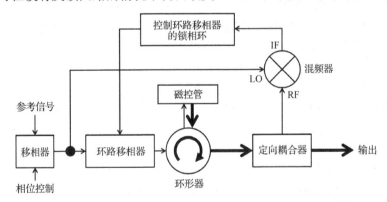

图 3.5 PVPCM 的原理图

PVPCM 和 PCM 之间的一个显著差别在于 PLL 系统中的控制器。在 PCM 中，磁控管的频率和相位直接由反馈回路控制；在 PVPCM 中，参考信号的相位由插入在注入锁定信号路径上的环路移相器控制，混频器的中频端口连接到环路移相器的控制电路。因此，磁控管不再受锁相环的严格限制，其输出功率则易于通过阳极电流控制。

PVPCM 的一个主要缺点是频率锁定的不完善。如图 3.5 所示，磁控管的频率锁定仅仅依赖于注入锁定方法，如果其自由振荡频率超出式（3.5）所表示的锁定范围，则 PVPCM

的概念将不复存在。为开发输出功率范围大的稳定的 PVPCM，应选择频率受阳极电流和磁控管温度影响较小的磁控管，否则就要求参考信号的注入功率足够高，以使锁定范围相对于磁控管的自由振荡频率变化足够宽。

日本验证了一款 2.45GHz 的 PVPCM[26]。所研制的 PVPCM 在注入 4W 参考信号功率的情况下，其可以将微波输出功率在 450～860W 调整，并且它还可以输出比 PACM 更高的微波功率[25]。还演示了用两个 PVPCM 构建的相控阵[26]~[28]。还开发了一款 5.8GHz 的 PVPCM[29]，5.8GHz 连续波磁控管似乎比 PCM 更适合组装 PVPCM，因为其自由振荡频率几乎不受阳极电流的影响。在注入 10W 参考信号的功率下，研制的 5.8GHz 的 PVPCM 微波输出功率可在 160～329W 之间调整，相位稳定度低于±1°。

3.2.7 磁控管微波能量传输演示验证

自 20 世纪 60 年代以来，磁控管一直是用于微波能量传输演示实验最常用的微波管。1963 年，雷声公司的斯宾塞实验室开发出了第一个使用磁控管的演示系统[14][30]。在这个演示试验中，磁控管输出 400W、2.45GHz 的连续波微波功率，接收端接收到 100W 的直流功率，总的直流-直流效率约为 13%。1964 年，演示了一种实验性的微波驱动直升机[31]。微波源采用 2.45GHz 的磁控管，输出功率为 3～5kW。同样在 1964 年，还演示了另一种利用微波波束供电的直升机[32]。直升机接收微波束获取位置信息，并能自动定位在微波束上。演示中采用了一款 10.165GHz 的磁控管作为微波源。

对于面向飞行器的微波能量传输，加拿大演示了用于固定式高空中继平台（SHARP）项目的微波动力飞机原型样机[33]。此外，日本还演示了用于高空长航时飞艇试验（ETHER）的能量传输[34]。这些项目的发射系统非常相似，发射天线上装有两个馈电端口，以产生正交极化的双极化微波波束。每个端口连接一个 5kW 的 2.45GHz 的磁控管，微波的总输出功率为 10kW。最近有人开展了另一项微波能量传输的可行性研究，即从磁控管发射机到未来火星观测原型飞机[26]~[28]。

磁控管也可用于地面微波能量传输的演示。1994 年和 1995 年，日本进行了距离为 42m 的微波能量传输演示实验[35]。微波输出由 5kW、2.45GHz 的磁控管产生，并从直径 3m 的抛物面天线辐射，以检验具有 256 个整流天线元件的整流天线阵列的互连方法。2001 年，在法国留尼汪岛（Reunion Island）进行了另一次距离为 40m 的陆地微波能量传输演示[36]，发射机采用 800W、2.45GHz 的磁控管，微波是由一个锥形喇叭馈电抛物面天线发出的。

在磁控管相控阵系统方面，日本开发了被称为"SPORTS"的空间无线能量传输系统[37][38]。首先，2001 年研制出了 2.45GHz 的相控阵系统"SPORTS-2.45"，它包括 12 个 PCM。每一个 2.45GHz 的 PCM 输出功率大于 340W，转换效率大于 70%，并且连接到一个发射天线：喇叭天线或带有 1 分 8 功分器的 8 个偶极子天线，微波总输出功率达 4kW 以上。随后，在 2002 年开发了 5.8GHz 的相控阵，该相控阵具有 9 个 PCM，称为 SPORTS-5.8。每个 5.8GHz 的 PCM 输出功率大于 300W，转换效率大于 70%，并通过 32 路功率分配器与 32 个圆极化微带天线连接，微波总输出功率达到 1.26kW 以上。另一个基于 2.45GHz PCM 的相控阵系统是为从飞艇到地面的 MPT 开发的，2009 年该项目在日本进行了演示验证[38]。安装在飞艇上的发射机由两个 2.46GHz 的 PCM 组成，每个 PCM 的输出功率为 110W，每个 PCM 连接到一个圆极化径向线缝隙天线。飞艇在 30m 以上的高度发射，并且相控阵的工作由远程控制。由于包括相控阵在内的飞艇在验证过程中随风摇摆，接收点的微波功率密度在 0～2.2mW/cm^2 之间波动。

在一些太阳能发电卫星（SPS）概念中，磁控管曾被认为是研制发射机的途径之一。在对 NASA/DOE SPS 基准系统进行全面研究期间[39]，布朗发现，通过附加锁相控制回路的烘箱磁控管可用作低成本 SPS 发射机[40]，他将磁控管视为定向放大器（磁控管本身是振荡器），因为通过注入锁定方法和 PLL，磁控管的频率与相位可以与参考信号的频率和相位同步。他还开发和试验了用于太空的辐射冷却磁控管[41]。欧洲航天局（ESA）在"帆塔"的 SPS 概念系统中[42]还提出了一种用于 SPS 发射机的磁控管，在"帆塔"系统中，40 万个磁控管排列起来以 2.45GHz 的频率产生 400mW 的功率。

1983 年，作为空间微波能量传输的先驱，日本的研究小组进行了微波-电离层非线性相互作用实验 MINIX，这是世界上第一次成功的 MPT 火箭试验。在母发射火箭上安装了一个 2.45GHz 的微波炉磁控管，830W 的微波功率在 220 公里左右的高度间歇性地传输到子接收火箭上。MINIX 实验测量了强微波辐射和电离层等离子体之间的非线性相互作用，并通过数值模拟进行了研究[44]。

3.3 速调管

速调管是一种线形电子束型真空管，用于雷达、等离子体激发、带电粒子加速器、空间通信和电视等领域，一般来说速调管用作放大器，而反射速调管可用作振荡器。本节仅介绍放大器型速调管。

3.3.1 工作原理

图 3.6 为双腔速调管的横截面，电子束从由阴极和阳极组成的电子枪部分发射出来，并朝着集电极移动。当电子通过输入腔时，电子的速度受到射频电场的调制。然后在输入和输出腔之间的漂移部分，因为一些电子被正射频场加速，而有些则由负射频场减速，所以电子束变成聚束形式。

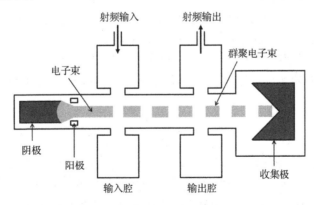

图 3.6 双腔速调管的横截面

这意味着电子速度的调制被转换为电子密度的调制。通过将输出腔置于电子密度调制最极端的适当位置，RF 场与聚束电子注发生强耦合，使其得到极大增强。最后，从输出腔中提取出高功率射频信号，残余电子束则击中集电器并转化为热量。

假设输入腔间隙中的空间电荷场可以忽略，则通过输入腔后的电子速度 v 表示为以下方程：

$$v = v_0 \left(1 + \frac{1}{2}\xi M e^{-j\varphi_0/2} e^{j\omega_k t}\right) \tag{3.7}$$

式中，v_0、ξ、M、φ_0、ω_k 和 j 分别是初始电子速度、电压因子、耦合系数、无扰动渡越角、射频输入角频率和虚数单位（$j^2 = -1$）[11]。v_0 的大小由电子枪部分的直流电压 V_0 决定，且有 $v_0 = \sqrt{2eV_0/m}$。当射频输入的表达式为 $V_R e^{j\omega_k t}$，$\xi = V_R/V_0$ 由电子以初始速度 v_0 通过输入腔隙 d 时的相移决定，即

$$\varphi_0 = \frac{\omega_k d}{v_0} \tag{3.8}$$

假设 $\xi \ll 1$，M 可以由下列方程估计：

$$M = \frac{\sin(\psi_0/2)}{\varphi_0/2} \tag{3.9}$$

如式(3.7)和(3.9)所示，电子速度调制的程度依赖于 M。M 是著名的采样函数，当 $\varphi_0 = [0, 2\pi]$ 时，M 随 φ_0 单调减少。最后由式（3.8）可知，间隙 d 应该更窄，或者初始速度 v_0 应该更快，以便获得更大的 M，从而有助于速调管的高效运行。

双腔速调管放大器的典型增益为 10～15dB，通过在漂移区设置更多的腔可以提高增益，速调管的典型总效率为 50%～70%。

3.3.2 速调管无线能量传输演示验证

微波能量传输研究开创之初，速调管被用作末级放大器。1975 年，喷气推进实验室验证了一英里距离的无线能量传输[45]。在演示中，使用了一个 2.388GHz 的 450kW 速调管作为微波功率源，在接收端获得了高于 30kW 的直流功率。直流输出的一部分用于照明灯具，以直观地展示整个接收阵列的微波功率密度是如何变化的。

速调管也曾被认为是最初的 SPS 概念系统的发射机。格雷泽（Glaser）是 SPS 概念的支持者，他引入速调管作为 SPS 发射机，其在 10cm 波长下的效率约为 90%。在 NASA/DOE 的 SPS 基准系统中，采用了一个 2.45GHz 的 50～70kW 的速调管作为 SPS 发射机[39][47]，因为向地面电网输出的功率设定为 5GW，所以基准系统中有超过 100000 个速调管。

3.4 增幅管

增幅管是布朗在 20 世纪 50 年代发明的一种正交场真空管。增幅管是雷声公司的注册商标，该器件最初被称为"磁控放大管"[48]。增幅管可以分为圆形、重入束和后向波型正交场放大器[49]。前向波形磁控放大管被称为"波导耦合正交场放大器"，通过增加射频馈电电路和应用稳定电路[48]，其可以很容易地将振幅放大器调整为被称为"sltabilotron"（也是

雷声公司的商标）的振荡器。增幅管应用于雷达和空间通信，它的一个显著成就是被用作阿波罗登月舱下行链路发射机的 S 频段功率放大器[50]。此外，增幅管与速调管一样，还被考虑用作微波能量传输系统的发射机，以及 SPS 概念系统[39]。

增幅管具有同轴二极管结构，与磁控管非常相似。图 3.7 显示了一个增幅管的横截面。中心的阴极起着灯丝的作用，它发射热电子。阳极中的多个叶片构成慢波结构，当电场 E 施加在阳极和阴极之间时，外部磁场 B 施加在轴向，如图 3.7 所示。然后电子以 $E \times B$ 漂移的方式向方位角方向移动，与磁控管的移动方式相同。当电子的漂移速度与相互作用空间中激发的射频涨落的相速度同步时，就会发生电子粒子集散并放大射频能量。因此，式（3.1）中的 Buneman-Hartree 阈值电压 V_{th} 也适用于增幅管。

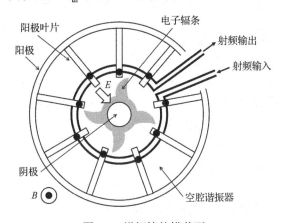

图 3.7 增幅管的横截面

增幅管和磁控管之间的一个重要结构差异是射频端口。增幅管的射频输入和输出端口都与外部射频电路（如普通微波放大器）匹配。此外，增幅管还具有定向放大器的特性。如果射频信号是从射频输出端口输入的，则它既不会放大也不会减小[48]，所以，当外部磁场方向相反时，射频输入和输出端口可以互换。

增幅管中的一些电子从射频场接收大量能量，并像磁控管一样撞击阴极，这种回轰能量将不必要地加热阴极或产生二次电子。对于增幅管，二次电子发射是通过应用直流电压和射频输入自动启动的[49]。因此，采用具有二次电子发射能力的金属（如铂）作为阴极表面，将有望获得长寿命的增幅管。

作为增幅管的代表，参考文献[49]、参考文献[51]和参考文献[52]对 QR 1224 进行了介绍，它可以在高达 400kW 的连续波输出功率下工作，总效率高达 74%。在 3GHz 频段获得了具有接近恒定射频功率的 5%带宽，增益为 8～9dB。二次发射的铂阴极在 QR 1224 中得到实际应用，以期延长寿命。

3.5 总结

本章描述了微波能量传输应用中的微波管发射机。其他类型的电子管如行波管、回旋管、回波振荡器等也可以应用于 MPT 系统，尽管目前为止还没有应用于 MPT 的报道。例如，已有报道称一种行波管相控阵天线用于卫星广播应用[53]。

效率是微波能量传输系统中最重要的因素之一。本章所述微波管的 DC-RF 转换效率为 50%~80%，与目前微波频段的 E 类和 F 类固态放大器相当。尽管微波电子管的输出功率远高于固态器件，但它需要高压电源才能工作。此外，诸如 PCM、PACM 和 PVPCM 等功能先进的发射机还包含一个带来额外功率损耗的环形器。总之，发射机的整体效率，以及微波电子管本身是高效大功率微波能量传输系统的关键。

3.6 参考文献

[1] Döring, H. (1991). Microwave tube development in Germany from 1920-1945. *Int. J. Electron*. 70, 955-978.

[2] Hull, A.W. (1921). The effect of a uniform magnetic field on the motion of electrons between coaxial cylinders. Phys. Rev. 18, 31-62.

[3] Okabe, K. (1929). On the short-wave limit of magnetron oscillations. Proc. IRE 17, 652-659.

[4] Hahn, W. C., and Metcalf, G. F. (1939). Velocity-modulated tubes. Proc. IRE 27, 106-116.

[5] Varian, R. H., and Varian, S. F. (1939). A high frequency oscillator and amplifier. *J. Appl. Phys*. 10, 321-327.

[6] Copeland, J., and Haeff, A. A. (2015). The true histroy of the traveling wave tubes. IEEE Spectr. 52, 38-43.

[7] Kompfner, R. (1947). The traveling-wave tube as amplifier at microwaves. Proc. IRE 35, 124-127.

[8] Pierce, J. R. (1947). Theory of the beam-type traveling-wave tubes. Proc. IRE 35, 111-123.

[9] Pierce, J. R., and Field, L. M. (1947). Traveling-wave tubes. Proc. IRE 35, 108-111.

[10] Sivan, A. (1994). Microwave Tube Transmitters. New York, NY: Chapman & Hall.

[11] Tsimring, S. E. (2007). Electron Beams and Microwave Vacuum Electronics. New York, NY: John Wiley & Sons.

[12] Kuwahara, N., and Handa, T. (2016). "Development of high power 5.8 GHz cw magnetron-industry's first," in Proceedings of the 50th Annual Microwave Power Symposium (IMPI 50), Orlando, FL.

[13] Collins, G. B. (ed.). (1948). Microwave Magnetrons. New York, NY: McGraw-Hill.

[14] Brown, W. C. (1984). The history of power transmission by radio waves. IEEE Trans. Microw. Theory Tech. 32, 1230-1242.

[15] Brown, W. C. (1988). The sps transmitter designed around the magnetron directional amplifier. Space Power, 7, 37-49.

[16] Mitani, T., Shinohara, N., Matsumoto, H., and Hashimoto, K. (2003). Experimental study on oscillation characteristics of magnetron after turning off filament current. Electron. Commun. Jpn. 86, 1-9.

[17] Mitani, T., Shinohara, N., Matsumoto, H., and Hashimoto, K. (2003). Improvement of spurious noises generated from magnetrons driven by DC power supply after turning off

filament current. IEICE Trans. Electron. E86-C(8), 1556-1563.

[18] Adler, R. (1946). A study of locking phenomena in oscillators. Proc. IRE 34, 351-357.

[19] Tahir, I., Dexter, A., and Carter, R. (2005). Noise performance of frequency-and phase-locked cw magnetrons operated as currentcontrolled oscillators. IEEE Trans. Electron Devices 52, 2096-2103.

[20] Tahir, I., Dexter, A., and Carter, R. (2006). Frequency and phase modulation performance of an injection-locked cw magnetron. IEEE Trans. Electron Devices 53, 1721-1729.

[21] Shinohara, N., Matsumoto, H., and Hashimoto, K. (2003). Solar power station/satellite (sps) with phase controlled magnetron. IEICE Trans. Electron. E86-C(8), 1550-1555.

[22] Hatfield, M. C., Hawkins, J. G., and Brown, W. C. (1998). "Use of a magnetron as a high-gain, phased-locked amplifier in an electronicallysteerable phased array for wireless power transmission," in Proceedings of the IEEE MTT-S International Microwave Symposium (IMS1998) Digest, Baltimore, MD.

[23] Hatfield, M. C. (1999). Characterization and Optimization of the Magnetron Directional Amplifier. Ph.D. thesis, The University of Alaska Fairbanks, Juneau.

[24] Mitani, T., and Shinohara, N. (2007). "Development of a pulse-driven phase-controlled magnetron," in Proceedings of the 8th International Vacuum Electronics Conference (IVEC 2007), Kitakyushu.

[25] Shinohara, N., and Matsumoto, H. (2004). "Phased array technology with phase and amplitude controlled magnetron for microwave power transmission," in Proceedings of the 4th International Conference on Solar Power from Space (SPS '04), Granada, Spain.

[26] Nagahama, A., Mitani, T., Shinohara, N., Tsuji, N., Fukuda, K., Kanari, Y., and Yonemoto, K. (2011). "Study on a microwave power transmitting system for mars observation airplane," in Proceedings of the IEEE MTT-S International Microwave Workshop Series on Innovative Wireless Power Transmission: Technologies, Systems, and Applications (IMWS-IWPT 2011), Uji.

[27] Mitani, T., Iwashimizu, M., Nagahama, A., Shinohara, N., and Yonemoto, K. (2014). "Feasibility study on microwave power transmission to an airplane for future mars observation," in Proceedings of the 3rd International Conference on Telecommunications and Remote Sensing (ICTRS 2014), Luxembourg.

[28] Nagahama, A., Mitani, T., Shinohara, N., Fukuda, K., Hiraoka, K., and Yonemoto, K. (2012). "Auto tracking and power control experiments of a magnetron-based phased array power transmitting system for a mars observation airplane," in Proceedings of the 2012 IEEE MTT-S International MicrowaveWorkshop Series on InnovativeWireless Power Transmission: Technologies, Systems, and Applications (IMWS-IWPT 2012), Kyoto.

[29] Yang, B., Mitani, T., and Shinohara, N. (2017). "Development of a 5.8 GHz power-variable phase-controlled magnetron," in Proceedings of the 18th International Vacuum Electronics Conference (IVEC 2017), London.

[30] Brown, W. C. (1964). Free-space transmission. IEEE Spectr. 1, 86-91.

[31] Brown, W. C. (1965). An experimental microwave-powered helicopter. IEEE Int. Conv. Rep. 13, 225-235.

[32] Brown, W. C. (1969). Experiments involving a microwave beam to power and position a helicopter. IEEE Trans. Aerosp. Electron. Syst. 5, 692-702.

[33] Schlesak, J. J., Alden, A., and Ohno T. (1988). "A microwave powered high altitude platform," in Proceedings of the 1988 IEEE MTT-S International Microwave Symposium (IMS1988) Digest, New York, NY.

[34] Fujino, Y., Fujita, M., Kaya, N., Kunimi, S., Ishii, M., Ogihara, N., et al. (1996). "A dual polarization microwave power transmission system for microwave propelled airship experiment," in Proceedings of the International Symposium on Antenna and Propagation (ISAP '96), Chiba.

[35] Shinohara, N., and Matsumoto, H. (1998). Dependence of dc output of a rectenna array on the method of interconnection of its array elements. Electr. Eng. Jpn. 125, 9-17.

[36] Celeste, A., Jeanty, P., and Pignolet, G. (2004). Case study in reunion island. Acta Astronaut. 54, 253-258.

[37] Matsumoto, H. (2002). Research on solar power satellites and microwave power transmission in Japan. IEEE Microw. Mag. 3, 36-45.

[38] Shinohara, N. (2013). Beam control technologies with a high-efficiency phased array for microwave power transmission in Japan. Proc. IEEE 101, 1448-1463.

[39] US Department of Energy, National Aeronautics, and Space Administration (1978). Satellite power system concept development and evaluation program, reference system report. Washington, DC: US Department of Energy.

[40] Brown, W. C., and Eugene Eves, E. (1992). Beamed microwave power transmission and its application to space. IEEE Trans. Microw. Theory Tech. 40, 1239-1250.

[41] Brown, W. C. (1992). Experimental radiation cooled magnetrons for space use. Space Power 11, 27-49.

[42] Seboldt, W., Klimke, M., Leipold, M., and Hanowski, N. (2001). European sail tower sps concept. Acta Astronaut. 48, 785-790.

[43] Kaya, N., Matsumoto, H., Miyatake, S., Kimura, I., Nagatomo, M., and Obayashi, T. (1986). Nonlinear interaction of strong microwave beam with the ionosphere minix rocket experiment. Space Power 6, 181-186.

[44] Matsumoto, H., and Kimura, T. (1986). Nonlinear excitation of electron cyclotron waves by a monochromatic strong microwave - computer simulation analysis of the minix results. Space Power 6, 187-191.

[45] Dickinson, R. M. (1975). Evaluation of a Microwave High-Power Reception-Conversion Array for Wireless Power Transmission. NASA Technical Memorandum 33-741. Pasadena, CA: California Institute of Technology.

[46] Glaser, P. E. (1968). Theory of the beam-type traveling-wave tubes. Science 162, 857-861.

[47] Glaser, P. E., Davidson, F. P., and Csigi, K. (1998). Solar Power Satellites. New York, NY: John Wiley & Sons.

[48] Brown, W. C. (1957). Description and operating characteristics of the platinotron - a new microwave tube device. Proc. IRE 45, 1209-1222.

[49] Okress, E. C. (ed.). (1968). Microwave Power Engineering, Volume 1. Cambridge, MA: Academic Press.

[50] Grumman Aerospace Corp (1971). Apollo Operations Handbook Lunar Module LM 10 and Subsequent Volume I Subsystems Data. New York, NY: Grumman.

[51] Brown, W. C., and Moreno, T. (1964). Microwave power generation. IEEE Spectr. 1, 77-81.

[52] Brown, W. C. (1964). Experiments in the transportation of energy by microwave beam. IEEE Int. Conv. Rep. 12, 8-17.

[53] Yamagata, K., Tanaka, S., and Shogen, K. (2007). "Broadcasting satellite system using onboard phased array antenna in 21-GHz band" in Proceedings of the 8th International Vacuum Electronics Conference (IVEC 2007), Kitakyushu.

4

天线技术

篠原真毅（Naoki Shinohara）

日本京都大学生存圈研究所

摘要

本章介绍了无线能量传输（WPT）的天线和传输技术，与其他无线应用（如无线通信和遥感）类似，无线能量传输也可以用麦克斯韦方程来解释。然而，开发无线能量传输系统的主要要求（如天线、远场、近场要求，以及波束效率等要求）与其他无线应用却不尽相同。本章还介绍了相控阵天线波束形成技术和无线电波到达方向的测量技术，即方向回溯技术。

4.1 引言

无线电波是通过天线发射和接收的，天线在电路和空间无线电波之间起着转换器的作用。与无线通信系统一般需要宽频天线不同，无线能量传输系统因为只以无线电波作为载波，所以其只需要采用很窄频带的天线。典型的无线能量传输系统的实测频谱如图 4.1 所示。通过调制无线能量传输系统的无线电波，可以为无线能量增加信息，因此宽带天线也可应用于带调制的无线能量传输系统，然而这属于无线能量传输的拓展技术。

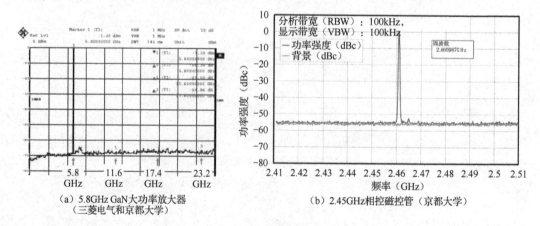

(a) 5.8GHz GaN 大功率放大器
（三菱电气和京都大学）

(b) 2.45GHz 相控磁控管（京都大学）

图 4.1 典型的无线能量传输系统的实测频谱

天线理论起源于麦克斯韦方程，基于这些方程，理论上天线辐射的电磁波以球面波的形式在空间全向向外传播。当离开天线的距离较远时，发射的球面波可以看作平面波。假设口径天线直径为 D，那么可按以下距离界限对电磁场的场区进行划分：

$$d > \frac{2D^2}{\lambda}：辐射远场（夫琅和费区） \tag{4.1}$$

$$\frac{\lambda}{\pi} < D < \frac{2D^2}{\lambda}：辐射近场（菲涅尔区） \tag{4.2}$$

$$d < \frac{\lambda}{\pi}：感应近场区 \tag{4.3}$$

无线通信系统通常工作于远场，在辐射远场，无线电波可视为平面波，那么无论接收位置在哪里，得到的功率均相等。在辐射近场，无线电波不能被看作平面波，根据麦克斯韦方程可知应将其视为球面波，这样就必须考虑到接收天线口面的功率和相位分布。在辐射近场和远场，发射天线和接收天线之间不属于电磁耦合，天线之间也无电磁干扰。然而在感应近场中，收发天线之间属于电磁耦合，就不能独立地考察单个天线。无线能量传输系统可应用于不同距离的情况，如辐射远场、辐射近场和感应近场等。无线能量传输系统中最重要的参数之一是收发天线间的效率，该参数被称为"波束效率"。在以下章节中，将对波束效率进行描述。

4.2 远场波束效率

天线波束效率理论众所周知，可用下式表示：

$$\eta = \frac{P_\mathrm{r}}{P_\mathrm{t}} = \frac{G_\mathrm{t} G_\mathrm{r}}{4\pi d^2} = \frac{A_\mathrm{t} A_\mathrm{r}}{(\lambda d)^2} = \frac{G_\mathrm{t} G_\mathrm{r}}{\left(\dfrac{4\pi d}{\lambda}\right)^2} \tag{4.4}$$

式中，P_r、P_t、G_r、G_t、A_r、A_t、λ、d 分别表示接收功率、发射功率、接收天线增益、发射天线增益、接收天线口径面积、发射天线口径面积、波长和收发天线间距离，上述天线远场波束效率方程称为弗里斯传输方程。

天线增益 G 和天线的口径面积 A 之间的关系可用下式表达：

$$A = \frac{\lambda^2}{4\pi} G \tag{4.5}$$

弗里斯传输方程可用于无线通信系统和无线能量传输系统，在式（4.3）中，弗里斯传输方程假设在足够远的条件下电波被视为平面波，在此前提下通过增加天线增益可以提高波束效率。但是请记住，远场的波束效率通常很低，很容易实现大幅度的效率提高。

在无线通信系统中，参数 $L = \left(\dfrac{4\pi d}{\lambda}\right)^2$ 通常被称为传输损耗。但请注意，L 不是由传播过程中的欧姆损耗或介质损耗引起的真正损耗，而只是由于无线电波因远距离传播的扩散而在接收点处造成的"损失"。因此，如果使用一个增益较大的接收天线，就可以接收到足够强的无线电波。

在能量收集或使用扩散电波的无线能量传输等远场应用中，可采用弗里斯传输方程来计算接收功率。在远场无线能量传输系统中，无线能量可以像在无线通信系统中那样方便地同时提供给许多用户。

4.3 近场辐射波束效率

如果我们需要一个高波束效率的无线能量传输系统来代替有线系统，那么就不能采用远场无线能量传输系统，因为根据弗里斯传输方程，远场应用的波束效率通常很低。为了提高无线能量传输系统的波束效率，接收天线应该安置在辐射近场中。在辐射近场中，由于无线电波不能视为平面波，所以不能使用弗里斯传输方程。在这种情况下，必须视无线电波为球面波。如图4.2所示是近场辐射情况下接收天线孔径处功率密度的实验测试数据[1]，此时就不能按平面波处理。在实验中，发射天线（3m 抛物面天线）和接收天线之间的距离约为42m，连续波的工作频率为2.45GHz。远场与近场辐射的边界$2D^2/\lambda$为147m，远大于42m，这意味着这里的无线能量传输系统是辐射近场系统。

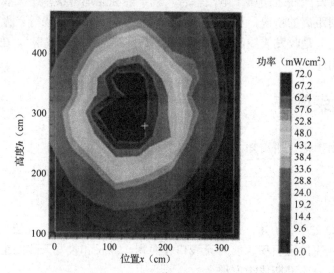

图4.2 近场辐射情况下接收天线孔径处功率密度的实验测试数据

因此，必须用τ代替弗里斯传输方程来计算波束效率η[2]~[4]。

$$\tau^2 = \frac{A_t A_r}{(\lambda d)^2} \tag{4.6}$$

$$\eta = \frac{P_r}{P_t} = 1 - e^{-\tau^2} \tag{4.7}$$

小的τ说明是远距离系统和辐射远场，大的τ说明是近距离系统和辐射近场。如图4.3所示，由式（4.4）、弗里斯传输方程和τ较小时的式（4.7）计算的波束效率能很好地对应，这表明式（4.7）不仅适用于辐射近场系统，也适用于远场系统。当τ较大时，由弗里斯传输方程得到的波束效率不可思议地超过100%，这是因为在弗里斯传输方程中设定了平面波。因此对于辐射近场，必须用式（4.7）代替弗里斯传输方程来计算波束效率。

4 天线技术

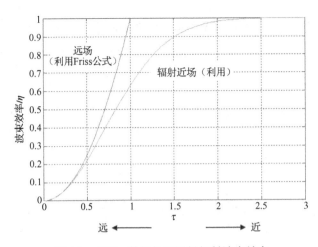

图 4.3 使用 τ 的远场和近场辐射波束效率

在式（4.7）中，假设发射天线处无线电波的幅度和相位是均匀的，同时发射天线和接收天线刚好处于相对正对的位置。

基于式（4.7），在满足以下条件的情况下，发射天线和接收天线之间的波束效率理论上可以达到100%：

（1）近距离；

（2）高增益天线（大口径天线）；

（3）更高频率。

提高波束效率的另一种方法是在发射天线上不采用均匀幅度分布，而是采用最佳的幅度锥削分布，如高斯锥削分布和泰勒锥削分布[4]。当采用高斯锥削时，波束宽度增大，旁瓣得以抑制，而前向增益降低。由于波束宽度变宽，旁瓣受到抑制，因此波束效率提高。优化发射天线的幅度和相位是提高波束效率的有效途径，有时采用相控阵的形式来优化发射天线的幅度和相位。多路传输也有望成为提高波束效率的一种有效技术途径。在美国，商用手机无线充电器已经采用了多路波束形成技术[1]。

在辐射近场无线能量传输系统中，无线能量可以高效率地被传输到接收机。发送到一个具有高波束接收效率的接收器，当接收机移动时，无线能量同样能够高效率地到达接收机。相控阵天线可以通过目标探测来控制波束方向。如果要在辐射近场中向多个用户提供无线能量，则需要采用相控阵或时分的波束形成技术。

4.4 感应近场波束效率

在远场区和近场区，发射天线和接收天线在电磁上是分离的，然而在感应近场区，二者之间是电磁耦合的，即天线的阻抗和谐振频率随天线位置的变化而变化，正如八木天线中的受激导体和反射器的情形。图 4.4 是发射天线和接收天线分别位于自由空间和后者位于前者前方10cm距离处的谐振频率[5]。当接收天线位于发射天线前方时，其谐振频率从自由空间中的2.45GHz漂移到另一个频率，这是因为天线阻抗的变化。这意味着天线之间发生了电磁耦合，而谐振频率会因前面天线的干扰而改变。由于谐振频率的变化，波束效率在感应近场范围内产生波动,如图 4.5 所示,其波峰和波谷每间隔半波长交替出现。

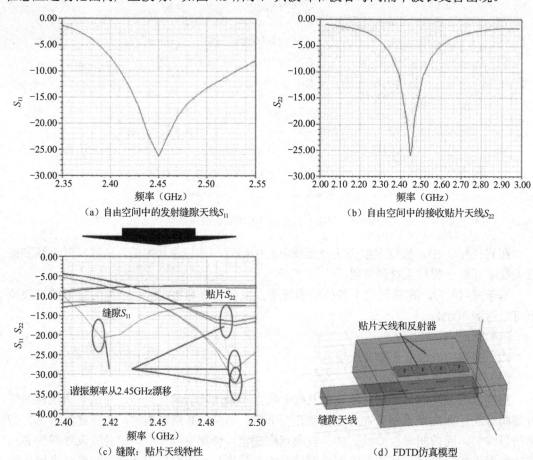

图 4.4 发射天线和接收天线分别位于自由空间和后者位于前者前方 10cm 距离处的谐振频率

在感应近场区,如果天线阻抗是固定的,则波束效率如图 4.5 所示。反之,如果天线阻抗在每一个距离上均是匹配的,则波束效率符合式(4.7)得出的理论值[6]。天线在辐射远场和辐射近场是无线电波辐射器,而在感应近场则是谐振器,并不辐射无线电波。这就意味着对于微波等高频电磁波,也可以利用天线研制出谐振耦合无线能量传输系统。谐振耦合无线能量传输系统不仅可以应用于典型的兆赫兹频率,还可以应用于吉赫兹微波频率。如图 4.6 所示是日本开发的谐振耦合无线能量传输(2.45GHz)系统,其无线能量通过谐振耦合以 2.45GHz 的频率传输。

在感应近场区,天线成为非辐射谐振器。谐振耦合无线能量传输主要用电感耦合理论来解释。在电感耦合型和谐振耦合型无线能量传输之间并没有明显的区分界限,也就是说可以无缝地解释所有无线能量传输技术从电感耦合无线能量传输到电波无线能量传输。感应耦合无线能量传输和电波无线能量传输的唯一区别就在于距离或频率[见式(4.1)~式(4.3)]。在不久的将来,或许将开发出工作模式无缝转换的无线能量传输系统。

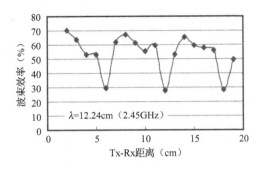

图 4.5　FDTD 仿真的感应近场波束效率

（a）开发的介质谐振器

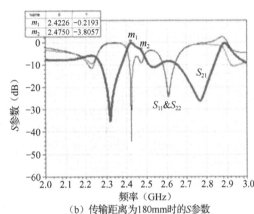
（b）传输距离为180mm时的S参数

图 4.6　日本开发的谐振耦合无线能量传输（2.45GHz）系统[7]

4.5　接收天线波束收集效率

前面章节描述了波束效率理论，在对天线增益、频率、收发天线之间的距离等参数进行优化选择时，波束效率接近100%。为了开发高效率无线能量传输系统，即使系统的波束效率接近100%，也应考虑接收天线的波束收集效率。

理论上，无限大阵列天线可以吸收100%的发射电波[8][9]。一般来说，无限大阵列模型可以近似地应用于大型阵列的分析。为了达到100%的波束收集效率，必须考虑天线单元间距和无线电波的到达方向，并匹配阵列天线上每个天线的阻抗。请参阅参考文献[4]中的详细理论研究。作为理论估计，图 4.7 给出了单元间距为 L 的圆形微带天线无限大阵列的波束接收效率，无线电波到达方向为 θ[10]。

通过有限差分时域（FDTD）仿真，在最佳阻抗匹配条件下，无限大阵列天线的波束收集效率达到 99.9%[11]。下面给出 FDTD 仿真的波束收集效率，如图 4.8（a）所示是 4×4 有限阵列天线，其参数为 $L/\lambda= 0.45$、$a/\lambda= 0.6$、$b/\lambda= 0.725$，如图 4.8（b）所示是阵列天线的 FDTD 仿真所用参数，在接收阵列天线上方 10λ 处采用 2.45GHz 的平面波入射。

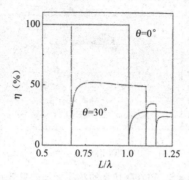

图 4.7　单元间距为 L 和入射角为 θ 时的阵列波束收集效率[10]

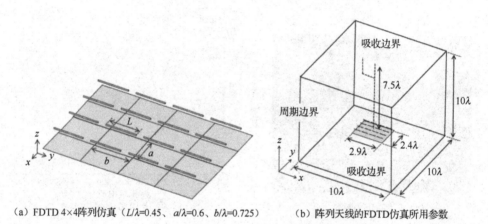

(a) FDTD 4×4 阵列仿真 (L/λ=0.45、a/λ=0.6、b/λ=0.725)　　(b) 阵列天线的 FDTD 仿真所用参数

图 4.8　无限大阵列天线的 FDTD 仿真

通过 FDTD 仿真，得到了 4×4 阵列天线中各天线的最佳辐射阻抗 Z，结果如表 4.1 所示。无限大天线阵中每个天线的最佳辐射阻抗为 99.5-j0.3 (W)[11]，最佳阻抗随天线辐射单元的位置而变化。

表 4.1　最优辐射阻抗

	Re(Z)[Ω]					Im(Z)[Ω]			
	1	2	3	4		1	2	3	4
1	120.3	116.4	11.64	120.3	1	36.7	15.7	15.7	36.7
2	100.1	91.2	91.2	100.1	2	13.9	-3.0	-3.0	13.9
3	100.1	91.2	91.2	100.1	3	13.9	-3.0	-3.0	13.9
4	120.3	116.4	116.4	120.3	4	36.7	15.7	15.7	36.7

如图 4.9 所示为通过 FDTD 仿真模拟得到的磁场，Z_L 为每个天线辐射单元的负载。当 $Z_L = Z^*$ 时，接收阵列天线的波束收集效率达到最高。表 4.2 列出了每个天线单元的波束收集效率。该效率由以下方程式计算：效率=（负载功率）/（每个天线物理区域的入射功率），由于天线的物理口径和有效口径之间存在差异，有的效率超过了 100%。有些阵列边缘的天线接收来自物理区域以外的微波功率。4×4 有限天线阵列的总波束收集效率为 95.1%。

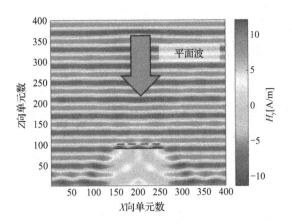

图 4.9 通过 FDTD 仿真模拟得到的磁场

表 4.2 每个天线的波束收集效率计算值

	1	2	3	4
1	93.8	83.8	83.8	93.8
2	105.0	98.1	98.1	105.0
3	105.0	98.1	98.1	105.0
4	93.8	83.8	83.8	93.8

随着阵列中天线辐射单元数量的增加,用 FDTD 仿真计算了阵列天线的波束收集效率。当天线端接负载为 Z^*,天线数目增加时,波束收集效率提高到近乎 100%。如前所述,无限大阵列天线的波束收集效率理论上为 100%[8]~[10],而通过 FDTD 仿真为 99.9%[11]。图 4.10 表明,无限大阵列天线的波束收集效率的理论计算值和仿真值吻合很好。当天线端接 50Ω 负载时,波束收集效率将会很低。

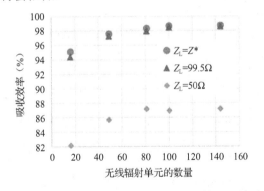

图 4.10 波束收集效率与天线辐射单元数量的关系

在无线能量传输系统中,将波束效率理论和波束接收效率理论相结合,可以使无线电波从发射天线到前方接收天线的传输效率达到 100%。

4.6 相控阵天线波束形成

当接收天线的位置发生变化时，发射天线发射的无线电波将不能到达接收天线，导致波束效率降低。为了保持高的波束效率，可充分利用相控阵天线技术来控制波束方向和波束形状。当然，也可以通过机械移动天线的方式来控制波束方向。然而，相比机械移动天线方式，相控阵天线具有更好的控制速度、波束形成精度和系统寿命。

相控阵天线是一种有效的波束方向电控技术。相控阵由多个天线组成，如图 4.11 所示。利用移相器或波束形成网络电路可以控制每个天线辐射单元发射的无线电波的相位 δ_n 和幅度 a_n，波束方向和波束形式通过无线电波的干涉原理来控制。相控阵天线不仅适用于远场无线能量传输，也适用于近场无线能量传输。

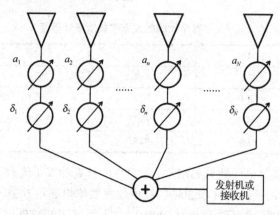

图 4.11 相控阵天线原理

在远场情况下，用式（4.8）来计算形成的波束方向图 $E(\theta,\phi)$，其为单元因子 $D(\theta,\phi)$ 与阵因子 $A(\theta,\phi)$ 的乘积。单元因子 $D(\theta,\phi)$ 是一个天线单元的波束方向图，该天线单元是阵列天线的一个组成部分。阵因子 $A(\theta,\phi)$ 表示所有天线辐射单元共同表现的方向性，将相控阵天线视为口径阵列。

$$E(\theta,\phi) = D(\theta,\phi)A(\theta,\phi) \tag{4.8}$$

阵因子由天线辐射单元的位置、振幅和相位决定，与使用的天线单元类型无关。当我们考虑一个由 N 个天线单元组成的一维均匀间隔阵列时，阵因子如下：

$$A(\theta,\phi) = \sum_{n=1}^{N} a_n e^{j\varphi_n} \tag{4.9}$$

其中，a_n 和 φ_n 分别是第 n 个天线辐射单元的振幅和相位，参数如图 4.11 所示。利用式（4.9）对式（4.8）进行变换，得到下式：

$$E(\theta,\phi) = D(\theta,\phi) \cdot \sum_{n=1}^{N} a_n e^{j\varphi_n} \tag{4.10}$$

天线单元的相位是由单元位置和移相器共同确定的，移相器可以任意控制移相相位。第 n 个辐射单元的相位可以几何上描述为 $\varphi_n = kd_n \cos\theta + \delta_n$，其中 k 是波数，d_n 是第 n 个单元的间距，δ_n 是附加相移，如由移相器引起的。式（4.10）可用 φ_n 表示，如下所示：

$$E(\theta,\phi) = D(\theta,\phi) \cdot \sum_{n=1}^{N} a_n \mathrm{e}^{j(kd_n\cos\theta + \delta_n)} \tag{4.11}$$

相控阵的参数描述如图 4.4 所示。相控阵的波束形状、单元因子和阵因子之间的关系如图 4.12 所示。用式（4.11）可以很容易地计算天线远场的波束形状。在近场情况下，应该使用与接收天线之间距离相关的附加参数，包括每个天线辐射单元相关的不同距离和方向。

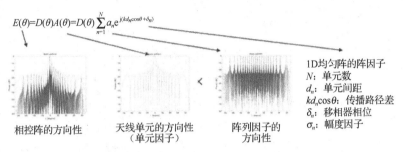

图 4.12　相控阵的波束形式、单元因子和阵列因子之间的关系

可以用相控阵将波束控制到预期的方向，但是如果辐射单元间距过大且波束方向超过下式中所给出的值，则会额外产生栅瓣，它代表另一个与主波束功率相同的波束：

$$d > \frac{\lambda}{1 + \sin|\theta_s|} \tag{4.12}$$

其中，θ_s 是聚束方向角，d 为天线单元间距，λ 为波长。例如，当 $d=0.75\lambda$、$\theta_s > 19.50$，或 $d=0.6\lambda$、$\theta_s > 41.80$，天线将产生栅瓣。栅瓣归因于式（4.12）中正弦函数的解。当这些波瓣形成时，天线功率在主波瓣和所有栅波瓣之间进行分配，天线波束效率降低。即使满足条件（4.12），也可以通过某些方法抑制这些波瓣[4]。一些技术对于无线通信和遥感是有效的。然而，这些应用不考虑波束效率，只考虑天线增益和副瓣电平。因此，目前还没有有效的技术来抑制无线能量传输系统中的栅瓣。

相位误差、振幅误差和天线辐射单元的问题都会引起主瓣漂移与副瓣展宽，从而引起波束效率降低[4]。因此对于相控阵而言，研究其系统误差具有十分重要的意义。

在无线能量传输试验中使用的许多相控阵主要是 20 世纪 90 年代后日本开发的（见图 4.13），这些相控阵的频率工作于 2.45GHz 和 5.8GHz 的微波频段。相控阵通常利用半导体器件构建，但是考虑到 DC-RF 转换效率、微波功率和开发成本，相控阵也可以用磁控管构建，可以稳定并控制微波相位。

日本京都大学研究小组于 1992 年开发了第一个用于无线能量传输试验的相控阵，用于在日本进行名为"MILAX"的微波驱动无人机试验。相控阵的工作频率为 2.411GHz，由 288 个单元、96 个砷化镓半导体放大器和 4 位数字移相器构成。因此，一个放大器激励的子阵列包括 3 个天线单元，相控阵的直径约为 1.3m。波束宽度近似为 6°。在 0dBm 输入下放大器的增益为 42dB，输出功率约 42dBm。砷化镓放大器的功率附加效率（PAE）约为 40%，微波发射总功率为 1.25kW，形式是未经调制的连续波。1993，该相控阵被再次应用于无线能量传输火箭实验，即 ISY-METS（Microwave Energy Transmission in Space in International Space Year）。

图4.13 日本WPT试验开发相控阵天线的历史

日本宇航局（JAXA）和京都大学在 2000 年联合开发了一种相控阵作为未来空间太阳能发电卫星的演示装置[12]，它被命名为 SPRITZ（Solar Power Radio Integrated Transmitter '00）。SPRITZ 由 100 个圆形微带天线组成，天线单元的间距为 0.75λ，每个天线单元包括一个 3 位移相器和 1 分 100 的功分器，效率超过 15%的高功率砷化镓放大器的输出微波功率超过 25W。传输采用未经调制的频率为 5.77GHz 的连续波，SPRITZ 使用太阳能电池作为直流功率源。

京都大学从 20 世纪 80 年代开始研究无线能量传输和太阳能发电卫星[12]，并为 2010 年的无线能量传输和太阳能发电卫星研究建设了一个新的研究设施，其中包括一个新型的相控阵天线；其基于氮化镓和毫米波集成电路技术，是一种新型的无线能量传输相控阵。该天线工作于 5.8GHz，与 256 个 GaN MMIC 放大器和 5 位 MMIC 移相器与 256 个辐射单元连接。对于 F 类大功率 GaN 放大器，其功率附加效率超过 70%，输出功率超过 7W，总的微波功率超过 1.5kW。相控阵包括所有放大器、移相器、波束形成网络和天线，其厚度仅为 30cm。

基于京都大学的相控阵技术，三菱电机在 2015 年为太阳能发电卫星开发了一种更薄的氮化镓相控阵（见图 4.14），这项工作是一个太阳能发电卫星研发项目的一部分，由经济产业省（METI）支持，并由 J-Space Systems 公司在 2009 至 2014 年期间实施。所研制的相控阵的厚度仅为 2.5cm，由 4 块尺寸为 60cm×60cm 的面板构成，每个面板包含 76 个子阵（每个子阵含 3 个天线单元和 1 个放大器），重量小于 1.9kg，工作频率为 5.8GHz。一个面板的微波输出功率超过 450W，总功率超过 1.8kW。大功率放大器的功率附加效率超过 70%。2015 年，在日本应用此相控阵进行了点对点无线能量传输外场试验，传输距离超过 55m。

除了上述相控阵，日本还开发了一些小型相控阵，这些相控阵是用砷化镓或氮化镓半导体研制的。该技术不仅适用于无线能量传输，还可用于遥感。此外，还开发了基于磁控管的相控阵天线，这种功率器件主要用于微波炉。京都大学利用注入锁定技术和对磁控管电压源的 PLL 反馈，对一个相位可控磁控管进行了改进[13]，这项技术是布朗最初开发的[14]。2000 年，在相位可控磁控管的基础上对其进一步改进，研制出一副工作频率为 2.45GHz 的相控阵；2001 年，又利用相位可控磁控管研制出一副工作频率为 5.8GHz 的相控阵。这两个阵列分别被称为 2.46GHz "空间电力无线电传输系统"（SPORTS-2.45）和 5.77GHz "空间电力无线电传输系统"（SPORTS-5.8）[15]。SPORTS-2.45 采用了 12 个相位可控磁控管，每个管子输出的微波功率超过 340W，效率超过 70%。SPORTS-5.8 采用了 9 个相位可控磁控管，每个管子输出的微波功率超过 300W，效率超过 70%。

2009 年，京都大学开发了新的相控阵和两个磁控管，用于外场无线能量传输试验。在这里，2.46GHz 的微波功率由两台 110W 输出功率的相位可控磁控管从飞艇传送到地面[16]。试验采用了两个直径为 72cm 的径向缝隙天线，增益和口径效率分别为 22.7dB 和 54.6%，单元间距为 116cm。

2015 年，三菱重工开发了一种新的相控阵，其相位可控磁控管为 2.45GHz（见图 4.15），这项工作同样属于 METI 支持并由 J-Space Systems 公司实施的太阳能发电卫星研发项目。这套相控阵采用 8 个磁控管，微波输出总功率约为 10kW，该阵列应用于距离超过 500m 的点对点无线能量传输试验。

图 4.14　日本 2015 年研制的 GaN 相控阵天线　　图 4.15　三菱重工 2015 年开发的一种新的相控阵

4.7　波达方向

利用相控阵天线可以控制波束指向，从而实现较高的波束效率。然而更重要的问题是目标检测技术，如果不知道接收机在哪里，就不能控制波束的指向。已经提出多种目标检测方法，如基于 GPS（全球定位系统）的方法、光学技术（激光、CCD 相机等）和超声波技术等方法。本节描述了使用无线电波的到达方向（DOA）监测技术。检测到目标导引信号的波达方向，就可以控制波束指向目标了。

无线电波波达方向测量的最小配置是一个双天线系统,如图 4.16 所示。根据两个天线的相位差 $\Delta\theta$、天线单元间距 d、波长 λ,可以由下式估算出到达角 θ:

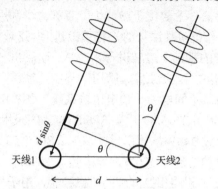

图 4.16 无线电波到达的基本方向

$$\theta = \sin^{-1}\left[\frac{\lambda \cdot \Delta\theta}{2\pi d}\right](\text{rad}) \tag{4.13}$$

为了提高波达方向的精度或者说为了利用多个信号,可以采用多种波达方向算法,如基于 Capon 方法、线性预测(LP)方法、最小范数方法、MUSIC(多信号分类)方法和 ESPRIT(旋转不变性技术估计信号参数)等算法。在电波无线能量传输系统中,可以采用任何波达方向算法来探测目标,并控制波束指向后者。相控阵天线是波达方向系统的首选,但也可以采用机械移动天线。

方向回溯目标探测通常用于无线能量传输系统,利用导引信号来同时探测目标和天线位置。国际上对应用于无线通信的方向回溯阵列进行了广泛研究,在方向回溯系统中使用了导引信号,如图 4.17(a)所示。双面角反射器是一种基本的方向回溯系统,入射信号通过反射壁上的多次反射沿波达方向反射回来。Van Atta 阵列是另一个典型的反向系统,如图 4.17(b)所示,它由成对天线组成,对中的天线与阵列中心成等距排布,并用等长传输线相连。天线接收到的信号由与其配对的天线重新辐射出去。因此,重新辐射的天线单元顺序相对于阵列中心是颠倒的,从而获得方向回溯所需的相位。

方向回溯系统通常在每个接收和发射天线上采用相位共轭电路[见图 4.17(c)],这种电路的作用与范阿塔阵列中天线对的作用相同,后者相对于阵列中心对称等距分布。天线接收从目标发送的导引信号,并通过相位共轭电路沿目标方向重新辐射(幅度:V_{RF},角频率:ω_{RF},每个天线相位:$+\varphi_n$)。相位共轭还应用了本振信号(幅度:V_{LO},角频率:ω_{LO}),导引和本振两种信号形式进行混频,得到由下式定义的共轭信号 V_{IF}。如图 4.18(a)所示是共轭信号的实例。

$$V_{\text{IF}} = V_{\text{RF}}\cos(\omega_{\text{RF}}t + \varphi_n) \cdot V_{\text{LO}}\cos(\omega_{\text{LO}}t)$$
$$= \frac{1}{2}V_{\text{RF}}V_{\text{LO}}(\cos[\{\omega_{\text{LO}} - \omega_{\text{RF}}\}t - \varphi_n] + \cos[\{\omega_{\text{LO}} + \omega_{\text{RF}}\}t + \varphi_n]) \tag{4.14}$$

混频后通过低通滤波器滤波可以获得以下信号,相位从 $+\varphi_n$ 变化为 $-\varphi_n$:

$$V_{\text{IF}} = \frac{1}{2}V_{\text{RF}}V_{\text{LO}}\cos[\{\omega_{\text{LO}} - \omega_{\text{RF}}\}t - \varphi_n] \tag{4.15}$$

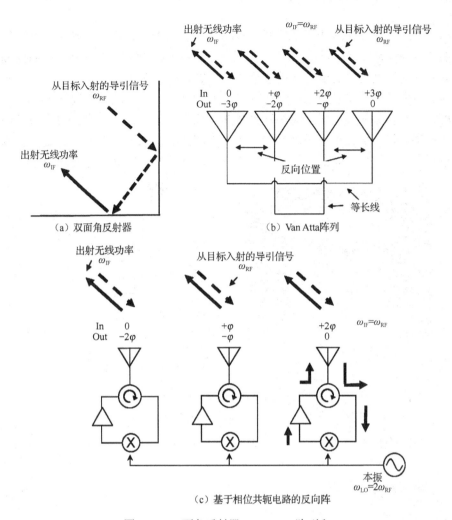

图 4.17 双面角反射器、Van Atta 阵列和

如果选取 $\omega_{LO} = 2\omega_{RF}$，式（4.15）变为

$$V_{IF} = \frac{1}{2} V_{RF} V_{LO} \cos(\omega_{RF} t - \varphi_n) \tag{4.16}$$

上述过程如图 4.18（b）所示。

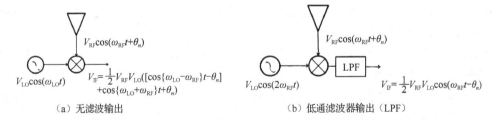

图 4.18 相位共轭反向系统

发送信号方向的精度取决于导引信号和本振信号频率的稳定性，为了减小由本振信号波动引起的波束形成误差，可以采用相同的导引信号，并利用倍频器产生的信号代替本振

信号。如果导引信号和无线能量采用同一频率，那么二者之间的干扰就会产生问题。

如图 4.19 所示是京都大学和三菱电机公司在 1987 年开发的 2.45GHz 方向回溯无线能量传输系统。为了避免导引信号与无线能量之间的干扰，采用了 $\omega_t+\Delta\omega$ 和 $\omega_t+2\Delta\omega$ 两种不对称的导引信号系统。利用七副天线接收 2 个导引信号，并进行微波能量传输。

各种方向回溯系统不仅用于无线能量传输，还用于无线通信。方向回溯系统用相位共轭电路代替移相器，因此可以以较低的成本获得较高的波束形成速度。但是，无线波束指向只能控制在导引信号方向上，而不能控制在其他任何没有导引信号的方向上。

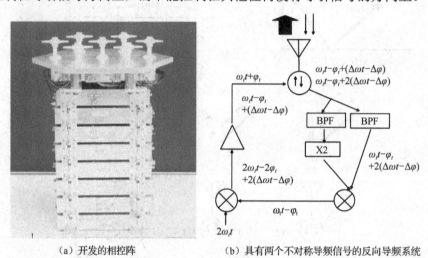

(a) 开发的相控阵　　　(b) 具有两个不对称导频信号的反向导频系统

图 4.19　由京都大学和三菱电机公司在 1987 年开发的 2.45GHz 的方向回溯无线能量传输系统

4.8　参考文献

[1] Hatem, Z., and Saghati, A. (2016). "Remote wireless power transmission system 'Cota'," in *Frontiers of Research and Development of Wireless Power Transfer*, ed. N. Shinohara (Tokyo: CMC Publisher), 185-196.

[2] Goubau, G., and Schwering, F. (1961). On the guided propagation of electromagnetic wave beams. *IRE Trans. Antennas Propagat.* AP-9, 248-256.

[3] Brown, W. C. (1973). Adapting microwave techniques to help solve future energy problems. *IEEE Trans. MTT* MTT-21, 753-763.

[4] Shinohara, N. (2014). *Wireless Power Transfer via Radiowaves (Wave Series)*. Hoboken, NJ: John Wiley & Sons, Inc.

[5] Shinohara, N. (2011). Beam efficiency of wireless power transmission via radio waves from short range to long range. *J. Korean Inst. Electromagn. Eng. Sci.* 10, 224-230.

[6] Chen, Q., Ozawa, K., Yuan, Q., and Sawaya, K. (2012). Antenna characterization for wireless power-transmission system using near-field coupling. *IEEE Antennas Propagat. Mag.* 54, 108-116.

[7] Fujiyama, Y. (2014). *Field Intensity Measurement of the Wireless Electric Power Transmission Equipment using a Dielectric Resonator*. IEICE Technical Report. Beijing: WPT.

[8] Diamond, B. L. (1968). A generalized approach to the analysis of infinite planar array antennas. *Proc. IEEE* 56, 1837-1851.

[9] Stark, L. (1974). Microwave theory of phased array antenna - A review. *Proc. IEEE*, 62, 1661-1701.

[10] Itoh, K., Ohgane, T., and Ogawa, Y. (1986). Rectenna composed of a circular microstrip antenna. *Space Power* 6, 193-198.

[11] Tsukamoto, Y., Matsumuro, T., Tonomura, H., Ishikawa, Y., and Shinohara, N. (2015). "Study on matching condition of an infinite dipole array antenna with reflector for non-leak MPT system," in *Proceedings of the 2015 IEEE Wireless Power Transfer Conference (WPTc2015)*, Boulder, CO.

[12] Matsumoto, H. (2002). Research on solar power station and microwave power transmission in Japan: review and perspectives. *IEEE Microw. Mag.* 14, 36-45.

[13] Shinohara, N., Matsumoto, H., and Hashimoto, K. (2003). Solar power station/satellite (SPS) with phase controlled magnetrons. *IEICE Trans. Electron.* E86-C, 1550-1555.

[14] Brown, W. C. (1988). The SPS transmitter designed around the magnetron directional amplifier. *Space Power* 1, 37-49.

[15] Shinohara, N., Matsumoto, H., and Hashimoto, K. (2004). Phasecontrolled magnetron development for SPORTS: space power radio transmission system. *Radio Sci. Bull.* 310, 29-35.

[16] Mitani, T., Yamakawa, H., Shinohara, N., Hashimoto, K., Kawasaki, S., Takahashi, F., et al. (2010). "Demonstration experiment of microwave power and information transmission from an airship," in *Proceedings of the 2nd International Symposium on Radio System and Space Plasma 2010*, Shanghai, 157-160.

5

整流天线效率

西蒙·海默尔（Simon Hemour），顾小强（Xiaoqiang Gu），吴科（Ke Wu）

加拿大蒙特利尔大学工学院

5.1 引言

5.1.1 何为整流天线

整流天线（Rectenna，是 Rectifying Antenna 的缩写）是通过射频（RF）或电磁波实现无线能量传输（WPT）系统最重要的核心装置。与通信数据或雷达信号接收器不同，它只是能量接收机。它首先通过天线捕获或接收射频能量，然后通过整流器将接收到的 RF 能量转换为直流或所需的低频功率输出，整流器通常由二极管检波器或类似功能的电路及其相关配件组成。在整流天线中，集成了二极管的整流器基本上与常用的功率或信号检测器相同，尽管它们的设计要求并不相同。理想情况下整流天线要求 RF-DC 的转换效率是100%，或尽可能接近这个"理想值"，因为无线能量传输系统是一个能量收集器，它可能与无线通信系统或传感系统中使用的功率或信号探测器不同，后者的主要功能是通过读取或使用整流的直流输出来提取或检测信号。整流天线不仅可以接收来自特定射频功率源的能量实现专用无线能量传输，还可以用于从环境无线电波中获取能量。

如图 5.1 所示是一个典型整流天线的示意图，它由天线和二极管整流器构成。图 5.2 给出了整流天线 RF-DC 转换效率的一些典型特征，它们是输入微波（或射频）功率的函数[1]。随着输入微波功率或连接负载的变化，整流天线的 RF-DC 转换效率会发生变化。RF-DC 转换效率受功率影响和负载牵引，这种效应归因于二极管的非线性工作原理。迄今为止报道的整流天线的最高 RF-DC 转换效率总结在图 5.3 中[2]~[19]，它们的工作频率不同，由不同的研究小组设计和开发。可以看到，转换效率非常高，在 2.45GHz[19]和 5.8GHz[17]时分别达到 90%和 80%。对于从环境无线电波中收集能量，RF-DC 转换效率通常很低，因为收到的无线电波功率很弱。它是由二极管的结电压效应引起的，这同样与非线性问题有关。在与环境能量收集相关的基础研究课题中，应该考虑如何在低输入功率电平下提高 RF-DC 转换效率。RF-DC 转换效率与频率相关，由二极管的特性决定[1]。当频率提高时，效率一般会下降。

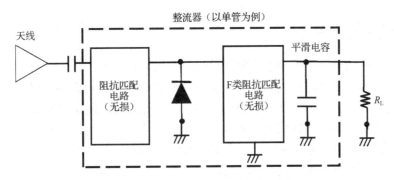

图 5.1 一个典型整流天线的示意图

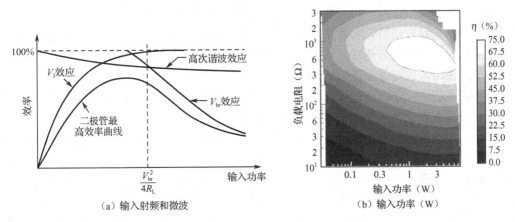

(a) 输入射频和微波

(b) 输入功率（W）

图 5.2 整流天线 RF-DC 转换效率的一些典型特征

图 5.2 中，整流天线 RF-DC 转换效率的实验数据是输入射频和微波功率，以及连接负载的函数。

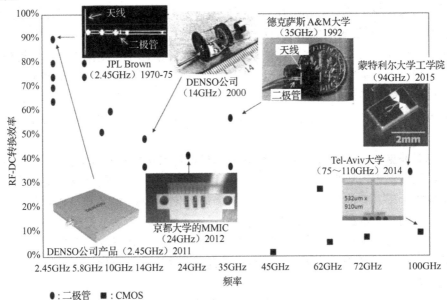

图 5.3 迄今报道的整流天线达到的 RF-DC 转换效率

5.1.2 能量收集中的整流天线

本章的重心将放在用于电磁能量收集的射频和微波整流天线上。在电视和无线电信号、阳光和无数现象中，各种形式的电磁频谱是一种非常丰富的自然资源，如同水和空气。电磁能量是无所不在的，其中一些可为我们日常所用，如在光子相关电磁波谱上收集的太阳能。我们的世界迫切需要可持续的能源系统，无论从环境、经济还是社会的角度来看都是如此。然而，要实现这种可持续性，需要从根本上改变能源的生产和管理方式。迄今为止，来自集中发电厂的常规千瓦、兆瓦和千兆瓦电力资源主导了能源生产与分配网络。但不幸的是，它们没有足够的潜力来改善能源系统，使之达到真正的可持续水平。在电网上，绿色发电正在以发电厂集群（风力发电站、太阳能发电站等）的形式实施，但由于缺乏可见性和相关性，它对公众的影响非常有限。真正的变化将来自我们日常生活中为 ICT（信息和通信技术）设备供电的需求，这些设备通常以毫瓦或微瓦等相对较低的功率运行。它们通常由个人使用，或部署在诸如未来移动物联网（IoT）或万物网、RFID 或无线传感器网络等分布式系统中。在这些分布式系统中，低功率和低占空比工作的设备与应用是最为常见的，它们只需要很少或根本不需要维护和人为干预。

实际上，由能量收集技术推动的新颖和新兴的发电模式是以分布形式随时随地地生产低功率电力的，其适于设备级而不是城镇或建筑级。在以下 4 个方面有望展现潜力：①将在能源传输（传送损失、基础设施建设、维护成本、设备占地面积等）上实现巨大的成本节约和生态效益；②由于它提供移动能量，它将改善人体舒适度，减少设备充电引起的人体压力。最终，这项技术的影响预计会更深远。③它将产生很大的教育价值。用户将更加了解电力的生产和消费，这将使人们更愿意节约能量（节约一瓦特比产生一瓦特更好）。它将促进思想的广泛转变，改变个人和社会的能源消费习惯，以便更好地利用能源和减少能源浪费。④由于电力将是可移动和可穿戴的，并且是在局部生产的，因此可以在"离网"的区域内为设备供电，使之工作运行。在紧急或者灾难性情况下，这还可以临时和快速部署。请注意，仍有 26 亿人的生活没有可靠的能源[1]。

可再生能源是能够为后代保留的能源形式，并且在能源生产期间不会增加地球大气中的二氧化碳或其他污染物的水平。不仅太阳能、风能、地热能和海洋能满足这一要求，而且身体运动产生的机械能、温度梯度产生的热能、整个电磁波谱产生的电磁场/波的辐射能都满足上述要求。因此，这种能量可以通过移动"发电机"来"收集"，并为移动设备提供电力。

无线电波能量可以转换为直流能量。无线能量可以由功率发射机或基站有目的的传播，但是在大多数情况下，环境无线电波电磁能量是无所不在的，由现存基站或其他无线服务产生，这取决于感兴趣的频率范围。1964 年，布朗（Brown）和雷声（Raytheon）公司在电视上第一次演示了这种现代化的无线电能量转换。他们展示了一架微波供电的直升机，其可以长时间停留在高空。尽管无线能量传输和收集研究领域已有一个多世纪的历史，如图 5.3 所示，但仍需要进行改变来克服实际的整流器功率低的限制，这些限制与转换效率和发电输出有关。

在射频高功率（瓦级）下，尽管大约 40 年前就已实现高于 80% 的 RF-DC 转换效率[19]，但在低功率（微瓦级别）下工作的整流器的转换效率非常低。这成为一个根本的障碍，因为如果射频能量传输方案中发射机和接收机之间的距离增加，接收功率则随着距离平方的倒数而减小，这导致低功率接收可能性更大。如图 5.4 所示是商用能量收集器的效率与距离的关系曲线，其表明了微瓦级功率整流器的效率是多么重要的因素。

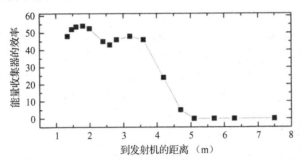

图 5.4 商用能量收集器的效率与距离的关系曲线

5.1.3 历史回顾

正如任何新技术一样，环境无线电波拾取出现在应用触发需求和既有技术成熟共同形成的时机，这两者分析起来都很有趣。遵循摩尔定律，多年来半导体性能不断提高，近六十年来，计算的用电效率大约每一年半提高一倍[20][21]，从 2000 年开始，用不到 1μJ 的能量就可以执行超过 10 次运算（见图 5.5）。这适时地为低占空比工作的设备打开了一扇门，它们执行任务时仅需固定次数的计算。这反过来又促进了"发电机"的发展，后者通过整流天线源源不断地从射频电波中提取能量。在图 5.5 中，作为历史趋势的见证，第一个将传播的无线电波有效转换为直流功率的整流天线处于毫瓦级别——因此更多地作为远程发射功率波束的接收机工作。但是，由于电压灵敏度二极管器件的发展，整流天线的性能得到持续改善[22]，因此已经可能从周围环境中收集、采集或拾取原始射频能量。

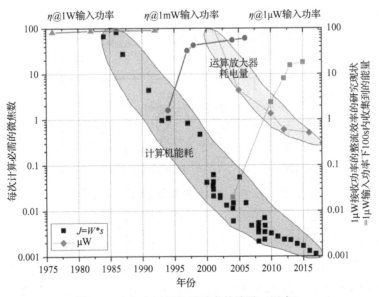

图 5.5 多年来运算能量需求的演进（黑点）

图 5.5 中显示了多年来运算能量需求的演进（黑点）[20][21]，1s 内为运算放大器（绿点）供电所需的能量[23]~[28]，两者都与 1W 输入功率下、1mW 输入功率下和 1μW 输入功率下射频整流技术的效率有关[17][29]~[37]。

5.1.4 效率链

本章的主要目的是通过从低功率电磁能量拾取方案（通常在-30dBm 及以下[38]）基本原理的角度一一回顾，给出并重点论述不断提高整流天线效率的策略。对于这一问题，需要强调几点：①双端口二极管是低功率整流天线设计中的主流非线性器件；②二极管的理想开关模型不再准确[39]；③基于单二极管的整流天线是最好的选择，因为通过增加更多的二极管会引入更多的寄生损耗，整体效率会大幅下降。电磁（EM）能量收集器可以看作一个具有效率链的系统，从自由传播的波到终端直流功率的转换过程，各个步骤都有相关的效率，如图 5.6（a）所示。请注意，一些效率源于共性的物理参数，却可能不会产生相同的效果。例如，正如我们稍后将要研究的，将看到高的结电阻增强了整流器的 RF-DC 转换效率，但它却可能会对匹配效率产生不利影响，这表明在设计过程中整体效率存在最优值或最大值。图 5.6（b）以图形的方式给出了整流过程的每个步骤中产生的损耗机理，而式（5.1）将其转换为一般的效率表达式：

$$\eta_T = \eta_{rad} \cdot \eta_m \cdot \eta_p \cdot \eta_{RF\text{-}DC} \cdot \eta_{SL} \cdot \eta_{DC\text{-}DC} \tag{5.1}$$

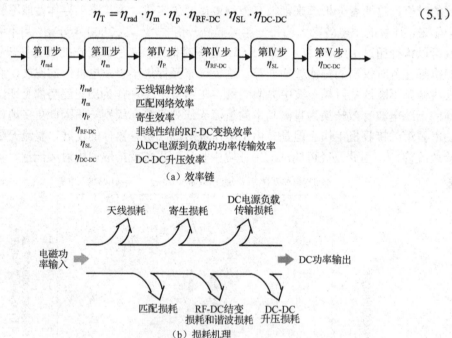

图 5.6 从传播波到终端直流功率的变换过程

5.1.5 整流天线效率优化

有效收集入射无线电波的目的在于将上述效率最大化，并符合卡诺定理。
- 上述效率中除了与结电阻有关的项，其他都可以合理地解耦。实际上，在本章中将会看到，高结电阻对设计的某些环节（天线阻抗、匹配电路）是不利的，而对于整流机制的核心来说它是非常有价值的。从而可以看出，数千欧姆的结电阻可以被认为是一个很好的折中，尽管它会显著影响设计。
- 卡诺定理规定任何热机可以获得的最高效率的限定条件。卡诺热机的效率仅取决于冷热热源之间的差异。遵循这一原理，将在本小节讨论整流机理的部分证明：零偏置非线性主要受限于热电压，如参考文献[16]中所言，因此效率随着二极管流过的射频电流的温度/能量而线性提高。换言之，对每个环境能量拾取设计方案来说，都要尽量提高输入功率。

记住这些要点，以下章节将描述近年来研究领域如何解决提高效率的问题。

5.2 天线效率

为了克服电磁信号传播的自由空间与整流二极管之间的阻抗不连续性，最常见的方法是引入两个独立的部件，即将空气的特性阻抗（约 377Ω）转换为传输线特性阻抗的天线和匹配传输线的特征阻抗到整流二极管阻抗的匹配网络。天线负责在自由空间中收集最多的电磁功率，因此在整流天线设计中需要采用高效天线。总增益很高的天线阵列可以作为最大化收集电磁功率的另一种有效方式。此外，在某些应用中可以通过控制阵列来接收特定方向的功率，并提供分集接收。然而天线阵列将占用更大的空间，这为一些非常期望紧凑集成的设计带来困难。另一方面，给定天线的物理尺寸后，使其有效口径最大化也是至关重要的，因为这可以使功率接收最大化，这就需要适当选择天线技术和拓扑。在很宽的频率范围内，可用电磁信号普遍存在于自由空间中，如 GSM 信号、3G/4G 蜂窝和 Wi-Fi 信号，它们通常覆盖 800MHz～2.5GHz[40]。在所有这些频段同时收集能量的宽带或多频天线可能是提升入射功率电平的有效方式。如果从天线和匹配网络集成设计的角度思考，天线可以是补偿匹配网络损耗的关键部件。由于二极管的阻抗通常非常高，因此相比设计标准的 50Ω 天线，设计高阻抗天线可以使匹配网络设计更容易，且损耗更小。而且，通过简单地使用天线来直接匹配自由空间的阻抗和二极管的高阻抗，可以避免使用匹配网络。这样一来，可以完全去除匹配网络，但是这样的天线设计可能是一个挑战。下面将针对不同方法综述最近的一些创新工作。

5.2.1 高效天线

在参考文献[41]中，在相对较低输入功率的应用场景下引入了高效宽带天线（见图 5.7），这种双极化交叉偶极子天线的频率范围为 1.8～2.5GHz，具有谐波抑制特性，可以通过抑制高次谐波来进一步提高效率。与具有相似尺寸的整流天线相比，该整流天线在相同的入射输入功率条件下具有更高的输出功率。对于无线能量传输，窄带天线就足够了。天线的效率和相关的天线增益（或孔径面积）很重要。然而，对于能量拾取应用，就需要宽带天线了，因为环境无线电波是经过调制的。因此宽带、高效和高增益天线适用于这种能量收集器的设计。

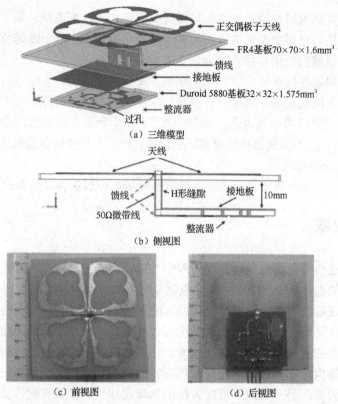

图 5.7　宽带整流天线的三维模型、侧视图、前视图和后视图[41]

5.2.2　天线阵列

为了尽量提高进入二极管的能量，另一种重要方法是在毫米波频段采用微带矩形贴片天线阵列[42]。在近场测试中，在 35.7GHz 下使用 4×4 贴片天线阵列实现了约 67%的转换效率。参考文献[43]介绍了一种工作在 35GHz 频率的整流天线，它包含一个 16 阵元的天线阵列。天线阵列由 4×4 个矩形微带贴片天线组成，与传统的单阵元天线相比，充分发挥了其高效率的特性。通过仿真得到了 19dBi 的绝对增益。为了抑制二次谐波，在天线阵列和电路之间设置了一个阶跃阻抗低通滤波器，使用了 MA4E1317 型 GaAs 肖特基二极管，当输入功率为 7mW 时，最高可获得 67%的 RF-DC 转换效率。加拿大研究人员提出了一种基于三维折叠偶极子天线的整流天线系统[44]，天线阵列垂直堆叠和连接，将交流功率传送到单个负载。与具有相同尺寸和等同射频入射的单个口径面相比，整流输出的直流功率显著增强，据报道提高了 5 倍。参考文献[45]中提出了一种实现波束控制的 2×2 相控阵天线，应用于能量拾取。无需物理上旋转天线或增加额外的有源设备，仅仅通过机械移动馈点位置就能够实现波束控制。基于这一特性，可以实时跟踪最大功率方向。天线阵列实现了 E 面 ±35°的主波束，并且获得了 11.3dBi 的高增益和约 13%的带宽。

5.2.3　高阻抗天线（更利于匹配）

因为二极管通常具有相对较高的阻抗，所以为了减少天线和二极管之间匹配网络的损耗，参考文献[46]中引入了高阻抗天线，根据设计流程和开发的等效电路，其验证了两种不同形状的折叠偶极子天线，即直线型和卡片型。在 535MHz（日本数字电视广播频率）的工作频率下，天线符合 2000Ω 特征阻抗和 VSWR = 2 的标准。此外，日本研究人员还报道了一种基于高阻抗和高 Q 天线的整流天线[47]。在相对较低的功率电平下，进入二极管的电压越高，就越有助于提高 RF-DC 转换效率，天线就是基于这一点设计的。例如，当射频输入功率为 14dBm 时，与传统的 50Ω 的天线相比，阻抗为 80Ω 的天线可以将转换效率提高约 20%。

5.2.4 宽带天线

已经证明，覆盖 CDMA、GSM 900、GSM 1800 和 3G 频段的宽带天线可以吸收空气中主要的可用射频能量[48]。输入阻抗为 300Ω 时，折叠式偶极子天线与匹配网络联合设计，在整个感兴趣的频段可获得 1.5dBi 的增益。另一种超宽带天线是由英国研究人员设计和测试的[49]，它具有 450~900MHz 的带宽，很好地覆盖英国的 DTV、LTE700 和 GSM900 频段。在混合电阻压缩技术的配合下，这种整流天线可以在 5~80k 的宽负载阻抗范围内工作，而且保持高的转换效率。测量结果表明，在室外环境中获得了 42.2% 的总效率。参考文献[50]中介绍了一种完全喷墨打印的宽带平面单极子天线，它能够工作在 600~1500MHz 之间，覆盖多个 RF 传统信号频段。该天线可以印刷在环境适应性好的基材上，例如纸和纸板。此外，用台式喷墨打印机就可以实现介电涂层和银纳米粒子墨水喷涂，在纸板上还可以实现金属化。这种天线在 800~1500MHz 的频带内可提供超过 72% 的辐射效率。

5.2.5 不含匹配网络的整流天线集成设计

在无线能量收集中匹配网络损耗非常严重，尤其是在低功率范围内。参考文献[51]中介绍了一种不含匹配网络的整流天线设计，这种 F 类整流天线的工作频率为 900MHz，谐波端接到二极管。它制作在 0.13mm 的 PET 基板上，其上沉积 1mm 厚的馈线。最后，当入射功率密度仅为 8μW/cm^2 时，整流天线的效率约为 48.6%。台湾学者进行的另一项研究表明，最佳天线配置是采用电感耦合馈电环而不是传统贴片天线的结构[52]。采用这种拓扑结构，尽管基板存在损耗，但辐射效率仍可达到 82.3%，而贴片天线和传统准八木天线的辐射效率分别为 29% 和 50.9%。此外，这种天线拓扑结构有助于消除对匹配网络的依赖，后者被视为整流天线设计中重要的能量耗散器。英国研究人员报道了一种高阻抗天线，它成功消除了匹配网络并适应很宽的工作频率范围（见图 5.8）[53]。这种偏馈偶极子天线可以调谐到不同条件下工作，如不同的整流二极管和负载。测试结果表明，这种紧凑的低成本整流天线能够在 0.9~1.1GHz 和 1.8~2.5GHz 的频段上提供超过 60% 的功率转换效率，适用于许多不同的应用。

5.2.6 大立体角高增益整流天线

仅出于对整流天线效率的需求，就需要高增益天线（由于输入功率越高，效率就越高）。目前已经用高增益紧凑型天线或天线阵列提高了接收的射频功率，并实现了常规整流天线设计。然而，高增益天线的指向性不满足整流天线对全向性的要求。同时，在线极化辐射下，偶极子天线基本可以实现全空间覆盖，因而已经得到普遍采用。然而，偶极子天线的低增益特性使得整流器在低功率工作时难以获得高效率。为了将整流器输入提高到更高功率的电平，可以通过一个单元收集和整流多个能量源，如不同频段或不同极化的射频辐射，射频能量和动能可以有效地叠加，从而改善二极管的转换效率。然而，在最后引述的场景中，效率提升仅限于同时收集不同来源的情况。另外还提出了一些颇具吸引力的策略，如交错模式电荷收集器（SPCC），其中利用高增益 $N×N$ 子阵列来增加波束宽度，或利用配置多个喷墨印刷天线的 3D 结构来覆盖不同方向。尽管如此，这些天线的增益仍然有限，因此得到的整流效率也有限。实际上，将高增益天线接收输出的射频功率合成起来是获得高功率的最有效方式，以便在涉及诸如环境接收的低功率电平时实现高效率整流。这就是为什么现在越来越多地研究高增益天线和宽波束宽度辐射，参考文献[54]中描述的技术方案就是一例，其中提出了基于波束形成矩阵的功率合成整流天线阵列，意在同时增加整流天线的接收功率和 E 面波束宽度（见图5.9）。

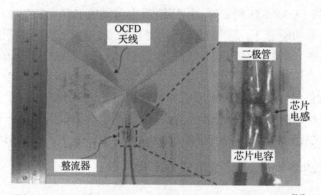

图 5.8　基于高阻抗 OCFD 天线的无匹配网络整流天线[36]

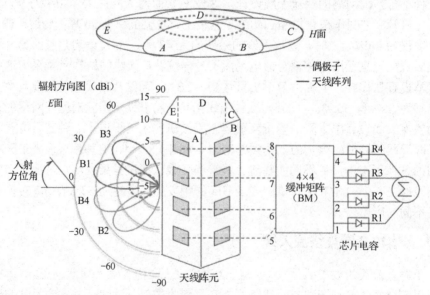

图 5.9　基于射频能量拾取的波束形成技术示意（在 E 面和 H 面时的线极化辐射方向图）

在参考文献[54]中介绍了一种高增益天线阵列，用以帮助扩大环境射频能量采集器的容量。5 个天线阵元以五边形的形式集成，并通过简单的无源波束形成网络与整流器相连，如图 5.9 所示。整流器的工作范围已经被推到更高的输入功率电平，从而提高了其效率性能。据报道，利用其所提出的天线阵列，整流效率从偶极天线的 2.6%提高到 14%。

5.3 匹配网络

在接收天线和二极管之间通常采用匹配网络以消除反射，并且最大化能量传输。但同时，它可能引入插入损耗并缩小整流天线的工作带宽。由于二极管的工作点随着不同的输入功率电平而相应地变化，因此匹配网络基本上只能在一个小的功率范围内良好地工作。考虑到整流二极管的低功率注入情况，我们假设二极管的阻抗不会发生明显变化。作为设计匹配网络时广泛使用的传输线之一，以微带线为例来揭示损耗机理。微带线的损耗大体包括 3 个方面，即导体损耗、介质损耗和辐射损耗。导体损耗引起的衰减可以用下式表示[55]：

$$\alpha_c = \frac{R_s}{Z_0 W} N_p/m \tag{5.2}$$

其中，W 和 Z_0 是微带线的宽度和特性阻抗。$R_s = \sqrt{\omega \mu_0/2\sigma}$ 是导体的表面电阻率，其中 μ_0、σ 和 ω 分别是微带线的自由空间磁导率、电导率和角频率。

因为微带线是准 TEM 传输线，所以其周围的场部分在空气中，另一部分在介质中，其介质损耗表达式中包含了填充系数 $\frac{\varepsilon_r(\varepsilon_e-1)}{\varepsilon_e(\varepsilon_r-1)}$ 这一因素[56]：

$$\alpha_d = \frac{k_0 \varepsilon_r (\varepsilon_e-1) \tan\delta}{2\sqrt{\varepsilon_e}(\varepsilon_r-1)} N_p/m \tag{5.3}$$

其中，k_0 和 $\tan\delta$ 分别是自由空间波数和介质的损耗角正切。

微带线在不连续处发生辐射，因为它们没有被金属盒包围。辐射损耗包括辐射到空间的功率和由表面波传播的辐射，可以采用数值方法计算辐射损耗。

微带线的 Q 值可用下式表示[55]：

$$Q = \frac{\beta}{2\alpha_T} \tag{5.4}$$

其中，$\alpha_T = \alpha_c + \alpha_d + \alpha_r$ 是总损耗。插入损耗可由下式给出[57]：

$$IL = \frac{P_L}{P_{in}} = \frac{P_L}{P_L + P_{diss}} = \frac{1}{1+\frac{P_{diss}}{P_L}} \tag{5.5}$$

如果把 Q 值和插入损耗联系起来，就得到：

$$IL = \frac{1}{1+\frac{Q_m}{Q_r}} \tag{5.6}$$

Q_m 是设计达到的 Q 值，而 Q_r 是匹配网络需要的 Q 值，用式（5.7）表示。式（5.6）表明，如果设计的匹配网络具有越高的 Q 值，那么其插损就越低。

$$Q_{\mathrm{r}} = \sqrt{\frac{R_{\mathrm{high}}}{R_{\mathrm{low}}} - 1} \tag{5.7}$$

式中，R_{low} 和 R_{high} 分别是电路中的最低阻抗和最高阻抗。通常 R_{low} 是天线阻抗，而 R_{high} 是非线性结电阻。很明显，二极管阻抗越高，为匹配网络设计带来的挑战就越大。对于具有 50Ω 阻抗的源来说，未经匹配的初始阻抗可表示为[56]

$$|\rho_0|^2 = \frac{(R_{\mathrm{j}} + (R_{\mathrm{s}} - 50) \cdot (C_{\mathrm{j}}^2 \cdot R_{\mathrm{j}}^2 \cdot \omega^2 + 1))^2 + C_{\mathrm{j}}^2 \cdot R_{\mathrm{j}}^4 \cdot \omega^2}{(R_{\mathrm{j}} + (R_{\mathrm{s}} + 50) \cdot (C_{\mathrm{j}}^2 \cdot R_{\mathrm{j}}^2 \cdot \omega^2 + 1))^2 + C_{\mathrm{j}}^2 \cdot R_{\mathrm{j}}^4 \cdot \omega^2} \tag{5.8}$$

其中，ω 是角频率。R_{j} 和、R_{s} 和 C_{j} 分别是二极管的结电阻、串联电阻和结电容。从式（5.8）可知，在更高的频率会遇到麻烦，因为 R_{j} 通常远大于 R_{s}，所以在相对较低的频率 R_{j} 是决定匹配网络设计的关键因素。总之，设计一个匹配网络，无非是减少插入损耗、增加工作带宽和提高功率范围。

对于在任意源和负载之间设计匹配网络时可以获得的最小反射系数幅度和带宽，应用 Bode-Fano 准则[58][59]可以提供其理论极限。给定所需反射系数和负载信息时，可以预测最大带宽，在这里的实例中，负载信息与二极管的等效电路相关。肖克利模型表明负载可以近似为一个 RC 电路。因此，基于 Bode-Fano 准则的最大相对带宽是：

$$\Delta B \leqslant \frac{\pi}{R_{\mathrm{d}} \cdot 2\pi f_0 \cdot C_{\mathrm{d}}} \cdot \frac{1}{\ln\left(\frac{1}{\Gamma}\right)} \tag{5.9}$$

其中，R_{d} 和 C_{d} 是二极管等效电路的电阻和电容。Γ 是所关注的频带中所需的反射系数，而 f_0 是目标频率。请注意，Bode-Fano 准则基于如下几个假设，即匹配网络是无损的，并且采用的是宽带无损变压器。而且最后的反射响应只有两个可能的值（理想情况下在带内等于 Γ，而在带外的任何频率上等于 1），这种响应应该通过在匹配网络中引入无限个元件来实现。上述所有因素决定了要使设计的匹配网络具有 Bode-Fano 准则预测的最大带宽，在实践中是不可能实现的。但是，它仍然可以作为重要准则来设置实际匹配网络设计的上限。

图 5.10（a）给出了一个匹配网络装置，用于比较一个肖特基二极管（HSMS-2850）和一个反向隧道二极管的效率性能，上述装置用探针台和阻抗调谐器来实现。如图 5.10（b）所示是分布在 Smith 圆图上的仿真效率性能，从中可以清楚地看到，一个更好的匹配网络设计将完全发挥非线性器件的潜力，以达到更高的转换效率。

为了最大程度地降低匹配损耗，如果工作时天线到二极管的阻抗比很高，那么就必须寻求高 Q 值匹配网络。

- 对于毫米波系统应用，基片集成波导（SIW）技术由于其固有的特性而特别适用，这些特性包括尺寸紧凑、隔离度高、低辐射和低泄漏。科拉多（A. Collado）首次提出了一种新型紧凑整流天线，该天线采用贴片天线和集成在 SIW 谐振腔内的肖特基二极管整流电路[61]。然而，由于 SIW 谐振腔中的反射，以及贴片天线和整流器电路之间的转换不连续，因此不可避免地产生了损耗。
- 简单地将高 Q 值表贴电感与二极管串联将有助于降低 VSWR，并进一步降低传输线损耗[62]。通过在传输线和二极管之间增加 3 个电感，使功率的转换效率从 22.5% 提高到35%。但请注意，电感的数量存在最优值，因为添加更多电感会引入更多得电感电阻损耗，这将降低传输线效率。另外，最近开发了一种新颖的架构来实现宽带整流器，该整流器可以在微波频率下工作，而无须引入任何匹配网络[63]。通过使用高阻抗电感，在动态范围为20~25dBm的输入功率条件下，这种整流器有40%的效率。

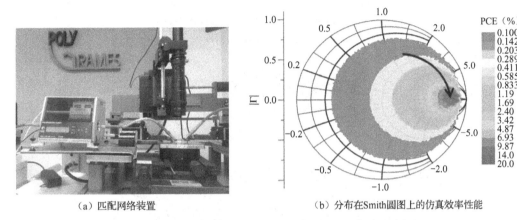

(a) 匹配网络装置　　　　　　　(b) 分布在Smith圆图上的仿真效率性能

图5.10 用于比较HSMS-2850和反向隧道二极管功率转换效率的匹配网络装置和用不同匹配网络仿真得到的功率转换效率性能[60]

5.3.1 宽带整流器

阿拉瓦提亚（M. Arrawatia）展示了一种宽带弯曲三角形全向天线，其覆盖850MHz到1.94GHz的频段[64]，该天线在所覆盖频带上的电压驻波比小于或者等于2，设计用于同时接收水平和垂直极化波。当从25m远的小区基站接收能量时，可以获得开路条件下的3.76V电压和加载4.3kΩ负载条件下的1.38V电压。王大卫（D. Wang）介绍了一种宽带整流器，其相对带宽为57%[65]。应用商用二极管HSMS 2820，其在1.25~2.25GHz范围内的效率性能都优于50%。此外，还表现出了大于14dB（12~26dBm）的输入功率动态范围。聂（M.Nie）已经验证了基于接地共面波导（GCPW）的紧凑型宽带整流天线[66]。宽带整流电路由接地共面波导馈电缝隙天线和基于倍压器原理的电路组成。当注入13dBm的输入功率时，测得RF-DC转换效率超过50%的带宽约为16.3%（2.2~2.6GHz），而在2.45GHz处效率最高，可达72.5%。

5.3.2 工作输入范围宽的整流器

1. 电阻压缩网络

克服不同入射功率电平下系统性能下降的一种方法是采用传输线电阻压缩网络（TLRCNs）。巴顿（T. W. Barton）推导得出了传输线电阻压缩网络的分析公式，并且基于这种方法开发了单级和多级整流器[67]，该方案有助于在大输入功率范围内保持恒定的射频输入阻抗，而不受电阻负载的影响。在2.45GHz频率工作时，4路系统在输入功率电平变化超过10dB时的转换效率超过50%。

2. 具有启动策略的射频微功率拾取负载调制整流器

因为在低功率拾取的场景中，由于低电压幅度，所采集到的能量通常很难应用于实际的任何应用。A. Costanzio 提出了负载调制整流器，它能够为 DC/DC 变换器和启动级提供最佳的源条件（见图 5.11）[68]。这种设计方法适合于传统的电子电路设计集成。

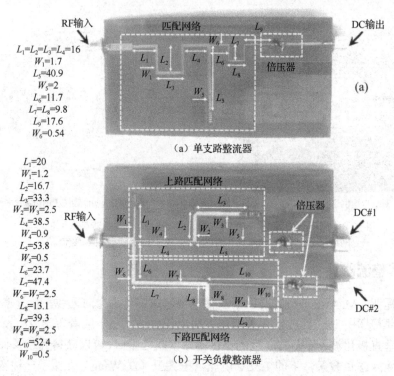

图 5.11　参考文献[68]中的单支路整流器和开关负载整流器

3. 开关技术

为了拓展整流器的输入功率范围，同时使其具有可接受的匹配效率，新加坡的研究人员开发了一种新型双频整流器[69]。通过使用 GaAs pHEMT，当电压幅度超过二极管的击穿电压时，整流二极管上的电压几乎可以保持恒定。因此，在-15~20dBm 的输入功率条件下，功率转换效率据报道可达 30%以上。类似的思路在参考文献[70]中得以实现，用一个耗尽型场效应晶体管作为开关来补偿二极管上电压幅度的变化，通过测量，在-17~27dBm 的宽功率范围内，RF-DC 转换效率达到 40%。

4. 变容二极管（可变电抗器）

阿卜杜勒哈里姆（S. H. Abdelhalem）等人提出了一种基于变容二极管扩展动态范围输入匹配的解决方案[71]。在动态输入功率范围大于 12dB 且 S_{11}<-20dB 的情况下，仅用两个变容二极管来补偿由于输入功率和电阻负载的变化引起的阻抗变化，作者就可以获得 60%的峰值效率。

5. 分支线耦合器

最近,一种具有两个相同子整流器的能量采集器被设计出来了,其可以在很宽的输入功率、工作频率和负载范围内高效地工作(见图 5.12)[72]。在功率源和子整流器之间插入分支线耦合器,当工作条件发生变化时,一个子整流器所反射的能量可以通过路径到达另一个子整流器。尽管一定的能量可能耗散在耦合器内,但该耦合器避免了由于输入功率、工作频率或负载信息变化而造成的总能量浪费。当输入功率在 10~18.6dBm 范围内变化时,测量得的效率可保持在 70%以上。

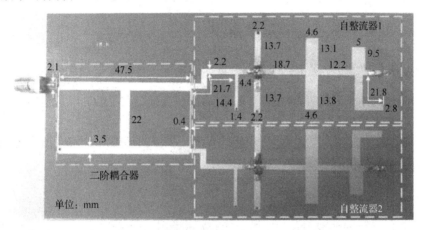

图 5.12 基于具有两个相同整流器的分支线耦合器的采集器

5.4 整流基本原理:RF-DC 转换效率和直流损耗

5.4.1 转换效率

射频能量采集器的核心是一个发生频率变换的非线性结器件。除了被转换为所需的直流分量,一些射频功率分布在高次谐波中,而其余部分则由结电阻以焦耳热的形式耗散掉。因此,RF-DC 转换效率可以定义为转换后的直流功率除以注入结电阻的功率,可以写成式(5.10a)。由于二极管模型在低功率整流情况下不再被认为是理想的开关(正向偏置时为 0Ω,反向偏置时为+∞ [1]),因此在式(5.10b)中引入了另一种基于电流响应度 $\Re_I$ 的方法,后者定义为输出短路直流电流与注入功率之比:

$$\eta_{\text{RFDC}} = \frac{P_{\text{DC}}}{P_{f_0}} \qquad (5.10a)$$

$$\Re_I = \frac{I_{\text{DC}}}{P_{f_0}} \qquad (5.10b)$$

带有封装参数的 Shockley 二极管模型如图 5.13 所示。二极管的电流和电压(I-V)关系可写为

$$I_{\text{diode}} = I_s \cdot [e^{\frac{V_{\text{on}}}{n \cdot V_t}} - 1] \tag{5.11}$$

$$= I_s \cdot [e^{\frac{v_{f_1}\cos(2\pi f_1 t + \alpha_1) + v_{f_2}\cos(2\pi f_2 t + \alpha_2) - v_{\text{DC}}}{n \cdot V_t}} - 1]$$

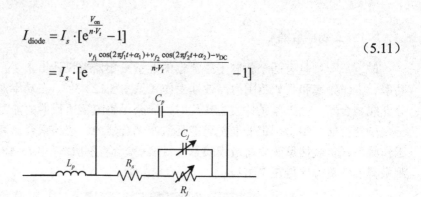

图 5.13 带有封装参数的 Shockley 二极管模型

下面的分析从二极管的 I-V 关系在 0V 点附近的泰勒展开开始（低功率情况）：

$$I(V_j) = I_s \left[\frac{1}{1!}\frac{V_j}{n \cdot V_T} + \frac{1}{2!}\left(\frac{V_j}{n \cdot V_T}\right)^2 + \frac{1}{3!}\left(\frac{V_j}{n \cdot V_T}\right)^3 + \cdots + \frac{1}{k!}\left(\frac{V_j}{n \cdot V_T}\right)^k + \cdots \right] \tag{5.12}$$

其中，V_j 为二极管上的电压，I_s 为饱和电流，n 为二极管的理想因子，k 为泰勒展开的阶数，V_T 为二极管的热电压，可以用下式表示：

$$V_T = \frac{K_B \cdot T}{q} \tag{5.13}$$

其中，k_B、T 和 q 分别是玻尔兹曼常数、工作温度和电子电荷。我们假设输入功率具有频率为 f_0 的正弦连续波（CW）波形，则电压可写为

$$V_j = V_{f_0} \cdot \sin(2\pi f_0 t) \tag{5.14}$$

将式（5.14）代入式（5.12）中，提取直流电流，可得：

$$I_{\text{DC}} = I_s \left[\frac{1}{2!}\left(\frac{V_{f_0}}{n \cdot V_T}\right)^2 \cdot \frac{1}{2} + \frac{1}{4!}\left(\frac{V_{f_0}}{n \cdot V_T}\right)^4 \cdot \frac{3}{8} + \cdots + \frac{1}{(2k)!}\left(\frac{V_{f_0}}{n \cdot V_T}\right)^{2k} \cdot \frac{\frac{(2k-1)!}{(k-1)!k!}}{2^{(2k-1)}} + \cdots \right] \tag{5.15}$$

而基波功率也可由式（5.12）和式（5.14）计算：

$$P_{f_0} = \int_0^{\frac{1}{f_0}} V_j \cdot I(V_j) \, dt \cdot f_0 = \frac{I_s \cdot (V_{f_0})^2}{2 \cdot n \cdot V_T} \cdot \left[1 + \frac{1}{8}\left(\frac{V_{f_0}}{n \cdot V_T}\right)^2 + \frac{1}{192}\left(\frac{V_{f_0}}{n \cdot V_T}\right)^4 + \frac{1}{9216}\left(\frac{V_{f_0}}{n \cdot V_T}\right)^6 + \cdots \right] \tag{5.16}$$

根据式（5.10b）的定义，电流响应度可以表示为

$$\Re_I(V_{f_0}) = \frac{I_{\text{DC}}}{P_{f_0}} = \frac{1}{2 \cdot n \cdot V_T} \cdot \frac{1 + \frac{1}{16}\left(\frac{V_{f_0}}{n \cdot V_T}\right)^2 + \frac{1}{576}\left(\frac{V_{f_0}}{n \cdot V_T}\right)^4 + \cdots}{1 + \frac{1}{8}\left(\frac{V_{f_0}}{n \cdot V_T}\right)^2 + \frac{1}{192}\left(\frac{V_{f_0}}{n \cdot V_T}\right)^4 + \cdots} \tag{5.17}$$

$$= \frac{1}{2 \cdot n \cdot V_T} \cdot \Delta = \Re_{I_0} \cdot \Delta = \frac{1}{2} \frac{dR_j}{di} \Big/ (R_j)^2 \cdot \Delta$$

其中，$\Re_{I_0}$ 为零偏置电流响应度，反映整流二极管的固有特性，$R_j = dv/di$ 取决于偏置电流

的差分结电阻。考虑到肖特基二极管理想因子 n 在 1～2 范围内，当 T 为 300K 时，$\Re_{I_0}$ 的最大值为 19.34A/W，并且仅受热电离输运的限制，为一些有趣的应用打开了大门。电流响应度 $\Re_I$ 可以与带结电阻 R_j 的电压响应度 $\Re_V$ 关联[73]：

$$\Re_V = \Re_I \cdot R_j \tag{5.18}$$

$\Re_V$ 是开路直流电压与输入射频功率之比。通过应用戴维南或者诺顿等效电路分析，将总转换电流 I 除以负载电阻 R_L 和视频电阻 R_v 的和，后者由结电阻 R_j 和串联电阻 R_s 组成，因此电流经过负载电阻可以表示为：

$$I_L(V_{f_0}) = \frac{R_j(V_{f_0})}{R_L + R_j(V_{f_0}) + R_s} \cdot I(V_{f_0}) \tag{5.19}$$

因此，RF-DC 转换效率，即式（5.10a）可以写为

$$\begin{aligned}\eta_{\text{RFDC}} &= \frac{P_{\text{DC}}}{P_{f_0}} = \frac{[I_L(V_{f_0})]^2 \cdot R_L}{R_{f_0}} \\ &= \frac{P_{f_0} \cdot [\Re_I(V_{f_0})]^2 \cdot [R_i(V_{f_0})]^2}{R_L + R_j(V_{f_0}) + R_s}\end{aligned} \tag{5.20}$$

5.4.2 寄生效率

再次考虑 Shockley 二极管模型。一部分注入功率通过非线性结电容，并且在串联电阻上以焦耳热的形式耗散。寄生效率就定义为非线性结电阻吸收的功率比上注入二极管的功率。如果考虑一个没有封装元件的二极管，利用线性电路的基本原理，通过简单的数学推导就可以得到寄生效率：

$$\eta_p = \frac{1}{1 + \frac{R_s}{R_j} + (2\pi f_0 \cdot C_j)^2 \cdot R_s \cdot R_j} \tag{5.21}$$

因此，非线性结电容和串联电阻越大的二极管寄生效率越低。

5.4.3 直流电源到负载的功率传输效率

通过式（5.19）可以了解通过负载的电流与非线性结产生的电流之间的关系。因此，所产生的总直流功率可以通过下式计算：

$$P_t = [I_L(V_{f_0})]^2 \cdot [R_L + R_j(V_{f_0}) + R_s] \tag{5.22}$$

如果用负载计算直流功率，则为

$$P_{\text{DC}} = [I_L(V_{f_0})]^2 \cdot R_L \tag{5.23}$$

然后，直流电源到负载的传输效率由到达负载的直流输出功率与总整流直流功率之比决定：

$$\eta_{\text{SL}} = \frac{P_{\text{DC}}}{P_t} = \frac{R_L}{R_L + R_j(V_{f_0}) + R_s} \tag{5.24}$$

尽管结电阻 R_j（V_{f_0}）随输入电压幅值的变化而变化，但在低功率采集情况下，可以近似地将其视为零偏置结电阻 R_{j_0}。对电流响应度可以进行相同的假设，这意味着在感兴趣的低

功率范围内,有 $\Re_I(V_{f_0}) \approx \Re_{I_0}$。如果将 RF-DC 转换效率式（5.20）和直流电源到负载的转换效率式（5.24）合并在一起[39],就可以得到:

$$\eta_{SL} \cdot \eta_{RFDC} = \frac{R_L}{R_L + R_{j_0} + R_s} \cdot \frac{R_{f_0} \cdot \Re_{I_0}^2 \cdot (R_{j_0})^2}{R_L + R_{j_0} + R_s} \tag{5.25}$$

根据式（5.25）,可以得到最佳负载。对式（5.25）作为负载电阻的函数进行一次求导,并将其设为 0,即

$$\frac{R_{f_0} \cdot \Re_{I_0}^2 \cdot (R_{j_0})^2 \cdot (R_{j_0} + R_s - R_L)}{(R_{j_0} + R_s + R_L)^3} = 0 \tag{5.26}$$

由于 $P_{f_0} \cdot \Re_{I_0}^2 \cdot (R_{j_0})^2$ 不等于 0,那么唯一的解就是:

$$R_L = R_{j_0} + R_s \tag{5.27}$$

为了确定这个值是否会导致最高或最低效率,要对式（5.25）进行二次求导。

$$\frac{d^2(\eta_{SL} \cdot \eta_{BFDC})}{dR_L^2} = \frac{6 \cdot P_{f_0} \cdot \Re_{I_0}^2 \cdot (R_{j_0})^2 \cdot R_L}{(R_{j_0} + R_s + R_L)^4} - \frac{4 \cdot P_{f_0} \cdot \Re_{I_0}^2 \cdot (R_{j_0})^2}{(R_{j_0} + R_s + R_L)^3} \tag{5.28}$$

当用 $R_{j_0} + R_s$ 代替 R_L 时,$\frac{d^2(\eta_{SL} \eta_{RFDC})}{dR_L^2} < 0$,这意味着 $\eta_{SL}\eta_{RFDC}$ 将达到最大值。因此,在极低功率范围内,最佳负载电阻被认为等于零偏置结电阻 R_{j_0},因为通常 $R_{j_0} \gg R_s$。基于上述考虑,式（5.25）可简化为

$$\eta_{SL} \cdot \eta_{RFDC} = \left(\frac{\Re_{I_0}}{2}\right)^2 \cdot R_{j_0} \cdot R_{f_0} \tag{5.29}$$

式（5.29）是个重要的结果,为提高采集效率提供了以下几种有效方法。

- 通过采用具有较大零偏置电流响应率 $\Re_I$ 的二极管或其他非线性器件。这可以理解为改善电阻值对应的比电阻曲率,其中曲率（非线性）提高了 RF-DC 效率,并且结电阻的非可变部分导致 RF 和 DC 上的焦耳损失。
- 通过使用结电阻更大、串联电阻更低的二极管。根据效率链的观点,应谨慎处理结电阻值的作用,根据欧姆定律,这里必须把它看作通过二极管的 $I(V)$ 曲线来增强电压的一种方法,而 $I(V)$ 曲线又将输入信号施加给二极管的非线性。
- 通过扩大输入（采集）功率 P_{f_0},可以将工作点转移到具有更高转换效率的其他区域,这可以根据卡诺定理（与热力学第二定律相关）直观地推导出来。

5.4.4 非线性增强

1. 基于隧穿输运的替代技术

如上小节所述,肖特基二极管的零偏置电流响应率受热电压的限制,但对于依赖于不同输运机制的其他技术并非如此。例如,在整流器设计中使用了异质反向隧道二极管的方法最近打破了低功率整流效率的记录[60]。这得益于 AlSb 势垒高度高,阻止了热电离输运,同时允许经能量窗传导隧道效应（见图 5.14）。

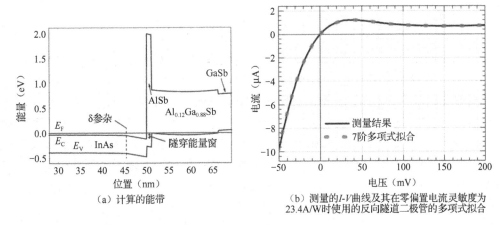

图 5.14　计算的能带，以及测量的 I-V 曲线及其在零偏置电流灵敏度为 23.4A/W 时使用的反向隧道二极管的多项式拟合

另外两种技术，即 MIM 二极管和自旋二极管，正是由于它们的输运机制，有助于产生更强的非线性，但它们尚未成熟到足以超越肖特基标准。截止 2017 年，具有合理结电阻（18kΩ）的金属-绝缘体-金属（MIM）二极管的最先进技术水平达到 4.4A/W[74]。这可以与环境温度下肖特基最高电流灵敏度 19.4A/W 相媲美。

自旋二极管技术是一种很有前途的技术，因为它可以同时利用电子的电荷和自旋，而不只是利用电子的电荷[22]。

2. 使用无功非线性器件

说到底，用于转换/整流信号的二极管和电阻本质上是电阻性的，这将带来损耗。它们的工作是基于阻抗实部的非线性，这当然受到电路设计者的欢迎，因为很容易进行电路匹配，但这不可避免地会导致焦耳损耗。上述分析最近引出了一个有趣的命题，即围绕非线性电抗装置构建射频能量采集器[75]。两种类型的变容二极管可用于此目的，即饱和磁芯电抗器（电感）或反向偏置控制的半导体耗尽层厚度（结电容），后者在微波频率下更为成熟。上述能量采集器电路描述了一个两级电路，它使用非线性谐振器（基本上将 RF 信号下变频到非常低的频率）和具有平衡输入的改进型升压变换器工作在正负输入条件下。第二级电路是必要的，因为变容二极管不工作在零频率。从概念上讲，非线性电抗的使用可以解决任何非线性可能不足的器件（任何低功率工作的二极管）引起的问题，因为能量在转换之前一直停留在非线性谐振器中。实际上，它显然受到寄生电阻的限制，尽管目前变容二极管可以制造成具有非常低的电阻（大约 0.1Ω[75]）。

这种高 Q 值电路的问题在于：匹配电路损失在品质因数中起着至关重要的作用，它对源和负载的变化太敏感了。最后一个缺点是，由于输出频率必须足够低才能被电力电子升压变换器利用，因此两个输入微波信号必须相互分开 1kHz，这在技术上是无法实现的。可以使用 50MHz 的双工器，但是这将导致非线性谐振器的品质因数较低，而升压变换器工作频率较高，而此时升压变换器并不在最佳效率上。

5.4.5 结电阻增加

监视非线性器件响应的另一种方法是测量电流灵敏度[单位输入功率的短路输出电流式（5.10b）]，因为它将线性地影响效率[（5.29）]。在图 5.15 中，绘制了一些商用二极管的电压灵敏度，而后者则作为结电阻的函数。可以理解，所有的现有技术的二极管都具有非常相似的电流响应度，因为它们几乎都与最强的非线性对齐（紫色线）。MIM 结和 MTJ（磁性结）是验证这种方法的良好选择。图 5.15 给出了一个例子，其中通过简单地改变结的截面来构建具有不同结电阻的一组样品。增加了结电阻，因此增加了表观非线性，这对整流非常有利，但也受到了匹配电路品质因数的限制。

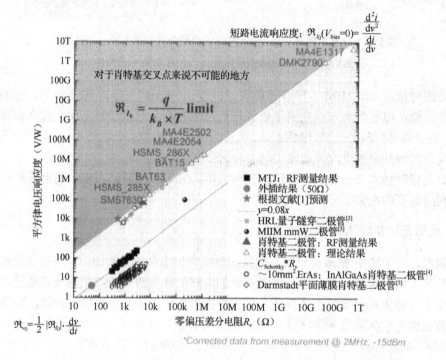

图 5.15 肖特基二极管的特性、零偏压差分电阻与平方律电压响应度

从图 5.15 中可知，较高的零偏置电阻会导致结上的直流电压较高（但可能更难以匹配）。对于不同技术（肖特基二极管、隧道二极管、MIM 二极管和自旋二极管），可以观察到相同的响应度-结电阻关系。

5.4.6 低温工作

如前所述，热电离发射是肖特基二极管的主要特性，因此零偏置电流响应度 $\Re_{I_0}$ 具有最大值。然而，$\Re_{I_0}$ 与工作温度成反比，这为我们提供了一种通过降低工作温度来增强肖特基二极管非线性的简单方法。对于其他类型的二极管，低工作温度有时也能带来优势。据报道，当一个商用隧道二极管（型号为 Herotek DT8012）在-30～-20dBm 的输入功率条件下工作在 4K 时，差分增益可从 1000V/W 增加到约 4500V/W[76]。该二极管广泛应用于低功率微波探测器中,理论上可以在低功率整流电路中实现。当然,在许多商业应用中,冷却系统的成本可能过高,但这种解决方案应该对外层空间温度下的应用颇有意义。

5.4.7 增强输入功率

除从单一功率源中采集更多能量的方法外,引入其他不同类型的功率源也是颇有吸引力的替代方案。如果一个以上的直流电源可用,那么它可以作为其他交流功率源的偏置。直流偏置可以将工作点转移到具有更高转换效率的区域,因此可以从交流功率源整流获得更多的直流功率。

另一种情况是增加一个或多个交流功率源,让我们以混合两个交流功率源的能量采集为例。对于整流天线,混合交流功率采集方案仅仅意味着更多的输入功率,并将相应地产生更大的输出直流功率。混合采集更有趣的一点是,更多地注入功率能够将工作点移动到具有更高转换效率的另一个区域。由于混合采集同时具有上述两个优点,所以从理论上讲,当工作点转移到效率为两倍的区域时,同时向二极管注入 2 个单元输入功率将导致 4 倍的直流输出功率。

当我们比较混合交流功率和交流+直流功率采集拓扑结构时可以看出,由于采用直流电源作为二极管的偏置,所以混合交流功率能够提供更多的直流功率输出。

1. 交流功率源组合

蒙特利尔大学工学院提出了一种能够同时采集射频辐射和机械振动能量的混合采集器[78],这项工作证明,将不相关的射频功率和振动功率组合到肖特基二极管中将显著提高 RF-DC 转换效率。实验证明,与单源采集相比,这种混合采集器可获得高达 6dB 的增益。在此基础上,提出了射频与机械能量联合采集器的设计方案。基于永磁体和线圈的机械发电机与 F 型天线都组合在同一基板上,其尺寸与信用卡大小类似。这种集成协同采集器在不断变化的环境中具有很强的弹性,更适合于实际应用[77],如图 5.16 所示。

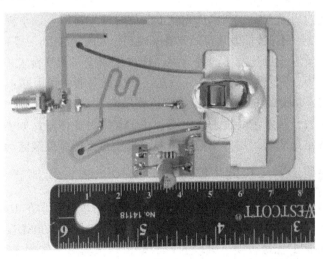

图 5.16 同时采集射频和动能的混合能量采集器原型[77]

2. 直流+交流混合动力采集

除机械振动功率外,西班牙的吉比(F. Giuppi)等人也证明了太阳能电磁整流天线(见图 5.17)[79],太阳能电池不仅不需要任何整流器就能直接获得直流电流,而且太阳能电池和天线都能很好地集成在柔性衬底上。其在同一篇论文中还指出,如果采用热电材料,那么来自功率放大器的热能会是一种潜在的可回收能源。

最近提出了一种具有通信功能的混合电磁能和太阳能采集器,其工作在 2.4GHz 的 ISM 频段[80]。当射频输入功率仅为-12.6dBm 和-15.6dBm 时,它能够为分别在"冷启动"和"热启动"状态下运行的功率管理单元(PMU)bp25504 提供足够的电压和能量。当在室内光照射条件 334 lx 下使用 PMU 和这种混合采集器时,与单独的 RF 采集器相比,所需的射频能量可以减少 50%。

图 5.17 柔性衬底的双波段混合电磁和太阳能采集器

3. 多重正弦信号或峰均比(PAPR)信号

西班牙学者做的研究表明,利用预先生成的信号波形可以有助于提高 RF-DC 效率[81]。在测试了几种信号波形后,他们发现高峰均比(PAPR)的信号有助于提高 RF-DC 转换效率。

葡萄牙研究人员进一步开发了两种方案,通过采用空间功率合成来解决多重正弦的大 PAPR 信号的问题[82]。一个突出的设计方案是在锁模振荡器中使用同步来设置高 PAPR 多正弦波的相位基准,从而使 RF-DC 转换效率达到最高。

最近又推出了另一种射频能量采集电路,用于采集时变信号,如多音或随机调制的数字调制信号[83],其结果表明,用时变包络信号可以获得比传统连续波信号更高的效率。

5.4.8 同步开关整流器(自同步整流器)

通过采用自同步自偏置的 E-pHEMT 整流器,坎塔布里亚大学在 16dBm 处获得了 88% 的极高效率峰值[84],该方法采用自谐振式漏极端接线圈,用于 900MHz 无线供电链路。里奇菲尔德(M. Litchfield)已经证明 X 频段的 GaN 功率放大器可以作为自同步整流器工作[85]。自同步技术是通过本征 GaN HEMT 中有限的栅漏非线性电容来实现的,该非线性电容提供反馈并进一步使射频功率从栅极端口流出。当 MMICs 在整流模式下工作时,RF-DC 效率可以达到64%。西班牙的鲁伊斯（M. N. Ruiz）提出了一种基于增强型赝晶高电子迁移率晶体管（E-pHEMT）的自偏置和自同步E类整流器[86]。自同步特性也是通过器件栅漏耦合电容来实现的，进一步缩小了设计尺寸。栅极-源极间的肖特基结使自偏压成为可能，从而提高了效率。阳（J.-W. Yang）提出了一种高效零电压开关（ZVS）AC-DC发光二极管（LED）驱动器[87]，通过使用自同步整流器而不是输出二极管，可以显着降低传导损耗并简化电路原理图，从而降低成本，因为其自驱动特性不需要额外的电路。S. Dehghani提出了一种采用0.13μm CMOS工艺的E类同整流器，其包括输入匹配和自偏置栅极（见图5.18）[88]。将其匹配在芯片上实现，该整流器在2.4GHz处表现出30%的峰值RF-DC转换效率。斯图普曼（M. Stoopman）报道了一种由同步CMOS整流器和小环形天线组成的高灵敏度射频能量采集器[89]。一个带有互补MOS二极管的5级同步整流器经过精心设计，可以提高采集器长时间存储能量的能力。在868MHz下测量时，端到端的最大PCE为40%，灵敏度为−27dBm，在容性负载上可产生1V电压。

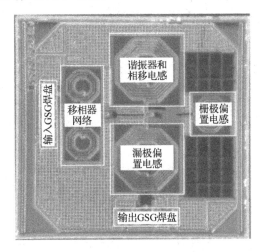

图5.18 2.4GHz CMOS E类同步整流器

5.4.9 谐波管理

谐波产物和互调产物是输入功率和整流器件非线性的函数。虽然在典型的环境能量采集应用中可用的功率量不足以驱动整流装置的强非线性行为，但对于高于10mW的谐波必须加以管理。

1. 谐波终止

处理功率放大器/整流器中的谐波的典型方法是终止它，以便在感兴趣的频率（在本例中为直流）最大化输出功率。在晶体管中虚拟漏极参考平面上进行特定谐波端接可以实现特定的工作类别[90]，从而提出了一种具有谐波端接的并行2.45GHz和5.8GHz的整流器[91]。与此同时，设计了一种双频段匹配网络，8.25GHz的四分之一波长开路短截线是双音信号的混频分量，它与二极管的阴极连接作为谐波端接。此外，为了最大化RF-DC功率转换效率，采用分支线陷波滤波器作为2.45GHz和5.8GHz的带阻滤波器。测量结果表明，其在

2.45GHz、5.8GHz 和双音注入场景下的效率分别达到 64.8%、62.2%和 67.9%。

当然，由于匹配网络的存在，为将整体谐波能量重新注入整流器件中，品质因素是非常重要的。

波波维奇（Popovic）团队采用氮化镓（GaN）HEMT 来进行微波整流，他们提出并开发了一种基于与逆 F 类放大器相同的 GaN HEMT 的整流天线[92]。任何放大器都可以用作整流器，并且在微波频率下用作自同步整流器而无需任何栅极驱动。他们将其称为"PA 整流器"，在 2.11GHz、在 8～10W 的输入功率下实现了 85%的效率。同样在 2.11GHz 的频率和 8W 的输入下，它可以用作逆 F 类放大器，其 PAE（功率附加效率）为 83%。如图 5.19 所示为基于逆下类功率放大器的 2.14GHz GaN HEMT 整流器。

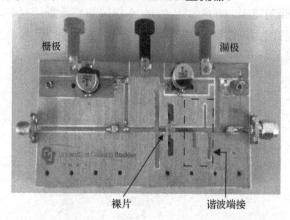

图 5.19　基于逆 F 类功率放大器的 2.14GHz GaN HEMT 整流器

2. 谐波回收

最近，阿兰（D. Allane）等人展示了一种增强型标签，它实现了对无源 RFID 超高频芯片产生的无用三次谐波的能量采集（见图 5.20）[93]。采用基于二极管的电压倍增器电路对超高频射频识别芯片建模。三端口匹配网络用于将 RFID 和读取器之间的基波信号与三次谐波信号返回到谐波采集部分。最后，RFID 标签可以实现与读取器的通信，并同时为外部温度传感器供电。当输入功率为 10dBm 时，从 RFID 芯片的三次谐波产物中可获得 39μW 的直流功率。拉丹（S. Ladan）等人报道了一种工作在 35GHz 的全波整流器，其具备谐波采集功能[94]。通过优化谐波采集整流器，与先前的传统倍压整流器相比，其在 20mW 的射频输入功率下，效率从 23%提高了 11%，达到了 34%。

5.4.10　晶体管低传导损耗

据报道，使用晶体管也改善了整流效率。在其他技术中，GaN 基晶体管支持非常高的开关电流密度与高电压结合的工作模式，这意味着当在高功率下工作时，传导损耗与整流功率比通常超过利用砷化镓（GaAs）器件的电路。

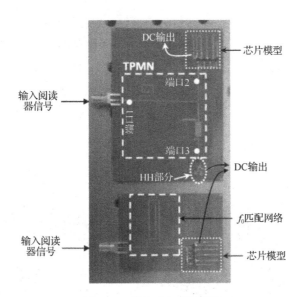

图 5.20 谐波功率采集系统

5.4.11 具有弱非线性结电容的二极管

据报道,与其他肖特基二极管相比,基于 VDI 零偏二极管的整流器在-40~-20dBm 功率范围内的效率最高[39]。由于寄生损耗在低功耗采集中起着重要作用[22],因此 VDI 零偏二极管整流器由于其弱非线性结电容而具有优越的性能。据报道,提取的总电容仅为 25fF。相反,PIN 二极管具有三个区域,即 P 区、I 区和 N 区。I 区(本征区)是几乎未掺杂的本征层,其将重掺杂阳极(P 区)和阴极(N 区)分开。由于本征区的存在,PIN 二极管在反向偏置时能够承受高电压,并且适用于高压/高功率整流器设计。使用自旋二极管是另一种减少寄生损失的方法[22],这种二极管的电阻与外部偏置相关,不仅有利于匹配网络设计,而且可以减少寄生损耗。例如,对于一个 900Ω 的自旋二极管,提取的结电容和串联电阻分别仅为 10fF 和 1Ω。另一个有助于降低损耗的因素是可以降低结电容,并进一步改善频率性能。

5.5 升压效率

5.5.1 商业化电路

为了用整流后的直流电流为后置电路供电,需要一种升压 DC-DC 变换器来提升电压幅度,以满足不同输入电压下的要求,并具有良好的效率。此外,高频 DC-DC 变换器能够缩小无源部件的尺寸,降低无源部件的参数,这些无源部件用于去耦滤波器、能量存储和管理的设计。这种 DC-DC 变换器模块已经商业化很长时间了。例如,德州仪器(TI)发布了包括低功率变换器在内的 DC-DC 变换器产品[95],这款低功耗转换器可实现 1.5~7.5V 的升压。具有远场射频能量采集单元的自维持传感器平台及其基于商用组件的电源管理模块如图 5.21 所示[96]。

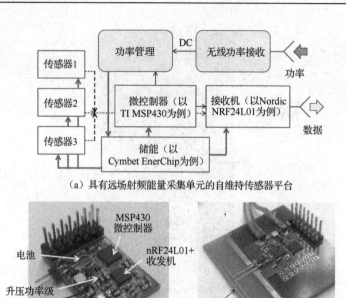

图 5.21 具有远场射频能量采集单元的自维持传感器平台及其基于商业组件的电源管理模块

5.5.2 引人瞩目的实验结果

日本研究人员提出了一种采用非连续导通模式（DCM）的降压-升压型 DC-DC 变换器，在 0.8V 的低输入电压下，负载变化范围为 400~4000Ω 时，其升压效率可达 80%以上[97]。将此升压变换器与 F 类整流器集成在一起，当负载从 100Ω 变为 5000Ω 时，总效率达到 60%。

上海交通大学对级联升压-降压变换器进行了类似的改进，如图 5.22 所示[98]，其变换效率约为 90%，因为开关损耗将在低功率电平中占主导地位，这种转换器适用于中等或大输入功率范围。帕维亚大学开发了一种低功率管理系统，包括一个两级自启动升压变换器[99]。输入功率从 2.5μW 到 1mW 变化时，这种无电池系统表现出稳定的电荷转移效率（55%）。

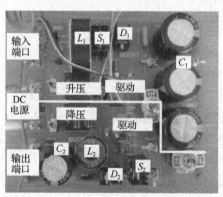

图 5.22 参考文献[98]中报道的级联升压降压 DC-DC 变换器

5.6 结论

尽管整流天线技术并不是新技术，早期的工作是从 20 世纪 70 年代到 20 世纪 90 年代在瓦（W）和毫瓦（mW）级上研究整流天线的原理的，但现在的情景却正在推动创新工作向着微瓦（μW）级水平发展。我们在本章中已经看到，除经典的方式（采用高效天线、升压转换器，降低二极管寄生效应）之外，在这种功率下，整流器的效率可以通过许多新方式得到改善（如增加采集的能量，增加二极管的非线性，在较低温度下工作，构建具有更高结电阻二极管的电路）。另一个研究课题已经提出？过去几年，由于实际环境中输入功率的变化很大，这个课题就是动态范围地增加，而这也形成了一个充满希望的挑战。

5.7 参考文献

[1] T.-W. Yoo and K. Chang, "Theoretical and experimental development of 10 and 35 GHz rectennas," *IEEE Trans. Microw. Theory and Techn.*, vol. 40, pp. 1259-1266, 1992.

[2] K. M. K. Komurasaki, W. Hatakeyama, Y. Okamoto, S. Minakawa, M. Suzuki, K. Shimamura, *et al.*, "Microstrip antenna and rectifier for wireless power transfar at 94 GHz," in *Proc. Wireless Power Transf. Conf.*, 2017, pp. 1-3.

[3] H.-K. Chiou and I.-S. Chen, "High-Efficiency Dual-Band On-Chip Rectenna for 35-and 94-GHz Wireless Power Transmission in 0.13-mm CMOS Technology," *IEEE Trans. Microw. Theory and Techn.*, vol. 58, pp. 3598-3606, 2010.

[4] S. Hemour, C. H. Lorenz, and K. Wu, "Small-footprint wideband 94 GHz rectifier for swarm micro-robotics," in *IEEE MTT-S Int. Microw. Symp. Dig.*, 2015, pp. 1-4.

[5] N. Weissman, S. Jameson, and E. Socher, "W-band CMOS on-chip energy harvester and rectenna," in *IEEE MTT-S Int. Microw. Symp. Dig.*, 2014, pp. 1-3.

[6] H. Gao, M. K. Matters-Kamrnerer, P. Harpe, D. Milosevic, U. Johannsen, A. van Roermund, *et al.*, "A 71 GHz RF energy harvesting tag with 8% efficiency for wireless temperature sensors in 65nm CMOS," in *Proc. IEEE Radio Freq. Integr. Circuits Symp.*, 2013, pp. 403-406.

[7] H. Gao, M. K. Matters-Kammerer, D. Milosevic, A. van Roermund, and P. Baltus, "A 62 GHz inductor-peaked rectifier with 7% efficiency," in *Proc. IEEE Radio Freq. Integr. Circuits Symp.*, 2013, pp. 189-192.

[8] K. Hatano, N. Shinohara, T. Mitani, T. Seki, and M. Kawashima, "Development of improved 24 GHz-band class-F load rectennas," in *Proc. IEEE MTT-S Int. Microw. Workshop Ser. Innovative Wireless Power Transmiss.: Technol., Syst., Appl.*, 2012, pp. 163-166.

[9] N. Shinohara and H. Matsumoto, "Experimental study of large rectenna array for microwave energy transmission," *IEEE Trans. Microw. Theory and Techn.*, vol. 46, pp. 261-268, 1998.

[10] Y. Kobayashi, H. Seki, and M. Itoh, "Improvement of a rectifier circuit of rectenna element

for the stratosphere radio relay system (in Japanese)," in *Proc. IEICE B,* 1993, pp. 2-37.

[11] T. Saka, "An experiment of a C band rectenna," in *Proc. SPS97,* 1997, pp. 251-253.

[12] Y. Fujino, M. Fujita, N. Kaya, S. Kunimi, M. Ishii, N. Ogihara, *et al.*, "A dual polarization microwave power transmission system for microwave propelled airship experiment," in *Proc. ISAP'96,* 1996, vol. 2, pp. 393-396.

[13] J. McSpadden, K. Chang, and A. Patton, "Microwave power transmission research at Texas A&M University," *Space Energy Transport.,* vol. 1, pp. 368-393, 1996.

[14] T. Shibata, Y. Aoki, M. Otsuka, T. Idogaki, and T. Hattori, "Microwave energy transmission system for microrobot," *IEICE Trans. Electron.,* vol. 80, pp. 303-308, 1997.

[15] L. W. Epp, A. R. Khan, H. K. Smith, and R. P. Smith, "A compact dual-polarized 8.51 GHz rectenna for high-voltage (50 V) actuator applications," *IEEE Trans. Microw. Theory and Techn.,* vol. 48, pp. 111-120, 2000.

[16] W. C. Brown, "An experimental low power density rectenna," in *IEEE MTT-S Int. Microw. Symp. Dig.,* 1991, pp. 197-200.

[17] J. O. McSpadden, L. Fan, and K. Chang, "A high conversion efficiency 5.8 GHz rectenna," in *IEEE MTT-S Int. Microw. Symp. Dig.,* 1997, pp. 547-550.

[18] R. J. Gutmann and J. M. Borrego, "Power combining in an array of microwave power rectifiers," *IEEE Trans. Microw. Theory and Techn.,* vol. 27, pp. 958-968, 1979.

[19] W. C. Brown, "The history of the development of the rectenna," in *Proc. SPS Microw. Syst. Workshop at JSC-NASA,* 1980, pp. 271-280.

[20] J. Koomey, S. Berard, M. Sanchez, and H. Wong, "Implications of historical trends in the electrical efficiency of computing," *IEEE Ann. History Comput.,* vol. 33, pp. 46-54, 2011.

[21] J. Koomey and S. Naffziger, "Moore's Law might be slowing down but not energy efficiency," *IEEE Spectrum.,* vol. 31, 2015.

[22] S. Hemour, Y. Zhao, C. H. P. Lorenz, D. Houssameddine, Y. Gui, C.-M. Hu, *et al.*, "Towards low-power high-efficiency RF and microwave energy harvesting," *IEEE Trans. Microw. Theory and Techn.,* vol. 62, pp. 965-976, 2014.

[23] Philips Semiconductors. "General purpose operational amplifier mA741/mA741C/SA741C," mA741 datasheet, Aug. 1994.

[24] Texas Instruments, "LMC6041 CMOS Single Micropower Operational Amplifier," LMC6041 datasheet, 2001.

[25] Texas Instruments, "LPV511 Micropower, Rail-to-Rail Input and Output Operational Amplifier," LPV511 datasheet, 2005.

[26] Maxim Intgrated, "MAX44264 nanoPower Op Amp in a Tiny 6-Bump WLP," MAX44264 datasheet, 2010.

[27] Touchstone Semiconductor, "TS1002-04 0.8V/0.6mA Rail-to-Rail Dual/Quad Op Amps," TS1002 datasheet, 2012.

[28] Texas Instruments, "LPV801 Single Channel 450nA Nanopower Operational Amplifier,"

LPV801 datasheet, 2016.

[29] H. Sun, Y.-X. Guo, M. He, and Z. Zhong, "A dual-band rectenna using broadband yagi antenna array for ambient RF power harvesting," *IEEE Antennas Wireless Propag. Lett.*, vol. 12, pp. 918-921, 2013.

[30] H. Sun, Y.-X. Guo, M. He, and Z. Zhong, "Design of a high-efficiency 2.45 GHz rectenna for low-input-power energy harvesting," *IEEE Antennas Wireless Propag. Lett.*, vol. 11, pp. 929-932, 2012.

[31] J. O. McSpadden, T. Yoo, and K. Chang, "Theoretical and experimental investigation of a rectenna element for microwave power transmission," *IEEE Trans. Microw. Theory and Techn.*, vol. 40, pp. 2359-2366, 1992.

[32] W. Brown and J. Triner, "Experimental thin-film, etched-circuit rectenna," in *IEEE MTT-S Int. Microw. Symp. Dig.*, 1982, pp. 185-187.

[33] W. C. Brown, "Optimization of the efficiency and other properties of the rectenna element," in *IEEE MTT-S Int. Microw. Symp. Dig.*, 1976, pp. 142-144.

[34] Y.-J. Ren and K. Chang, "5.8 GHz circularly polarized dual-diode rectenna and rectenna array for microwave power transmission," *IEEE Trans. Microw. Theory and Techn.*, vol. 54, pp. 1495-1502, 2006.

[35] S.-M. Han, J.-Y. Park, and T. Itoh, "Dual-fed circular sector antenna system for a rectenna and a RF receiver," in *Proc. 34th Eur. Microw. Conf.*, 2004, pp. 1089-1092.

[36] J. O. McSpadden, L. Fan, and K. Chang, "Design and experiments of a high-conversion-efficiency 5.8 GHz rectenna," *IEEE Trans. Microw. Theory and Techn.*, vol. 46, pp. 2053-2060, 1998.

[37] J. O. McSpadden and K. Chang, "A dual polarized circular patch rectifying antenna at 2.45 GHz for microwave power conversion and detection," in *IEEE MTT-S Int. Microw. Symp. Dig.*, 1994, pp. 1749-1752.

[38] S. Kim, R. Vyas, J. Bito, K. Niotaki, A. Collado, A. Georgiadis, *et al.*, "Ambient RF energy-harvesting technologies for self-sustainable standalone wireless sensor platforms," *Proc. IEEE*, vol. 102, pp. 1649-1666, 2014.

[39] C. H. P. Lorenz, S. Hemour, and K. Wu, "Physical mechanism and theoretical foundation of ambient RF power harvesting using zerobias diodes," *IEEE Trans. Microw. Theory and Techn.*, vol. 64, pp. 2146-2158, 2016.

[40] M. Pinuela, P. D. Mitcheson, and S. Lucyszyn, "Ambient RF energy harvesting in urban and semi-urban environments," *IEEE Trans. Microw. Theory and Techn.*, vol. 61, pp. 2715-2726, 2013.

[41] C. Song, Y. Huang, J. Zhou, J. Zhang, S. Yuan, and P. Carter, "A highefficiency broadband rectenna for ambient wireless energy harvesting," *IEEE Trans. Antennas Propag.*, vol. 63, pp. 3486-3495, 2015.

[42] A. Mavaddat, S. H. M. Armaki, and A. R. Erfanian, "Millimeter-Wave Energy Harvesting

Using Microstrip Patch Antenna Array," *IEEE Antennas Wireless Propag. Lett.*, vol. 14, pp. 515-518, 2015.

[43] A. Mavaddat, S. H. M. Armaki, and A. R. Erfanian, "Millimeter-Wave Energy Harvesting Using 4 _ 4 Microstrip Patch Antenna Array," *IEEE Antennas Wireless Propag. Lett.*, vol. 14, pp. 515-518, 2015.

[44] T. S. Almoneef, H. Sun, and O. M. Ramahi, "A 3-D folded dipole antenna array for far-field electromagnetic energy transfer," *IEEE Antennas Wireless Propag. Lett.*, vol. 15, pp. 1406-1409, 2016.

[45] S. Shao, K. Gudan, and J. J. Hull, "A mechanically beam-steered phased array antenna for power-harvesting applications [Antenna Applications Corner]," *IEEE Antennas Propag. Mag.*, vol. 58, pp. 58-64, 2016.

[46] K. Noguchi, N. Nambo, H. Miyagoshi, K. Itoh, and J. Ida, "Design of high-impedance wideband folded dipole antennas for energy harvesting applications," in *Proc. IEEE 4th Asia-Pacific Conf. Antennas Propag. (APCAP)*, 2015, pp. 257-258.

[47] N. Shinohara and Y. Zhou, "Development of rectenna with high impedance and high Q antenna," in *Proc. Asia-Pacific Microw. Conf.*, 2014, pp. 600-602.

[48] M. Arrawatia, M. S. Baghini, and G. Kumar, "Broadband RF energy harvesting system covering CDMA, GSM900, GSM1800, 3G bands with inherent impedance matching," in *IEEE MTT-S Int. Microw. Symp. Dig.*, 2016, pp. 1-3.

[49] C. Song, Y. Huang, J. Zhou, and P. Carter, "Improved ultrawideband rectennas using hybrid resistance compression technique," *IEEE Trans. Antennas Propag.*, vol. 65, pp. 2057-2062, 2017.

[50] H. Saghlatoon, T. Björninen, L. Sydänheimo, M. M. Tentzeris, and L. Ukkonen, "Inkjet-printed wideband planar monopole antenna on cardboard for RF energy-harvesting applications," *IEEE Antennas Wireless Propag. Lett.*, vol. 14, pp. 325-328, 2015.

[51] S. Korhummel, D. G. Kuester, and Z. Popoviæ, "A harmonicallyterminated two-gram low-power rectenna on a flexible substrate," in *Proc. Wireless Power Transf. Conf.*, 2013, pp. 119-122.

[52] Y.-S. Chen and C.-W. Chiu, "Maximum Achievable Power Conversion Efficiency Obtained Through an Optimized Rectenna Structure for RF Energy Harvesting," *IEEE Trans. Antennas Propag.*, vol. 65, pp. 2305-2317, 2017.

[53] C. Song, Y. Huang, J. Zhou, P. Carter, S. Yuan, Q. Xu, *et al.*, "Matching network elimination in broadband rectennas for high-efficiency wireless power transfer and energy harvesting," *IEEE Trans. Ind. Electron.*, vol. 64, pp. 3950-3961, 2017.

[54] E. Vandelle, P. Doan, D. Bui, T. Vuong, G. Ardila, K. Wu, *et al.*, "High gain isotropic rectenna," in *Proc. Wireless Power Transf. Conf.*, 2017, pp. 1-4.

[55] I. J. Bahl and D. K. Trivedi, "A Designer's Guide to Mcrostrip Line," *Microwaves*, 1977.

[56] D. M. Pozar, *Microwave Engineering*. Hoboken, NJ, USA: John Wiley & Sons, 2009.

[57] A. M. Niknejad, *Electromagnetics for High-Speed Analog and Digital Communication Circuits*, 1st ed. Cambridge, U.K.: Cambridge Univ. Press, 2007.

[58] H.W. Bode, *Network analysis and feedback amplifier design,* Princeton, NJ, USA: Van Nostrand, 1945.

[59] R. M. Fano, "Theoretical limitations on the broadband matching of arbitrary impedances," *J. Franklin Inst.,* vol. 249, pp. 57-83, 1950.

[60] C. H. P. Lorenz, S. Hemour, W. Li, Y. Xie, J. Gauthier, P. Fay, et al., "Breaking the Efficiency Barrier for Ambient Microwave Power Harvesting With Heterojunction Backward Tunnel Diodes," *IEEE Trans. Microw. Theory and Techn.,* vol. 63, pp. 4544-4555, 2015.

[61] A. Collado and A. Georgiadis, "24 GHz substrate integrated waveguide (SIW) rectenna for energy harvesting and wireless power transmission," in *IEEE MTT-S Int. Microw. Symp. Dig.*, 2013, pp. 1-3.

[62] C. H. Petzl Lorenz, "Mécanismes physiques et fondements théoriques de la récupération d'énergie micro-ondes ambiante pour les dispositifs sans fil à faible consommation," M.Sc., Electr. Eng. Dept., Polytechnique Montréal, Montreal, Canada, 2015.

[63] D. Wang, M.-D. Wei, and R. Negra, "Design of a broadband microwave rectifier from 40 MHz to 4740 MHz using high impedance inductor," in *Proc. Asia-Pacific Microw. Conf.*, 2014, pp. 1010-1012.

[64] M. Arrawatia, M. S. Baghini, and G. Kumar, "Broadband Bent Triangular Omnidirectional Antenna for RF Energy Harvesting," *IEEE Antennas Wireless Propag. Lett.,* vol. 15, pp. 36-39, 2016.

[65] D. Wang, X. A. Nghiem, and R. Negra, "Design of a 57% bandwidth microwave rectifier for powering application," in *Proc. Wireless Power Transf. Conf.*, 2014, pp. 68-71.

[66] M.-J. Nie, X.-X. Yang, G.-N. Tan, and B. Han, "A compact 2.45 GHz broadband rectenna using grounded coplanar waveguide," *IEEE Antennas Wireless Propag. Lett.,* vol. 14, pp. 986-989, 2015.

[67] T. W. Barton, J. M. Gordonson, and D. J. Perreault, "Transmission line resistance compression networks and applications to wireless power transfer," *IEEE J. Emerg. Sel. Topics Power Electron.,* vol. 3, pp. 252-260, 2015.

[68] D. Masotti, A. Costanzo, P. Francia, M. Filippi, and A. Romani, "A load-modulated rectifier for RF micropower harvesting with startup strategies," *IEEE Trans. Microw. Theory and Techn.,* vol. 62, pp. 994-1004, 2014.

[69] Z. Liu, Z. Zhong, and Y.-X. Guo, "Enhanced Dual-Band Ambient RF Energy Harvesting With Ultra-Wide Power Range," *IEEE Microw. Wireless Compon. Lett.,* vol. 25, pp. 630-632, 2015.

[70] A. Almohaimeed, M. Yagoub, and R. Amaya, "Efficient rectenna with wide dynamic input power range for 900 MHz wireless power transfer applications," in *Proc. IEEE Elect.*

Power Energy Conf. (EPEC), 2016 IEEE, 2016, pp. 1-4.

[71] S. H. Abdelhalem, P. S. Gudem, and L. E. Larson, "An RF-DC converter with wide-dynamic-range input matching for power recovery applications," *IEEE Trans. Circuits Syst. II, Exp. Briefs*, vol. 60, pp. 336-340, 2013.

[72] X. Y. Zhang, Z.-X. Du, and Q. Xue, "High-Efficiency Broadband Rectifier With Wide Ranges of Input Power and Output Load Based on Branch-Line Coupler," *IEEE Trans. Circuits Syst. I, Reg. Papers*, vol. 64, pp. 731-739, 2017.

[73] H. C. Torrey and C. A. Whitmer, *Crystal Rectifiers*, New York, NY, USA: McGraw-Hill, 1948.

[74] S. Herner, A. Weerakkody, A. Belkadi, and G. Moddel, "High performance MIIM diode based on cobalt oxide/titanium oxide," *Appl. Phys. Lett.*, vol. 110, p. 223901, 2017.

[75] S. Hemour and K. Wu, "Reactive nonlinearity for low power rectification," in *Proc. IEEE int. Wireless Sym. (IWS)*, 2015, pp. 1-4.

[76] V. Giordano, C. Fluhr, B. Dubois, and E. Rubiola, "Characterization of zero-bias microwave diode power detectors at cryogenic temperature," *Rev. Sci. Instrum.*, vol. 87, p. 084702, 2016.

[77] X. Gu, S. Hemour, and K. Wu, "Integrated cooperative radiofrequency (RF) and kinetic energy harvester," in *Proc. Wireless Power Transf. Conf.*, 2017, pp. 1-3.

[78] C. H. Lorenz, S. Hemour, W. Liu, A. Badel, F. Formosa, and K. Wu, "Hybrid power harvesting for increased power conversion efficiency," *IEEE Microw. Wireless Compon. Lett.*, vol. 25, pp. 687-689, 2015.

[79] F. Giuppi, K. Niotaki, A. Collado, and A. Georgiadis, "Challenges in energy harvesting techniques for autonomous self-powered wireless sensors," in *Proc. 43th Eur. Microw. Conf. (EuMC)*, 2013, pp. 854-857.

[80] J. Bito, R. Bahr, J. G. Hester, S. A. Nauroze, A. Georgiadis, and M. M. Tentzeris, "A Novel Solar and Electromagnetic Energy Harvesting System With a 3-D Printed Package for Energy Efficient Internet-of-Things Wireless Sensors," *IEEE Trans. Microw. Theory and Techn.*, vol. 65, pp. 1831-1842, 2017.

[81] A. Collado and A. Georgiadis, "Optimal waveforms for efficient wireless power transmission," *IEEE Microw.Wireless Compon. Lett.*, vol. 24, pp. 354-356, 2014.

[82] A. J. S. Boaventura, A. Collado, A. Georgiadis, and N. B. Carvalho, "Spatial power combining of multi-sine signals for wireless power transmission applications," *IEEE Trans. Microw. Theory and Techn.*, vol. 62, pp. 1022-1030, 2014.

[83] F. Bolos, J. Blanco, A. Collado, and A. Georgiadis, "RF Energy Harvesting From Multi-Tone and Digitally Modulated Signals," *IEEE Trans. Microw. Theory and Techn.*, vol. 64, pp. 1918-1927, 2016.

[84] L. Rizo, M. Ruiz, and J. García, "Device characterization and modeling for the design of UHF Class-E inverters and synchronous rectifiers," in *Proc. IEEE 15th Workshop Control*

Modeling Power Electron. (COMPEL), 2014, pp. 1-5.

[85] M. Litchfield, S. Schafer, T. Reveyrand, and Z. Popoviæ, "Highefficiency X-band MMIC GaN power amplifiers operating as rectifiers," in *IEEE MTT-S Int. Microw. Symp. Dig.*, 2014, pp. 1-4.

[86] M. Ruiz and J. Garc'ıa, "An E-pHEMT self-biased and self-synchronous class E rectifier," in *IEEE MTT-S Int. Microw. Symp. Dig.*, 2014, pp. 1-4.

[87] J.-W. Yang and H.-L. Do, "High-efficiency zvs ac-dc led driver using a self-driven synchronous rectifier," *IEEE Trans. Circuits Syst. I, Reg. Papers,* vol. 61, pp. 2505-2512, 2014.

[88] S. Dehghani and T. Johnson, "A 2.4-GHz CMOS Class-E Synchronous Rectifier," *IEEE Trans. Microw. Theory and Techn.*, vol. 64, pp. 1655-1666, 2016.

[89] M. Stoopman, S. Keyrouz, H. J. Visser, K. Philips, and W. A. Serdijn, "Co-design of a CMOS rectifier and small loop antenna for highly sensitive RF energy harvesters," *IEEE J. Solid-State Circuits,* vol. 49, pp. 622-634, 2014.

[90] M. Roberg, T. Reveyrand, I. Ramos, E. A. Falkenstein, and Z. Popovic, "High-efficiency harmonically terminated diode and transistor rectifiers," *IEEE Trans. Microw. Theory and Techn.*, vol. 60, pp. 4043-4052, 2012.

[91] K. Hamano, R. Tanaka, S. Yoshida, A. Miyachi, K. Nishikawa, and S. Kawasaki, "Design of dual-band rectifier using microstrip spurline notch filter," in *Proc. IEEE Int. Symp. Radio-Freq. Integr. Technol.*, 2016, pp. 1-3.

[92] M. Roberg, E. Falkenstein, and Z. Popoviæ, "High-efficiency harmonically-terminated rectifier for wireless powering applications," in *IEEE MTT-S Int. Microw. Symp. Dig.*, 2012, pp. 1-3.

[93] D. Allane, G. A. Vera, Y. Duroc, R. Touhami, and S. Tedjini, "Harmonic Power Harvesting System for Passive RFID Sensor Tags," *IEEE Trans. Microw. Theory and Techn.*, vol. 64, pp. 2347-2356, 2016.

[94] S. Ladan and K. Wu, "35 GHz harmonic harvesting rectifier for wireless power transmission," in *IEEE MTT-S Int. Microw. Symp. Dig.*, 2014, pp. 1-4.

[95] Texas Instruments, "AN-288 System-Oriented DC-DC Conversion Techniques," AN-288 datasheet, 2013.

[96] Z. Popović, E. A. Falkenstein, D. Costinett, and R. Zane, "Low-power far-field wireless powering for wireless sensors," *Proc. IEEE,* vol. 101, pp. 1397-1409, 2013.

[97] Y. Huang, N. Shinohara, and T. Mitani, "A constant efficiency of rectifying circuit in an extremely wide load range," *IEEE Trans. Microw. Theory and Techn.*, vol. 62, pp. 986-993, 2014.

[98] M. Fu, C. Ma, and X. Zhu, "A cascaded boost-buck converter for highefficiency wireless power transfer systems," *IEEE Trans. Ind. Informat.*, vol. 10, pp. 1972-1980, 2014.

[99] E. Dallago, A. L. Barnabei, A. Liberale, G. Torelli, and G. Venchi, "A 300-mV Low-Power Management System for Energy Harvesting Applications," *IEEE Trans. Power Electron.*, vol. 31, pp. 2273-2281, 2016.

第II部分：应用

6

远场能量收集和后向散射通信

萨曼·纳德利帕里齐（Saman Naderiparizi）[1]　亚伦（Aaron N. Parks）[1]

泽丽娜·卡佩塔诺维奇（Zerina Kapetanovic1a）　史密斯（Joshua R. Smith）[2]

6.1 引言

在过去的近70年中，计算的能源效率一直呈指数提高。实际上，当今的微电子技术比早期的电子计算机（如ENIAC）节能万亿倍[1][2]。在21世纪初，这种能源效率呈逐步提高的趋势，使得仅利用传播的无线电波为通用微控制器和低功率传感器供电成为可能[3]~[5]。与其他传递或收集能量的方法相比，射频收集的好处是只需要进行能量转换的天线连接着内含的器件。而其他形式的能量收集需要非标准的材料和组件，如光伏电池、热电结或机械发电机，而不仅仅是普通的导体和半导体。与太阳能、热能或振动收集相比，环境射频能量收集还有一个附加的优势，就是通常能够不停机工作，从而可以使低功率环境射频收集设备无需电池。

射频能量收集最常见的用途之一是射频识别系统。RFID标签通常用于库存管理系统，由一个低成本的印制天线和一个射频供电的通信IC组成。读卡器或询问器为标签供电并与之通信，通常传输简单的信息，如标签的ID号。除替代条形码的应用外，射频识别还没有得到广泛的应用，但早期采用增强型射频识别技术的研究者已经将此技术使用在诸如飞机轮胎气压监测等应用中[6]。正如本章所述，RFID有成熟的技术基础，它被推进到结构健康监测、采能发光系统[13]，以及无电池安全摄像机等领域。

近年来，已经探索了射频能量分发与收集在各种平台上的应用，已扩展到了普通的射频识别标签之外。如图6.1所示，这些平台的射频能量来源可以是"种植型"的，如RFID读卡器或近场通信读卡器（相当于UHF RFID的近场），也可以是"野生型"的，如电视广播和蜂窝站塔的能量。

图6.1中，"种植型"是指需要专门输送能量。"野生型"则是指能量广泛存在于环境中，不需要额外的基础设施。本章将重点放在收集"种植型"和"野生型"能源的远场系统上。近场环境能量包括60Hz电力线的泄漏，这是我们尚未彻底探索的领域。

---

1 美国华盛顿大学电气工程系
2 美国华盛顿大学计算机科学与工程学院和电气工程系

	种植型	野生型
近场	NFC WISP [7] WREL [8]	捕获 60 Hz 的泄漏
远场（本章）	WISP [4][5] WISPCam [10]~[12]	环境射频收集 [9][29] 环境后向散射

图 6.1 射频供电系统

本章将重点介绍近年来研究的基于远场无线能量传输的方法和应用。我们探讨的第一个系统是无线识别和传感平台（WISP），以及它的最新版本之一——无电池摄像头 WISPCam。WISP 和 WISPCam 都从 RFID 阅读器获取能量，后者是一种"种植型"能源。然后继续讨论环境射频收集系统和环境后向散射系统，这些系统尝试以新途径从电视广播塔收集和使用能量，而后者就是"野生型"无线能源的实例。

6.2 种植型射频能量收集

最近的研究表明，采用无源射频识别技术进行无电池传感是可行的。促成许多此类传感应用的主要构建基石就是无线识别和传感平台（WISP）。在下面一小节将介绍 WISP 的发展历史，然后再讨论其的一个重要应用，即使用无电池的 WISP 实现图像获取。

6.2.1 WISP

无线识别和传感平台（WISP）的概念始于 2004 年，当时研究者对老年护理的应用非常感兴趣，更具体地说，他们致力于寻求以下关键问题的答案，即如何构建无电池传感器以在用户与对象的交互中实现感知。

引入 α-WISP 来解决上述这个问题[3]，α-WISP 使用两个反向平行的汞开关复用两个商用超高频 RFID 标签，后者带有两个不同的电子产品代码（EPC）ID。α-WISP 从根本上形成一个 1 位分辨率的加速度计，当它向一个方向倾斜时发送一个 ID；当它向另一个方向倾斜时，向 RFID 读卡器发送另一个 ID。α-WISP 是第一个传输传感器数据的 RFID 标签，也是尚未设计 RFID 并加以应用的应用场景。

2005 年后期开发的 π-WISP 系统能够发送任意传感器数据[14]。π-WISP 类似于 α-WISP，也有两个 RFID 芯片，通过电子开关与天线多路复用。开关由一个低功耗的微控制器控制，控制器通过编程读取传感器数据。基于二极管的 Dickson 电荷泵能源系统为传感器和微控制器提供电源。控制器交替为 RFID 芯片的传感器数据流编码，由于 π-WISP 的 ID 是由软件（而不是 α-WISP 中的机械汞开关）生成的，因此它能够生成任何复杂的任意比特流。然而，由于长 ID（通常是 96bit）带来的巨大通信开销，导致 π-WISP 的传输比特率低。

2006 年设计了 WISP 的第一个版本，并用软件成功实现了第 1 类第 1 代完整的 RFID[5]。WISP 是一个可编程的射频供电 RFID 标签，它使用微控制器来解决协议栈，以及与传感器的接口问题。不同于通信开销很大的 α 和 π-WISP，WISP 能够使用部分（或全部）标签 ID 来发送传感器数据，随着 WISP 越来越成熟，RFID 协议也在不断改进。在引进 EPC 第 1 类第 2 代 RFID 协议（提高了 RFID 标签的读取速率）后，开发了一个新版本的 WISP 固件，已实现了第 2 代 RFID 协议的 MAC 层[15]。

目前，最新版本的 WISP 被称为 WISP 5.1，它首先符合商业 RFID 读卡器支持的最高标签读取速率，其次其具有更好的固件接口。除此之外，因为采用了更高效的能源收集系统，WISP5.1 的工作范围从早期版本的 4m 增大到了 10m 左右。WISP 5 和 WISP 5.1 由华盛顿大学设计，并得到了国家科学基金的支持。

WISP 5 是一个开放的源码平台，其硬件设计文件和固件都是可用的[16]。截至目前，全球的 100 多个研究机构已经发布了 300 多个 WISP 5，还有许多研究原型可利用 WISP 5 平台。WISPCam 是在 WISP 5 平台上开发的一种重要的研究原型，它是一种无电池的 RFID 相机。两个不同的 WISPCam 原型如图 6.2 所示。下面将解释 WISPCam 和其他无电池传感器之间的主要区别。

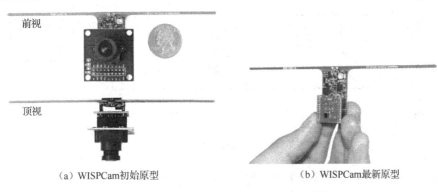

（a）WISPCam 初始原型　　　　　　（b）WISPCam 最新原型

图 6.2　两个不同的 WISPCam 原型[11][22]

大多数无电池传感系统意在面向简单应用，如温度或光强的传感[29]，以及更流行的如神经信号[17]和特定的运动传感[18]。最近，基于射频识别（RFID）的传感系统已进入商业市场，它覆盖了广泛的应用领域，包括但不限于应力监测、采能发光和飞机轮胎压力监测[6][13]。在最近的研究中，研究人员开发并展示了 WISPCam，这被认为是世界上第一个完全无线、无电池和基于 RFID 的相机。证明了除射频识别（RFID）外，它还能够利用 WiFi 信号为传感器（包括摄像头）供电[21]。

与其他传感器相比，摄像机传感器提供了丰富的信息内容输出。摄像机拍摄的图像可用于从监视到自动驾驶汽车的各种应用中。大多数无电池传感平台的目标是低功耗和低数据速率的传感器，而摄像机则位于产品谱系的另一端，它需要更大的功率才能工作，并需要更高的无线媒体数据速率来传输信息。例如，一个温度传感器只需消耗几微焦耳的能量来提供几个字节的数据，但是一个相机则需要消耗几十毫焦耳的能量来获取一幅高达数千字节的数据图像[10]。

在过去几年中，WISPCam 从功能上已经从仅仅的图像获取设备扩展到能够执行更复杂任务的平台，因此有望应用于更为智能的场景。体现这些进展的三个实例是[11]：通过无源红外传感器触发的无电池监控摄像头、可以自我定位的免电池摄像机网络[20]、将计算要求高的任务卸载到 RFID 读卡器以实现人脸检测和识别。下一小节将更详细地讨论 WISPCam 的设计及其应用。

6.2.2 WISPCam

图 6.3 给出了 WISPCam 的顶层组成框图，该收集系统包括吸收 RFID 读取器射频信号的天线、基于分离部件的阻抗匹配网络、基于单级 RF Dickson 电荷泵架构的射频-直流变换级，其中电荷泵里应用了 Avago 公司的 HSMS-285C 型肖特基势垒二极管，以及基于德州仪器 BQ 25570 的高效率 DC-DC 升压变换器。用一个 AVX 公司的 BestCap 系列超级电容器来存储从射频电波获得的能量。

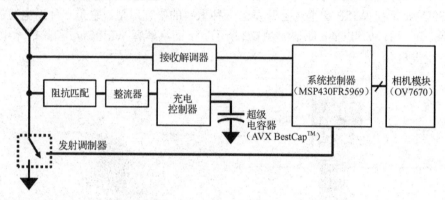

图 6.3　WISPCam 的顶层组成框图[22]

如图 6.3 所示，天线通过能量收集器吸收射频电波，后者由一个射频整流器和一个直流升压变换器组成。收获的能量将储存在超级电容器里，该系统控制器在一个低功耗微控制器上实现。后向散射通信是基于 WISP 5.0 实现的[23]。

阅读器到标签的通信（下行链路）是使用包络检波器和功率门控的幅移键控（ASK）解调器实现的，解调器的输出连接到德州仪器（TI）的 MSP430FR5969 微控制器上，该微控制器通过运行开源固件来处理 EPC C1G2 协议[23]。通过使用图中的发射调制器开关来调制匹配天线的阻抗，微控制器利用后向散射通信对 RFID 阅读器的查询发出响应。

Omnivision 公司的 OVM7690（初始版本为 OV7670）型摄像机是 WISPCam 的传感负载，与之前无电池传感负载记录字节的典型数据量相比，相机产生的数据量相对较大，比每次传感工作消耗的能量多 1000 倍。微控制器与相机连接并将其图像数据存储到 FRAM 中，FRAM 是一种低功耗的非易失性存储器。FRAM 的应用使 WISPCam 具有重要的休眠能力，这样的话万一在图像传输过程中其电源耗尽，一旦 WISPCam 再次收集到足够的能量，其就能够在不丢失任何图像数据的情况下尽快从中断的地方恢复传输。

与其他周期循环工作的无电池平台一样，WISPCam 也具有间歇型工作模式。原则上，为了给摄像机模块提供能源，WISPCam 通过射频能量收集将电容器充电到一个较高的阈值 V_{max}，然后放电直到达到最低工作电压 V_{min}，这一过程如图 6.4（a）所示。在放电周期中，电容器向系统输送的能量必须与负载所需的能量相匹配，在这种情况下，如图 6.4（b）所示为获取和传输照片所需的能量。按照图 6.4（b）中提供的经验数据，获取和存储 176×144 像素（QCIF）的灰度图像至少需要 10mJ 的能量（分辨率更高的图像需要消耗更多的能量）。因为图像获取是一种原子级动作，所以超级电容器至少提供 10mJ 的功率以确保 WISPCam

正常工作,这一点至关重要。

如图 6.4 所示,电荷库先通过射频方式充电到最高电压 V_{max},在达到 V_{max} 阈值后,电荷库才放电到最低电压 V_{min}[22]。

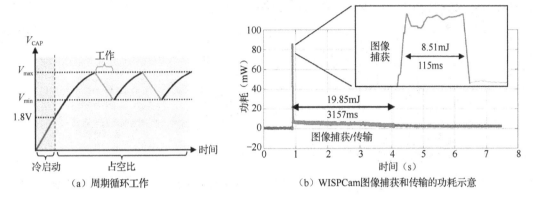

图 6.4　WISPCam 的周期循环工作及其图像捕获和传输的功耗示意

随着收集器输入功率的降低,WISPCam 的周期循环频率降低,这相当于将 WISPCam 放置在离 RFID 阅读器更远的地方。换句话说,如果离 RFID 阅读器更近,用户从 WISPCam 获得新的图像会经历更短的帧间时间,如图 6.5 所示。

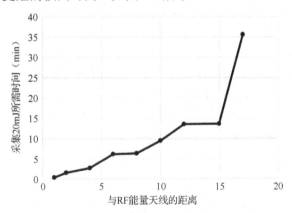

图 6.5　WISPCam 的帧间时间与 RFID 阅读器的距离[22]

6.2.3　应用

WISPCam 利用射频收集能量来实现无电池成像,并采用低功率后向散射通信传输图像。WISPCam 还可以利用其低功耗微控制器来处理所获取的图像,但由于功率限制,其计算能力很有限。

为了实现广泛的应用,WISPCam 需要通过智能化有效地规划其工作,并将其工作负荷分散到平台计算机和主机 PC(云)。相比之下,像 WISPCam 这样的设备由于缺乏基于目标应用的图像获取智能化手段,可能会持续收集和传输一些无关信息的数据。这不仅降低了整个网络的性能,而且增加了 WISPCam 的平均功耗。例如,在某个场景中,一个 WISPCam 被用作监控摄像头,它应该只捕捉在其视野范围内发生的某种形式的移动。

图6.6给出了WISPCam系统布局的组成框图，以及如何在WISPCam和云之间平衡任务，从而使WISPCam能够克服它的计算限制。本质上，WISPCam可以通过少量运算或基于应用的低功率触发输入来压缩后向散射数据。然后在更高级别的处理中，可以将繁重的计算任务转移到云计算，以克服计算和数据存储的限制。

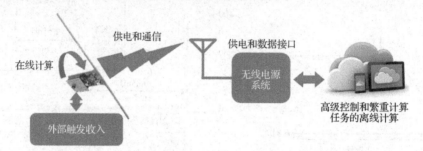

图6.6 WISPCam部署的高层次组成框图及其必需的组件（允许将计算要求很高的任务转移到主机PC（云）[11]

在下文中，将 WISPCam 支撑的应用分为两大类：①计算量少的应用，②计算量要求高的应用。

1. 低计算量应用

利用功率受限的平台微控制器，WISPCam可以执行简单的任务，在传输之前对获取的图像无须处理或仅需要最小限度的处理。下面将讨论其中的一些应用。

1）模拟仪表监测

在微电子产业中，有许多半导体制造厂使用大量的模拟仪表，尽管这些模拟仪表通常位于难以接近的地方，但又需要频繁的监控。WISPCam是一个监测这些仪表的有效手段，因为它的无电池和无线属性，所以系统所需维护甚少，成本效率很高。同样，监测储气罐上的模拟压力表也很有意义，如监测氢气罐上的模拟压力表以确定何时需要更换。在图6.7所示的装置中，WISPCam朝向一个氢气罐的模拟仪表，图中还给出了一些由WISPCam采集的图像样本。

（a）将WISPCam面向模拟仪表

图6.7 使用WISPCam监测模拟仪表[22]

（b）样本图像 1　　　　　　　（c）样本图像 2　　　　　　　（d）样本图像 3

图 6.7　使用 WISPCam 监测模拟仪表[22]（续）

2）监视摄像机

WISPCam 也可以用于安全和监视。与现有的监视系统相比，WISPCam 的优势在于它是无线和无电池的，因此消除了潜在的隐患，如断电导致的系统瘫痪。此外，WISPCam 集成了无源红外（PIR）运动传感器，仅在检测到运动时才触发图像采集。PIR 传感器仅消耗几微瓦的功率，因此可以始终由能量收集器供电。每当无源红外传感器在其环境中检测到运动时，都会触发 WISPCam 的图像采集和传输流程。在需要监视环境中的意外变化的场景中，此功能很有用。为了验证 WISPCam 在这种情况下的适用性，它朝向半开的门，且保持无源红外传感器始终处于工作状态。图 6.8 显示了由无源红外传感器触发 WISPCam 采集的样本图像，和网络摄像头采集的真实图像。

（a）样本图像　　　　　　（b）网络摄像头采集的图像

图 6.8　由无源红外（PIR）传感器触发 WISPCam 采集的样本图像和网络摄像头采集的图像[11]

3）自定位摄像机

定位是使我们能够更好地利用传感器节点的一个关键问题，由于电源和计算的限制，这个问题对于无电池标签更具挑战性。图像采集的位置信息可以支持一些与位置紧密相关的应用，其实例包括环境建模、三维物体重建，以及位置触发的图像采集，后者可用一个位置感知 WISPCam 实现。

只要在视场中有一条光学线索，就可以重复利用 WISPCam 平台相机进行光学自定位。图像平面上点的投影，其三维坐标在现实中是已知的，可以作为 n-透视点（PnP）算法的输入，然后算法就能对相机进行姿态估计。一般情况下，$n \geq 3$ 的 PnP 问题是可以求解的，但 $n=3$ 这一特殊态可能会引入一些模糊性，因为它可能不返回唯一的解，因此选择 $n=4$ 来定位 WISPCam。为此，在 WISPCam 视野中的 4 个已知位置放置 4 个由无电池 RFID 标签（LED-WISP）驱动和控制的 LED。为了检测图像平面上 LED 的纵坐标，WISPCam 采集了两幅背靠背的图像，第一幅图像称为前景，图中 4 盏 LED 灯都打开；第二幅图像称为背景，图中 4 盏 LED 灯都关闭。通过将这两幅图像简单相减，在得到的图像中 WISPCam 可以搜寻与 LED 等对应的 4 个亮点。如图 6.9 所示就是前景图像、背景图像、前景-背景图像所得的示例。

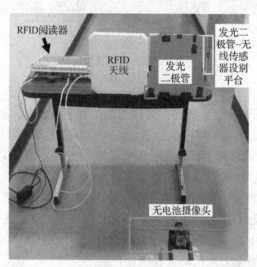

（a）本地化设置

（b）前景图像样本　　　　（c）背景图像样本　　　　（d）相减图像样本

图 6.9　WISPCam 的本地化设置，以及前景、背景和减去的图像样本

图 6.9 中，WISPCam 没有发送整个图像，而是只发送 4 个 LED 坐标，这些坐标是通过从前景图像减去背景图像来检测的[11][20]。

LED-WILP 连续监测 WISPCam 和 RFID 阅读器之间的通信，一旦 LED-WISP 检测到 WISPCam 和 LED-WISP 可同时识别的安全密钥，它就会重新设置计时器并与 WISPCam 同步。此时 LED-WISP 将确知 WISPCam 何时采集前景和背景图像，因此它可以保证 4 个 LED 在 WISPCam 获取前景图像时是打开的，而在 WISPCam 捕获背景图像时 LED 被关闭。WISPCam、LED-WISP、LED 和 RFID 阅读器的示例设置如图 6.9（a）所示。

利用 WISPCam 上可用的平台计算能力，可以将发送给 RFID 阅读器的总数据量从两个 140×144 图像（数据量约为 40 KB）减少到只有 4 个坐标（12 个字节的数据）。这将使带宽要求降低超过3300倍，对于一个无电池自定位相机的密集网络，这是一个重要的因素。

为了验证这种定位方法在基于 WISPCam 网络情况下的适用性和可行性，3 个 WISPCams 被放置在任意位置，使得 LED-WISP 位于它们的视场中。图6.10给出了实验装置、相机（标记为1～3）及其场景，所有的 WISPCam 和 LED-WISP 都采用 RFID 阅读器无线供电。在每个 WISPCam 计算其图像平面中的 4 个 LED 坐标后，它将坐标连同唯一的 ID 发送给 RFID 阅读器，唯一的 ID 使 RFID 阅读器，可以唯一地确定每个 WISPCam。

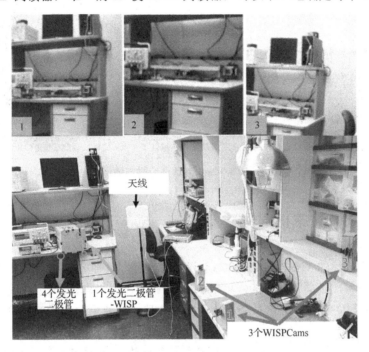

图6.10　由3个WISPCam组成的网络[20]

使用上述装置，WISPCam 可以在运行时或在安装期间进行定位，定位完成后，位置信息可以被传送到 WISPCam，以便它们确知自己的姿态和位置。这样就可以智能地向网络中的任何 WISPCam 发出指令，指挥其根据诸如视图方向等准则，采集环境中特定范围或区域的高分辨率图像。

2．高计算量应用

众所周知，计算机视觉算法是计算密集型的。例如，Viola-Jones 人脸检测算法在2.2GHz 的笔记本电脑上大约需要 426ms 来检测 VGA 图像中的人脸[24]。因此如果 Viola-Jones 算法在 WISPCam 这样的能量和计算量约束平台上实现，那么性能就会很差。其他一些计算机视觉任务的计算量要求甚至更高，如人脸识别，因此通过类似 WISPCam 平台实现这些任务需要与主机 PC 或云计算机进行协作。这里讨论了如何使用 WISPCam 进行人脸检测和识别。

研究表明，对于分辨率阈值以上的分辨率更高的图像，人脸识别一般具有较高的识别率[25]。然而，WISPCam 上可用的数据内存总量却仅仅够处理分辨率比 VGA 图像低 10 倍的图像。因此考虑到内存的限制，用 WISPCam 获取高分辨率图像并将其发送到上位机进行人脸识别是不可行的。

另一方面，与人脸识别相比，人脸检测可以在相对较低分辨率的图像上完成[26]。因此，为了实现人脸识别，WISPCam可以拍摄欠采样的分辨率为160×120的图像，然后将其发送到主机PC，主机PC可以计算面部坐标并将其发送到WISPCam。利用此信息，WISPCam可以采集高分辨率加窗的人脸图像，并将其发送回PC，这种处理方法的结果如图6.11所示。WISPCam采集的面部在每个维度上的像素密度是初始160×120图像的4倍。

（a）PC机从WISPCam采集的分辨率为160×120的图像中检测到人脸　　（b）从放大的低分辨率图像中提取人脸导致图像质量低下　　（c）WISPCam利用从主机PC接收到的面部坐标从面部采集窗口化的高分辨率图像

图6.11　WISPCam采集低分辨率的图像[11]

6.3　环境射频能量收集

前面各节中描述的WISP和WISPCam设备都利用了"种植型"（有意提供的）能量源，为了应用这种设备，必须将专设的发射机放在使用点附近。对于诸如WISP等RFID系统，发射机通常是RFID读取器，它是类似于RADAR单元的复杂而昂贵的系统。

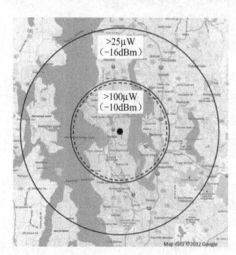

图6.12　在距特定电视广播发射机的不同距离处分别可以采集多少功率

为了保证设备在专设能量源之外还能正常工作，对环境中的其他能源进行了分析。太阳能收集是一种常用的技术，但仅在日光或光线充足的地方有效。太阳能、压电和热收集技术都需要昂贵的换能器元件。环境无线电信号虽然幅度较小（图6.12显示了在距特定电视广播发射机的不同距离处，分别可以采集多少功率），但它们是有前景的功率源，因为它们在既定环境中普遍存在，并且通常全天候存在。先前的研究表明，环境中的射频信号能够满足诸如传感器节点之类系统的能量需求[28][29]。

图6.12中，WA是我们早期进行环境射频收集工作的目标源。假设在539 MHz频率下有2dBi TX天线增益和6dBi RX天线增益，此图的轮廓表示在距电视塔不同距离处进行射频收集的可用功率。虚线表示的10.4km半径传感器节点能够启动并运行的距离[27]。

如果能够实现一个实用的射频驱动设备，那么标准RFID标签的简单性和规模经济方面的许多优点都可以得到实现[4][30]。然而，与RFID不同，该设备将能够在具有足够环境能量的任何位置工作,从而减少了对特殊基础设施的需求,并大大增加了 RFID 的应用空间。

6.3.1 电力供应途径构建

在讨论环境能量收集的挑战之前,首先分析这种电源的基本要求。

由于环境信号功率通常比负载功率低很多,因此可知我们的系统将在大部分时间处于睡眠状态并"充电"。因此,我们发现,构建一个环境射频操作电源的问题实质上是挑战,该挑战在于用电池、超级电容器或电容器等电荷存储介质收集足够的电荷,并开展有用的工作。

电池和超级电容器能够有效地储存大量能量,但遗憾的是,它们易发生泄漏,因此比起环境射频能量收集器能提供的能量,它们消耗的能量可能更多。小的通用陶瓷电容器容值小,因此泄漏也低,更适用于环境能量收集。

出于必要,我们选择了这种小型储能元件,而该选择又反过来限制了应用平台(如传感器节点)的能源预算。此外,开发环境 RF 射频能量收集设备的许多有趣和具有挑战性的工作包括寻求以更低的能量完成任务的方法,因而使该设备不会耗尽小型电源存储电容器上的电荷。本节稍后部分讨论环境后向散射时,将在此涉及这一问题。

1. 空中取能

Wi-Fi 无线收发机、蜂窝基站、AM/FM 无线电发射机、电视广播发射机等都可以视为环境射频收集的潜在目标。

我们主要关注电视信号,因为它们具有更高的功率可用性和广域覆盖范围,但一些早期的试验却对其他信号进行了研究,如蜂窝基站(BTS)传输信号。

为了从环境信号中收获能量,天线与一组射频二极管构成的整流电路连接。由于信号强度通常很低(低于-10dBm 或 100μW),由简单的半波或全波二极管整流器产生的电压将不足以驱动现代逻辑器件,后者往往需要 1~3.3V 的电压。为了得到足够的电压,我们在参考文献[27]中至少确定了两种不同的策略,即

(1)射频电荷泵:肖特基二极管基整流器结合多级电压倍增,在足够的输入功率情况下可以产生 2~3V 的电压。

(2)整流后升压:一种简单的全波整流器产生一个低电压,然后通过某种 DC-DC 变换来提高电压。

在上述第 1 类能量收集器中,通常使用的整流器拓扑是如图 6.13 所示的改进型射频 Dickson 拓扑。射频 Dickson 整流器及电荷泵利用射频输入信号本身的振荡特性,在多级电压倍增结构中泵浦电荷。

这种结构虽然易于构造,但并非最佳。随着电荷泵工作频率的提高,二极管的反向导通时间成为引起泄漏的一个重要因素,因此这种依赖于许多工作在 UHF 频率的二极管的结构可能会遭受严重的泄漏。另外,如果需要大的电压增益而使用许多二极管,则二极管压降会变得非常显著。在某种状态,继续增加这个多级电荷泵的级数,可获得的开路输出电压就不再升高,反而开始降低,同时还会极大地影响匹配负载条件下的效率。

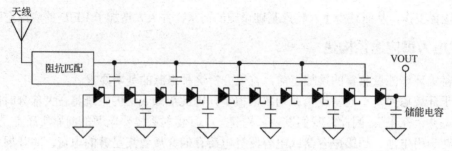

图 6.13　第 1 类 5 级射频 Dickson 电荷泵能量收集器[27]

第 2 类能量收集器首先使用单个全波整流器（与第 1 类系统的射频 Dickson 电荷泵的一个单元具有相同的拓扑）将射频信号转换为直流信号。然后通过 DC-DC 变换获得电压增益。图 6.14 示出了这种拓扑结构，尽管更为复杂，但是它允许电荷泵在更低、更合理的频率下工作，甚至允许使用基于低损耗电感器的升压变换以此来解决第 1 类系统存在的某些问题。

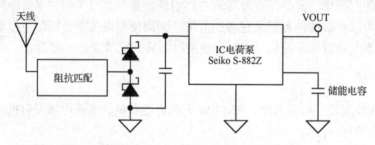

图 6.14　第 2 类使用 Seiko S-882Z 基于 IC 电荷泵的射频能量收集[27]

第 1 类和第 2 类能量收集器的一些实验结果（见图 6.15）表明：它们的性能存在若干差异。第 2 类系统中使用的 DC-DC 转换器件是精工 S-882Z 集成电路，它是一种有耗的低效率电荷泵，但其优点在于电压增益和输入灵敏度非常好，从而使收集系统能够在整流器输出低至 300mV 时启动并工作，对应到我们的实验中的射频功率约为 -18dBm。在测试中，这是当时用商业化 DC-DC 变换器可获得的最佳灵敏度。

图 6.15 中第 1 类和第 2 类收集器的灵敏度分别为 -8.8dBm 和 -18dBm。对于第 1 类，其效率为 23%～64%；对于第 2 类，其效率为 26%～45%（使用自由空间模型，射频频率为 539MHz，发射增益为 2dBi，接收增益为 6dBi，两个收集器采用 $C=160\mu F$ 的陶瓷片状电容器）[27]。

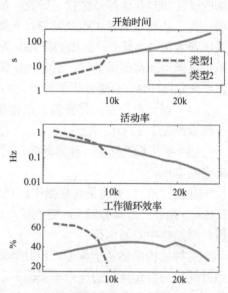

图 6.15　冷启动时间（所有节点从 0V 开始启动系统所需的时间）、启动速率和两种收集器拓扑的效率与模拟距离的关系

2. 环境射频供电的传感器节点

为了验证环境射频能量收集的实际应用，使用上一部分中介绍的第 1 类和第 2 类收集

器构造了一个能量采集传感器节点。图 6.17（a）示出了带有第 1 类和第 2 类收集器早期原型的传感器平台。

环境射频供电传感器节点的组成如图 6.16 所示，这个环境射频采集节点包括板载微控制器、某些感知功能和从板载 CC2500 2.4GHz 无线电模块（一种通用且相对节能的无线电解决方案）传输传感器测量数据或其他数据的能力。

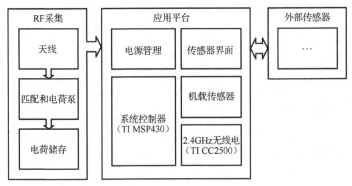

图 6.16　环境射频供电传感器节点的组成[27]

对板载微控制器进行编程，从而对光强传感器（光度计）实施采样，并使用 CC2500 无线电在数据包的净载荷中传送相应的传感器数据。可以看到，每次"感知→发射"操作大约需要 220μJ 的能量，其中大部分用于无线电发射（CC2500 的发射功率为+1dBm）。

为了捕获来自 KZJO-TV 的功率，将上述环境传感器节点调谐到 539MHz，该电视台的发射功率为 1MW，距离西雅图的华盛顿大学校园不远。传感器节点连接到标准 UHF 电视天线，在整个下午的 5.5 个小时内，采用第 2 类收集器的节点在距离 KZJO-TV 发射机 4.2 公里处，能够以接近 1Hz 的速率发射环境光强和温度。图 6.17（b）给出的是采集的数据和该"气象站"的照片。

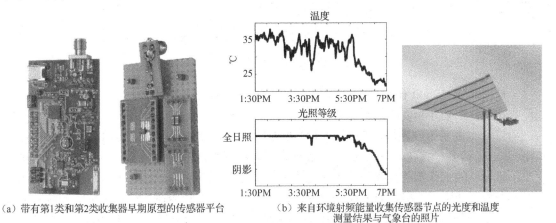

(a) 带有第1类和第2类收集器早期原型的传感器平台　　(b) 来自环境射频能量收集传感器节点的光度和温度测量结果与气象台的照片

图 6.17　带有第 1 类和第 2 类收集器早期原型的传感器平台，以及来自环境射频能量收集传感器节点的光度和温度测量结果与气象站的照片

在另一项实验中，将该节点调谐到 738MHz，以便从校园内的蜂窝基站（蜂窝塔）采集功率。该节点能够在距蜂窝塔数百米的范围内正常工作，而蜂窝塔的发射功率和占空比都是未知状态。

6.3.2 多频段能量采集

在证明了通过环境采集为传感器节点供电的基本可行性之后，重新将精力集中在解决系统的一些缺点。现实中使用环境射频能量收集的主要障碍之一是需要将系统调谐到特定频率（如电视频道或蜂窝塔传输的频率）才能工作。由于不同区域间可用的频谱资源不同，因此必须在每个部署位置结合每个案例进行静态调谐。调谐是一项费力的手动过程，还要用到昂贵的设备。显然，这不是一种广泛部署环境射频供电设备的可扩展方法。

在理想情况下，应开发一种超宽带采集器，它可以采集任何频率和所有频率的能量。但是如果深入研究这一问题，就不难发现在阻抗匹配上存在根本的限制，而阻抗匹配是将功率从天线高效转移到收集电路的必要条件（Bode-Fano 准则给出了有效阻抗匹配的带宽上限[31]）。

通过重新考虑收集器的拓扑结构，我们提出的解决方案可以克服上述限制。与其尝试构造一个与天线具有超宽带匹配的整流器，不如构造几个整流器，并对其在相邻频带上进行独立匹配[9]，图 6.18 说明了多频段收集的基本思想。

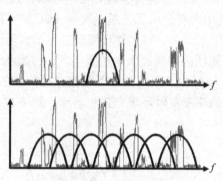

图 6.18 多频段收集的基本思想

从图 6.18 中可以看出，单频带收集器无法有效地在较大带宽上收集能量，建议的多频段收集器旨在划分和使用任意大带宽以进行有效的收集。

建议的多宽带收集器的拓扑结构如图 6.19 所示，其中每个整流器都是第 1 类射频 Dickson 电荷泵（见图 6.13）。每个整流器都通过串联带通滤波器与其他整流器隔离，这对多频段设备的工作至关重要，因为它允许每个频段独立地进行阻抗匹配。尽管未对系统进行详细分析（由于二极管的非线性行为，这是非常困难的），但假设 N 个分立的收集器可以在 N 个离散的频率点上与单个天线很好地匹配，从而可以立即在 N 个频率上采集能量而不会降低效率。

从图 6.19 中可以看出，其与使用多个天线或多端口天线不同的是使用单个宽带天线，频带以频率比 R 的几何关系进行间隔[9]。

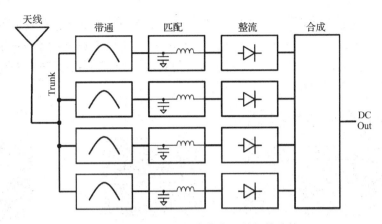

图 6.19 建议的多频带收集器的拓扑结构

与先前有关多频带收集的工作不同,上述设计仅使用一副天线和一个端口来采集多个频带的能量[32][33]。同样与先前的工作不同,而我们认为非常重要的是,多频段收集器能够同时收集和利用所有频段的能量,并且能够将其有效地合成。

1. 功率合成

将各个频段的能量合成起来并非像看起来那样易如反掌。先前的工作只是简单地将直流输出串联起来,这种方法在所有频段都被激励工作时效果很好,但是当一个或多个频段不工作时(例如,如果在一个或多个电视频道不可用)效果不佳。问题是,当一个频带不被激励时,构成整流器或电荷泵的二极管会"失配",而二极管的压降会降低系统的效率或电压灵敏度。对于多频段收集器,这种效率和灵敏度的损失对于实际应用而言就显得太大了。

我们提出解决上述问题的方法是利用"钳位二极管"网络,这一概念本质上还是一种二极管,它可以使收集器的每个未激励级都用一个或少量二极管压降来旁路。如图 6.20 所示就是一个钳位二极管网络,在多频段功率合成应用中用于提高效率和灵敏度。在测试中,如果各频段的整流器不是同时激励工作的,那么使用钳位二极管网络可将合成输出功率提高远超 100%。后续工作介绍了使用开关代替二极管的方法,这是一种更低损耗的解决方案[34]。

图 6.20 所示的钳位二极管网络可用于 3 频段收集器,输出电压将是各频段输出的总和减去少量二极管的压降,压降数量通常小于未激励频段的数量[9]。

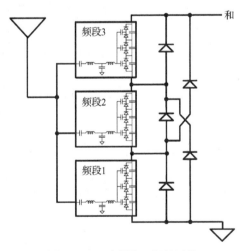

图 6.20 一个钳位二极管网络

2. 多频段收集器原型

如图 6.21 所示,用分立组件分别实现了一个 2 频段和 5 频段能量收集器型,它们在每个频段中都使用了 3 级 Dickson 电荷泵,并采用前述钳位求和的拓扑结构,并且如果实验有要求，可将它们连接到增益约为 6dBi 的宽带对数周期天线。2 频段收集器的设计频率为 539MHz 和 915MHz，分别针对校园附近的环境电视信号和 RFID 阅读器。对于 5 频段收集器，选择相邻频段之间的频率比固定为 1.5，则其设计频率分别为 267MHz、400MHz、600MHz、900MHz 和 1.35GHz。

（a）2 频段收集器　　　（b）一个具有二极管求和网络的 5 频段收集器　　　（c）尺寸为 1.5 英寸×1.2 英寸

图 6.21　两个多频段收集器[9]

图 6.21 构建了两个多频段收集器原型：一个 2 频段收集器（a）和一个具有二极管求和网络的 5 频段收集器（b），5 波段原型的尺寸为 1.5 英寸×1.2 英寸。

我们将 2 频段和 5 频段能量收集器在-10dBm（100μW）的功率电平下进行单音激励，并测量了 S_{11}（反射功率）和 RF-DC 转换效率，这些单音测试结果如图 6.22 所示。尽管这些早期原型并不总是具有最佳性能（如 5 频段收集器的最高频段测试效果不佳），但实验结果仍然令人鼓舞。

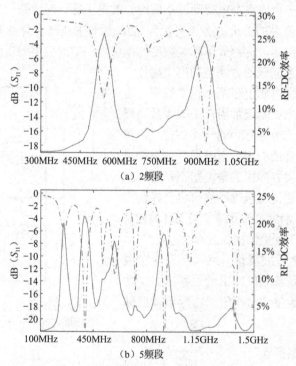

图 6.22　2 频段收集器和 5 频段收集器在-10dBm 测试功率和 100kΩ 负载下的 S_{11}（RF 端口反射功率）与 RF-DC 转换效率[9]

6.3.3 环境后向散射

在多频率下进行有效的能量收集可以使设备无须手动调整即可在许多区域工作,解决了这一挑战之后,将重点放在了问题的另一方面,即传感器节点的能耗。实际上,使用 CC2500 无线电的能量收集传感器节点可以存储足够的能量,以将传感器数据传输到外界,但是传输的数据包非常短且频次不够,在实际应用中可能需要等待几分钟甚至几个小时。电荷储存器可在传感器每次更新的间歇进行充电。降低节点本身的能量需求可以缩短充电时间,从而可以更实际地应用环境射频能量收集。

无线通信通常占无线传感器节点能耗的最大部分,如果有办法减少这一占比,那么不仅可能对环境能量收集系统有用,而且通常对传感器网络也很有用。

就像能量收集一样,解决这个问题的方法也是利用周围的无线电信号。可以将这种技术称为"环境后向散射"[35],无线传感器节点反射环境无线电信号以发送消息,而不是自己生成信号。图 6.23 给出了该应用范例的射频拓扑,进行这种调制(后向散射)所需的功率非常小,比发射无线电信号所需的功率小 3~4 个数量级,因此原本必须投入通信的传感器节点所需预算可以降低到很小的数,视具体实施情况,一般可减少到 1% 以下。

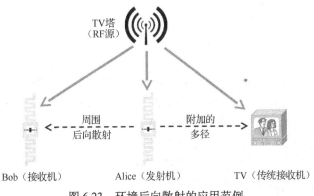

图 6.23　环境后向散射的应用范例

图 6.23 中,环境后向散射允许两个不带电池的设备之间进行通信,设备需要从环境信号中获取能量,同时调制相同能量的反射以便相互通信。对于电视接收机等传统的接收机,此信号只是多径的另一个来源,它们通常仍可以解码原始传输信号[35]。

为了验证设计的可行性,首先构建了简单的原型样机(见图 6.24),并在 2.5 英尺非常适中的距离上实现了 1kbps 的信息传输速率[35]。后续研究表明,其可以达到 1Mbps 的数据率,并且通过利用超低功率多天线处理和编码增益,传输距离可以扩展到 20m 或更远[36]。

图 6.24　第一个环境后向散射原型设备

如图 6.24 所示，这些类似卡的小型设备无需电池即可发送和接收数据，并进行感测和计算。A、B 和 C 按钮是触摸传感器，并与两个 LED 一起形成简单的用户界面[35]。

将环境射频信号既用作供电能源，又用作接近零功率无线通信的媒介，其前景广阔，值得进一步研究。当前，研究人员已经围绕这一思想开展了联合研究，并且每年都会发表许多论文，阐述在环境射频收集和环境后向散射通信方面的新见解。

令人激动的未来探索方向将是环境后向散射技术与多频段能量收集的结合，有望使系统能够在任何区域以低功耗相互通信。

6.4 结论

微电子设备能源效率的显著提高，以及射频能量收集和基于超低功率后向散射的通信的进步，使全世界设备可以无限期工作而无须更换电池，也无须有线连接电网。已经证明，即使是相对较高功率的设备（如相机）也可以这种方式工作。我们最近的研究证明了用射频供电的无电池设备进行感应、计算和通信的可行性，希望在未来的几年中，此类系统将变得越来越成熟、实用和广泛部署。

6.5 致谢

这项工作历时数年，许多不同的人曾参与进来，要感谢我们的共同作者和其他贡献者，包括 Shyam Gollakota、Alanson Sample、Vamsi Talla、Vincent Liu、Ben Ransford、Angli Liu、Yi Zhao、James Youngquist，以及华盛顿大学传感器系统实验室的所有成员。

还要感谢研究的资助方，包括 NSF 授予的项目合同 CNS-1305072、CNS-1407583 和 EEC-1028725，感谢英特尔普及计算科学技术中心、Google 博士奖学金计划、多项 Google 教职研究奖和 Microsoft Research 的赠品。

6.6 参考文献

[1] Koomey, J. G., Berard, S., Sanchez, M., and Wong, H. (2011). Implica-tions of historical trends in the electrical efficiency of computing. *Ann. Hist. Comput.* 33, 46-54.

[2] Smith, J. R. (ed.). (2013). "Range scaling of wirelessly powered sensor systems," in *Wirelessly Powered Sensor Networks and Computational RFID*, (New York, NY: Springer), 3-12.

[3] Philipose, M., Smith, J. R., Jiang, B., Mamishev, A., Roy, S., and Sundara-Rajan, K. (2005). Battery-free wireless identification and sens- ing. *IEEE Pervasive Comput.* 4, 37-45.

[4] Sample, A. P., Yeager, D. J., Powledge, P. S., Mamishev, A. V., and Smith, J. R. (2008). Design of an RFID-based battery-free programmable sensing platform. *IEEE Trans. Instrum. Meas.* 57, 2608-2615.

[5] Smith, J. R., Sample, A. P., Powledge, P. S., Roy, S., and Mamishev, A. (2006). "A wirelessly-

powered platform for sensing and computa-tion," in *Proceedings of the International Conference on Ubiquitous Computing*, (Berlin: Springer), 495-506.

[6] Tire pressure and brake temperature systems-smartstem (2014). Available at: http://www.craneae.com/Products/Sensing/SmartStem.aspx [accessed December 2014].

[7] Zhao, Y., Smith, J. R., and Sample, A. (2015). "NFC-WISPC a sensing and computationally enhanced near-field RFID platform," in *Proceed-ings of the 2015 IEEE International Conference on RFID (RFID)*, San Diego CA, 174-181.

[8] Sample, A. P., Meyer, D. T., and Smith, J. R. (2011). Analysis, experi- mental results, and range adaptation of magnetically coupled resonators for wireless power transfer. *IEEE Trans. Ind. Electron.* 58, 544-554.

[9] Parks, A. N., and Smith, J. R. (2014). "Sifting through the airwaves: efficient and scalable multi-band RF harvesting," in *Proceedings of the 2014 IEEE International Conference on RFID (IEEE RFID)*, Orlando, FL, 74-81.

[10] Naderiparizi, S., Parks, A. N., Kapetanovic, Z., Ransford, B., and Smith, J. R. (2015). "WISPCam: a battery-free rfid camera," in *Proceedings of the IEEE International Conference on RFID (RFID 2015)*, (San Diego, CA: IEEE), 166-173.

[11] Naderiparizi, S., Kapetanovic, Z., and Smith, J. R. (2016). Battery-free connected machine vision with WISPCam. *GetMobile Mob. Comput. Commun.* 20, 10-13.

[12] Naderiparizi, S., Kapetanovic, Z., and Smith, J. R. (2016). "WISPCam: An RF-powered smart camera for machine vision applications," in *Pro-ceedings of the 4th International Workshop on Energy Harvesting and Energy-Neutral Sensing Systems*, (Stanford, CA: ACM), 19-22.

[13] Farsens battery-free sensor solutions (2014). Available at: http://www.farsens.com/en/battery-free-sensor-solutions [accessed December 2014].

[14] Smith, J. R., Jiang, B., Roy, S., Philipose, M., Sundara-Rajan, K., and Mamishev, A. (2005). "Id modulation: embedding sensor data in an RFID timeseries," *Lecture Notes in Computer Science*, eds M. Barni, J. Herrera-Joancomart, S. Katzenbeisser, and F. Pérez-González (Berlin: Springer).

[15] Buettner, M., and Wetherall, D. (2013). "Implementing the gen 2 mac on the intel-uw WISP," in *Wirelessly Powered Sensor Networks and Computational RFID*, ed. J. R. Smith (Berlin: Springer), 143-156.

[16] WISP 5 firmware repository (2017). Available at: http://wisp5.wiki spaces.com/WISP+Home [accessed May 2017].

[17] Yeager, D. J., Holleman, J., Prasad, R., Smith, J. R., and Otis, B. P. (2009). Neuralwisp: A wirelessly powered neural interface with 1-m range. *IEEE Trans. Biomedical Circuits Syst.* 3, 379-387.

[18] Buettner, M., Prasad, R., Philipose, M., and Wetherall, D. (2009). "Rec-ognizing daily activities with RFID-based sensors," in *Proceedings of the 11th International Conference on*

Ubiquitous Computing, Orlando, FL.

[19] Naderiparizi, S., Kapetanovic, Z., and Smith, J. R. (2017). "RF-powered, backscatter-based cameras," in *Proceedings of the 2017 11th European Conference on Antennas and Propagation (EUCAP),* Paris, 346-349.

[20] Naderiparizi, S., Zhao, Y., Youngquist, J., Sample, A. P., and Smith, J. R. (2015). "Self-localizing battery-free cameras," in *Proceedings of the 2015 ACM International Joint Conference on Pervasive and Ubiquitous Computing* (New York, NY: ACM), 445-449.

[21] Talla, V., Kellogg, B., Ransford, B., Naderiparizi, S., Gol-lakota, S., and Smith, J. R. (2015). "Powering the next billion devices with wi-fi," in *Proceedings of the 11th ACM Conference on Emerging Networking Experiments and Technologies,* New York, NY.

[22] Naderiparizi, S., Parks, A. N., Kapetanovic, Z., Ransford, B., and Smith, J. R. (2015). "WISPCam: a battery-free RFID camera," in *Proceedings of the 2015 IEEE International Conference on RFID (RFID)* (Tokyo: IEEE), 166-173.

[23] WISP 5 firmware repository (2014). Available at: http://www.github.com/wisp/ [accessed December 2014].

[24] Wang, Q., Wu, J., Long, C., and Li, B. (2012). "P-fad: Real-time face detection scheme on embedded smart cameras," in *Proceedings of the 2012 Sixth International Conference on Distributed Smart Cameras (ICDSC),* Hong Kong, 1-6.

[25] Wang, J., Zhang, C., and Shum, H. Y. (2004). "Face image resolution versus face recognition performance based on two global methods," in *Proceedings of the Asia Conference on Computer Vision,* Jeju Island, 48-49.

[26] Marciniak, T., Chmielewska, A., Weychan, R., Parzych, M., and Dabrowski, A. (2015). Influence of low resolution of images on reli-ability of face detection and recognition. *Multimedia Tools Appl.* 74, 4329-4349.

[27] Parks, A. N., Sample, A. P., Zhao, Y., and Smith, J. R. (2013). "A wireless sensing platform utilizing ambient RF energy," in *Proceedings of the 2013 Radio and Wireless Symposium (RWS),* (Austin, TX: IEEE), 331-333.

[28] Nishimoto, H., Kawahara, Y., and Asami, T. (2010). "Prototype imple-mentation of ambient RF energy harvesting wireless sensor networks," in *Proceedings of the Sensors, 2010 Conference,* (Kona, HI: IEEE), 1282-1287.

[29] Sample, A., and Smith, J. R. (2009). "Experimental results with two wireless power transfer systems," in *Proceedings of the 4th International Conference on Radio and Wireless Symposium Radio and Wireless Symposium,* (San Diego, CA: IEEE), 16-18.

[30] Le, T., Mayaram, K., and Fiez, T. (2008). Efficient far-field radio fre-quency energy harvesting for passively powered sensor networks. *IEEE J. Solid State Circuits* 43, 1287-1302.

[31] Fano, R. M. (1948). *Theoretical Limitations on the Broadband Matching of Arbitrary Impedances.* Available at: http://dspace.mit.edu/handle/1721.1/12909.

[32] Keyrouz, S., Visser, H. J., and Tijhuis, A. G. (2013). "Multi-band simultaneous radio frequency energy harvesting," in *Proceedings of the 2013 7th European Conference on Antennas and Propagation (EuCAP)*, (Gothenburg: EuCAP), 3058-3061.

[33] Niotaki, K., Kim, S., Jeong, S., Collado, A., Georgiadis, A., and Tentzeris, M. M. (2013). A compact dual-band rectenna using slot-loaded dual band folded dipole antenna. IEEE *Antennas Wirel. Propag. Lett.* 12, 1634-1637.

[34] Parks, A. N., and Smith, J. R. (2015). "Active power summation for effi- cient multiband RF energy harvesting," in *Proceedings of the 2015 IEEE MTT-S International Microwave Symposium*, (Phoenix, AZ: IEEE), 1-4.

[35] Liu, V., Parks, A., Talla, V., Gollakota, S., Wetherall, D., and Smith, J. R. (2013). "Ambient backscatter: wireless communication out of thin air," in *Proceedings of the Conference on ACM SIGCOMM 2013 SIGCOMM* (New York, NY: ACM), 39-50.

[36] Parks, A. N., Liu, A., Gollakota, S., and Smith, J. R. (2014). Turbocharg-ing ambient backscatter communication. *SIGCOMM Comput. Commun. Rev.* 44, 619-630.

7

使用无线充电的分布式传感

卢卡·罗塞利（Luca Roselli）　　保罗·梅扎诺特（Paolo Nezzanotte）

瓦伦蒂娜·帕拉齐（Valentina Palazzi）　　斯蒂凡妮（Stefania Bonafoni）

朱利亚（Giulia Orechini）　　费德里科（Federico Alimenti）

意大利佩鲁贾大学工程系

摘要

本章主要介绍无线充电传输技术在沉睡了近一个世纪后是如何重新焕发生机，并进而促进信息和通信技术发展的。本章进一步将其支持能力置于现代物联网和空间生态系统互联网络的背景之下，并在这两种背景下着重论述对传感应用产生的好处，尤其是分布式和普适传感所带来的发展前景。

7.1　引言

物联网生态系统中互联物品数量正以指数形式增长，它的飞速发展正推动和指导着多项颠覆性技术的发展。到目前为止，产生影响最大的领域在于互连和数据管理，也就是在软件或者更高的层次。但是"智能物品"和相关感知能力的颗粒化扩散趋势，正在推动着一场革命，甚至对于硬件层次而言也是如此。硬件模式的转变，对小型化、低成本、功耗和与日常使用物品的可集成性提出了挑战。因此，预计若干技术将同时促进和支撑这一趋势。其中，无线能量传输是最有前景的方法之一，它可以为小型化的传感器标签和传感器节点供电，在电网连接和电池不可行的情况下作为替代品。特别的，无线能量传输被视为可以进行大规模部署的一次性"智能传感鹅卵石"的支撑技术。它既可以为大面积传感器矩阵提供能量，也可以为有限区域内（房间、办公室、实验室，也包括用于救援的严酷区域或任何需要分布式临时监控的地方）定位不精确的传感器提供能量。

在空间应用中也可以看出由物联网发展推动的科学技术革命的相关性。事实上，到目前为止，这一领域一直为"传统"技术占据，是对以外层空间为代表的固有恶劣环境的应用所提出的巨大需求。的确，由于以往的任务持续时间长且维修困难，那么为了保证一定的服务质量并最终确保整个系统的可靠性，制造星载设备传统上会采用成本极高的技术。另外，由于近年来地面信息通信技术的巨大发展，主要由移动应用驱动且最终由物联网驱动,加大了地面与卫星技术在速度和带宽等方面的性能差距。除了这种情况,还必须考虑到在低地球轨道人造卫星通信系统中微卫星和纳卫星的发展,最终形成了"立方星"的形式。在这种新场景中,其特点是任务持续时间较短、重复次数较多和"单位"费用较低,因此解决方案有可能考虑采用可靠性较低的星载技术,同时利用地面解决方案的优良性能。这一趋势实际上启用了所谓的 IoS 范式,它与物联网类似,其特征是物品部署(在本例中是立方星)的巨大增量,利用从地面解决方案所继承的技术,这些技术从可靠性的角度来看是"降级"的。从长远来看,可以说 IoT 和 IoS 正在弥合与缩小地面应用和空间应用之间的技术差距。

本章将重点介绍无线能量传输技术作为一种手段,如何使传感和大规模分布式传感根据物联网和 IoS 生态系统的形式演化。为此,本章分为连贯的两部分。

第一部分的重心是物联网,物联网的发展相对于 IoS 更加成熟。本章首先结合实例对无线能量传输的应用进行简要的综述,这些应用受益于无线能量传输技术的研发。然后给出了一些实际的例子,证明技术向着大规模部署和分布式传感技术的方向发展。

对于 IoS,目前的发展尚不够成熟。因此,在基于分布式立方星集群实现的遥感框架下,本文对无线能量传输技术的支撑能力进行了一般性的讨论,并给出了一些实例。

7.2 物联网(IoT)

物联网正在成为当今信息通信技术的主要应用模式之一,该应用仅仅是基于物品互联实现的,这些物品能够从环境中收集信息并将其传输到互联网中而不需要任何人工参与。这样,就可以建立真正自动化、高效的生产和维护流程。这些装配有电子设备和同时具备传感与连接能力的物品,我们通常将其称为"智能物品"。同时其他几种技术可以被视为实现智能物品和物联网传播的技术。由于其战略地位,无线能量传输是最受信任的技术之一。的确,一方面它代表了 RFID 技术的基础,RFID 技术是支持与智能物品通信的重要平台;而另一方面,无线能量传输本身是一种直接为物品提供能量并使其自发工作的基本手段。

下面给出了一些实例,证明了无线能量传输技术在物联网应用中的日益发展。

7.2.1 WPT 支持的物联网(目前的实例)

铺设传感器和无线传感器网络的主要限制之一在于:它们不能应用于一些电池不容易更换或者必须经常更换的环境。通过发展射频能量收集技术,以及无线能量传输技术,可以在不久的将来大大减少无线传感器对电池的依赖。

作为目前的一个实例,下面列出了一些非限制性的物联网应用,这些应用无疑将受益于无线能量传输技术,后者用于为传感器供电。也有一些其他相关文献的报道可以突出这些主题,如下所示。

- 监测建筑物、桥梁和历史遗迹的振动与材料状况。
- 监测燃烧气体和火灾情况,以确定警戒区。
- 雪面测量用来实时了解滑雪道质量,以便安全预防。
- 控制工厂的二氧化碳排放、汽车排放的污染和农场产生的有毒气体。

- 地震早期探测。
- 化学泄漏检测。
- 对工业和医疗冰箱内的敏感商品进行温度控制。
- 提高葡萄酒的品质。
- 其他。

无线能量传输、无线传感器网络和物联网技术的最新进展证明，研究人员正朝着减少或最终淘汰使用电池的解决方案迈进。

在参考文献[12]中，作者强调目前的无线传感器网络依赖于电池续航时间，这限制了系统的工作及其应用领域。因此，在物联网和面向空间的无线传感器网络系统领域，建立无源传感器网络的方案引起了广泛的关注。射频能量收集作为一种手段被提出，它能控制和输送无线电源到射频设备。此外还看到，利用该技术增强的所有设备都可以永久密封和嵌入在不同的结构中。

此外，在参考文献[12]中，作者证明了完全无源的无线传感器网络的可行性，它可以增强物联网智能物品和航天器传感。事实上，这些无线传感器网络可以接收到来自基站（或任何其他强大到足以支持被动应答器的源）的连续能量流，因此可以为感知系统连续供电。因此，他们提出了一种后向散射调制与无线能量传输结合的技术，采用与传统的射频识别电路相同的"基于二极管"的方法[13]。这种解决途径成本较低，但在后向散射通信过程中能收集到最多能量。

在参考文献[14]中，作者拓展了传感器节点，使得其中的能量收集模块能够适应与收集太阳能、来自环境的无线电波和直接无线能量传输的能量，还设计了用于环境监测的无线传感器网络节点。每个节点由优化的能量收集模块、SoC 集成的低功耗蓝牙智能收发器和多功能传感器阵列组成，用于监测环境参数。传感器阵列包括 pH 传感器、温度传感器、光子探测器、电磁波检测器和声波噪声检测器等。SoC 用于处理数据并将有关环境条件的压缩信息传输到管理中心。该平台展示了电力能量收集技术和低功耗传感器相结合的概念，可用于物联网应用。

在参考文献[15]中，无线能量传输被认为是一种很有吸引力的技术，其可以为电池更换困难或维护成本高的物联网设备供电。文章中提出了一种极化切换无线能量传输天线，极化切换特性使该设计成为利用无线能量传输驱动 5G 物联网传感器的良好技术途径。5G 物联网网络的每个小区可以支持 5 万名用户，而一块电池可以使用 10 年以上。作者还强调了 5G 物联网网络协议的关键问题是众多物联网设备与基站之间的协调和通信。采用极化切换无线能量传输天线技术可将小区覆盖划分为多个分区，从而在小区的一个分区内唤醒物联网设备，避免冲突。这说明尽管无线能量传输技术的使用仍处于深入研究和后续发展阶段，但该技术仍有可能极大地促进物联网技术向大量应用领域的推广。

7.2.2 物联网未来发展轨迹

如 7.2.1 小节所言，ICT 正在向 IoT 演化所隐含的模式转变，目前受到现有感知和通信技术的支持。这些技术的实现已经使大量"物品"开始变得智能。之所以这么说，是因为这些物品能够从环境中获取信息并将其传输到互联网而不需要任何人工参与[16]，而此类物品的数量正呈指数增长。在转变这个层次上,主要需要做的工作就是提高能力来管理智能物品产生的越来越多的数据并通过互联网进行交换。这个问题是与"大数据"这个常用语紧密相关的。

在这个前提下,如果我们观察智能物品,更准确地说是观察扩散态势,就会注意到它实际上主要受到经济因素的限制。事实上,为了激励企业在产品中增加电子产品,必须使智能物品所需的技术成本显著低于所生产的智能物品的附加值。目前,引入电子产品的产品仅限于已经具有较高内在价值的物品,如市场上已有的工业机械、智能汽车、智能电器、智能小配件等。从这个意义上我们可以说,尽管智能物品的数量在不断增加,但我们才刚刚开始进入物联网时代,因为具备现实生活影响的物品还远远不够智能。

现在的问题是:哪些技术可以使日常物品变得智能,并超越现有物品进入物联网生态系统?

综合 3 项技术概念可以得到答案,即自主性、可回收性和与物品制造过程的兼容性。就能够提供智能的现有技术而言,未来的电子产品必须与现有的物品制造工艺更加兼容,以便尽可能降低技术的投资和生产成本。此外,这些技术必须实现可回收和最终可降解,以尽量减少大规模实施物联网对环境的影响。最后,下一代传感器必须是自主的,以防止它们必须连接到电网(有线传感器),或者避免它们的工作寿命受到电池寿命的限制,如上文所述。后一个问题清楚地说明了无线能量传输对于潜在地为智能物品提供自主能力的重要性,并指出对这一领域的兴趣日益增长的趋势。事实上,RFID 和 RFID 传感作为最有前途的方式,其可以提供智能物品和互联网之间的连接。从能量的角度来看,RFID 标签和 RFID 传感器标签[17][18]实际上是通过无线传输能量来供电的。事实上,在这些情况下,用来询问物体的信号也传输了标签电路工作所需的能量。最近,基于直接采用无线能量传输增强智能物品能力的方法已见诸报道[16][19],这为发展恶劣环境中一次性智能物品和大规模分布式感知开辟了道路。

7.2.3 未来物联网发展的传感器及实例

根据 7.2.2 小节的分析,物联网成功的关键在于分布式泛在的自主、可回收和物品兼容的传感器。这些要求使得我们不可避免地要抛弃传统电池,同时也给未来的设计师带来了巨大的挑战。一方面,这项研究必须集中在可替代能源的有效利用上;另一方面,部分工作必须着眼于开发超低功率的电路。

为了解决这一问题,最近出现了新的传感器类别,如无芯片 RFID[20]、零功率传感器[21],以及谐波标签[22]。每个类别都有其特殊性,但它们都是基于射频载波复用的原理。应答机是在标签架构的基础上由信号进行询问的,信号可以是窄带信号或宽带信号。信号由板上传感器的电路进行调制(线性或使用非线性元件),并向适当的接收机回传。这样无线节点就不需要任何信号校正或载波生成,从而降低了电路的复杂度(最终降低了标签的单位成本),并节约了大量能源。

然而,在这种情况下,如果没有任何偏置信号,信息编码将变得极具挑战性,因为不允许存在任何数字电路、同步、固件或存储装置。诸如传感器精度和信息处理等要求都必须不可避免地放宽,预期的读取范围必须减小,而所有的复杂性和多模式管理都必须交给读取方完成。

话虽如此,这些新模式的系统非常适合许多低要求的应用(例如,定期确认某一物理参数保持在一定阈值以下),不需要任何维护,而允许采用灵活、可生物降解或可穿戴的材料,从而向"几乎隐形"和"近零功耗"电子产品的方向发展。

下面介绍一些最近开发的零功耗传感器的实例,并详细描述其采用的信息编码策略。

7.2.4 阻抗传感器

2010年,我们开发出了一种基于碳纳米管复合材料的无电池共形射频识别传感器节点,用于气体感知[23],该标签是在柔性纸基板上设计的,其版图如图 7.1 所示。

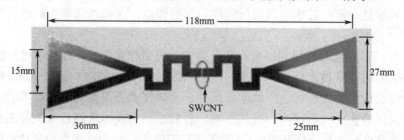

图 7.1 标签与喷墨打印的 SWCNT 负载的尺寸

碳纳米管复合材料的电导率对少量气体非常敏感,并且与喷墨印刷工艺兼容。RFID 标签是为以 868MHz 为中心频率的欧洲超高频 RFID 频段设计的,而打印的碳纳米管则是单壁碳纳米管。所述的单壁碳纳米管薄膜的阻抗构成了传感器部分。首先打印天线,然后将分散的单壁碳纳米管层作为负载。因此在存在特定气体的情况下,碳纳米管复合材料的电阻会发生变化,从而导致 RFID 的后向散射功率发生变化。在实验中,当4%浓度的氨充入气室时,碳纳米管复合材料阻抗发生变化,导致标签天线后向散射功率发生 10.8dBr 的变化。

用探头座测得碳纳米管在 868MHz 的阻抗为 42.6+j11.4,其仿真结果与实测结果如图 7.2 所示,其验证了该方法的有效性。

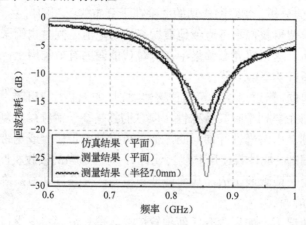

图 7.2 RFID 标签天线的仿真结果与实测结果

图中的标记显示带宽范围为 810~890MHz,是一种全向辐射模式,定向性在 2.0dBi

左右，辐射效率为 94.2%。

图 7.3 给出了带单壁碳纳米管薄膜的 RFID 标签天线在充气前后的功率反射系数。

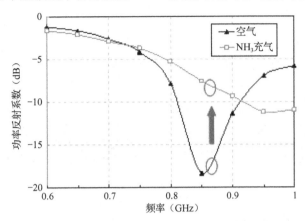

图 7.3 带单壁碳纳米管薄膜的 RFID 标签天线在充气前后的功率反射系数

上述研究工作被认为是开创性的，因为它证明了一个完全有组织的、可回收的、无源和多位数 RFID 标签传感器的可行性，尽管如此，仍要承认它表现出的约 10dB 的动态范围，尚不足以在一般应用环境中判读氨的存在。此外，这样一个系统的应用领域受限于以下事实，即所设计的传感器以询问信号的幅度对其信息进行编码，这意味着询问信号和传感器应答产生在相同的频率上，因此系统不免受到周围反射的干扰。

为了克服同频工作和动态范围小的限制，提出了一种基于倍频器和惠斯通电桥[24]的新型标签传感器结构。

图 7.4 是说明了应答器的架构。

一方面，倍频器的目的是将 f_0 处的询问信号与 $2f_0$ 是基于惠斯通电桥的谐波传感器框图，其处的传感器应答信号分离开来，从而解决发射信号与接收信号之间的干扰问题。

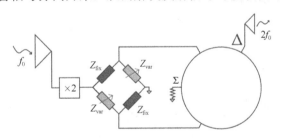

图 7.4 基于惠斯通电桥的谐波传感器框图

另一方面，感知模块由一个惠斯通电桥组成，其两个相反的阻抗是对某些参数（如温度、氨等）的变化敏感的，所以电桥必定于两种状态之一，即平衡 ($Z_{fix} = Z_{var}$)，当感觉到没有变化（静默模式）时；不平衡 ($Z_{fix} \neq Z_{var}$)，当感知参数发生变化时。从这里开始，电桥的阻抗被认为是实数值。

在静默状态时，电桥的两个输出信号在振幅和相位上是相等的。因此通过功率合成器得到的差值为零，没有信号传输。当电桥处于不平衡状态时，输出信号的幅值不同，传输信号与被测参数的变化幅度成正比。

为了验证该系统的性能，使用纸基板制作了一个完整的原型（见图 7.5），并利用表面安装电阻进行控制实验。

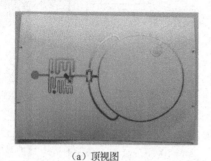 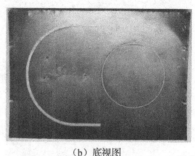

（a）顶视图　　　　　　　　　　（b）底视图

图 7.5　基于惠斯通电桥的传感器布局

应答器的设计频率为 f_0=1.04GHz。两个固定电阻用 R_{fix}=100Ω 的电阻来实现，而变量电阻则选定两个不同的阻抗值：对于称为"平衡状态"的 R_{var}，设置其为 100Ω；对于"完全不平衡状态"的 R_{var}，设置其为 25Ω。这样，该方法就考虑了系统在变阻抗值偏移 75% 时的动态范围。

图 7.6 给出了在平衡和完全不平衡的情况下应答器接收到的二次谐波的功率与标签到读取器距离的关系。

实验在发射功率为 10dBm 的 EIRP 的条件下进行，接收机的本底噪声为-100dBm 左右。在 10cm 的距离处测量得到的最大偏移（实际动态范围）为 55dB。由于存在本底噪声，在更长的距离处偏移量会减小。然而这两种状态在 50cm 距离时仍然可以辨别，此时偏移量仍然在 20dB。

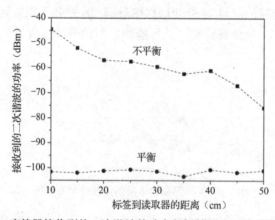

图 7.6　应答器接收到的二次谐波的功率与标签到读取器距离的关系

7.2.5　零功率无线裂缝传感器

到目前为止，我们使用小块的窗玻璃来检测墙壁上面不断增加的裂缝[25]，它主要由专职人员进行检测，是一种落后的方法，在大型和高密度的楼层使用这种方法已经不太合适了。其他方法需要使用有线传感器，如应力测试仪和加速度计等，但其安装通常是不太现实的。目前商用的裂缝传感器体积大、价格昂贵，且依赖电池进行工作，这意味着它们需要定期维护，不适合大规模部署。因此，最近进行了一些研究来制造一种无线的、紧凑的、无电池的裂缝传感器，但是这些传感器的读取距离较短[27]~[29]。

为了克服这一缺点，提出了一种基于谐波雷达原理的方法[30]。

图 7.7 给出了系统框图，读取器通过发送一个频率为 f_0 的正弦波来进行标签询问，f_0 是基频信号，当标签完好无损时（静默模式），信号被接收天线接收到，在倍频器的输入端被分支线（在基频时相当于四分之一波长开路线）短路，因此不会进入倍频器，理论上不会有二次谐波产生。另一方面，如果有裂缝产生（警报模式），分支线关闭，此时信号可以到达倍频器，产生 $2f_0$ 的信号。因此，

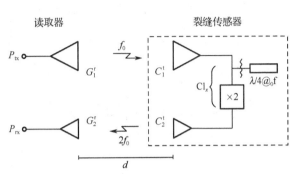

图 7.7 裂缝传感器系统框图

二次谐波可以被传输给接收器，被监测人员接收到，从而发出警报，应答器的传输损耗为 C_l，定义为在接收到的 f_0 信号的功率与传输到 50Ω 负载的 $2f_0$ 信号的功率之比，这取决于工作模式，同时也依赖于电源（同时依赖于探测距离）。

图 7.7 中，主要的系统参数包括在 f_0 处的发射功率 P_{tx}；在 $2f_0$ 处的接收功率 P_{rx}；距离 d；天线增益 G_i^j（$i=1$，基频；$i=2$，二次谐波；$j=t$，为标签；$j=r$，为读取器）和转换损耗 Cl_x（$x=i$，为完好状态；$x=c$，为破损状态）。

图 7.8 给出了纸上无线裂缝传感器，并验证了方法的可行性，该传感器是在纸基板上使用铜胶层压工艺加工的[31]。应答器的接收频率为 2.45GHz，其基于嵌套锥形环形槽天线和零偏置肖特基二极管的结构，工作在静默模式[图 7.8（a）和图 7.8（b）]与警报模式[图 7.8（c）]。

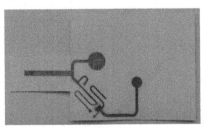

（a）底面

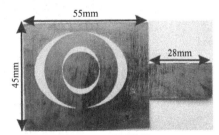

（b）顶面完好

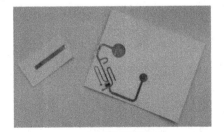

（c）裂缝标签

图 7.8 纸上无线裂缝传感器

在实验室，可以用频谱分析仪进行验证。当标签完好无损时，则只能检测到噪声信号，如图 7.9 所示；当标签破损时，在二次谐波处可以检测到信号。

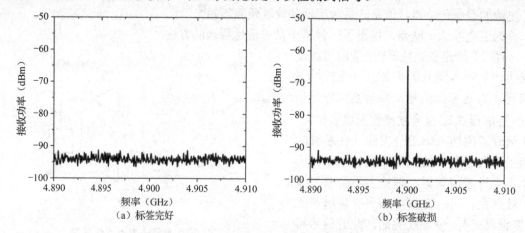

图 7.9　在应答器完好和破损的情况下接收机接收到的二次谐波功率

7.2.6　多比特无芯片传感器标签

最近发表的参考文献[32]中阐述了第三种利用谐波标签传输传感器数据的可能方法，使用了如图 7.10 所示的标签电路。其基本思想是利用两个正交天线所发射的两个信号之间的相位差来编码传感器信息，其中一个作为另一个的参考。这样的话，就可以实现精确的相对测量。

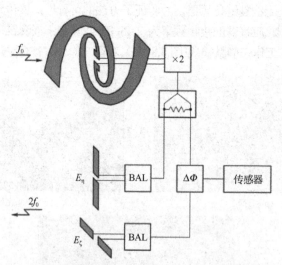

图 7.10　两正交天线实现系统的谐波标签示意图

为了描述这种标签的工作，让我们考虑如图 7.10 所示的信号流图，频率为 f_0 的电磁波被螺旋天线接收到，在这种情况下，无论极化或相对标签的方向如何，天线的输出功率都是最大的。接收到的信号送到变容二极管或者肖特基二极管产生二次谐波，在这一点上将频率为 $2f_0$ 的信号通过功分器分成两部分，一部分以垂直极化（图 7.10 中的 E_η）后再次辐射出去,形成参考信号。另一部分信号加入一个 $\Delta\Phi$ 的相移,并以水平极化后再次辐射出去(图 7.10 中的 E_ξ)。

相角 $\Delta\Phi$ 将传感器的信号编码,然后又在读取器恢复。为此,读取器由 4 个子系统组成,如图 7.11 所示,锁相环振荡器用于产生两个同步的信号,频率分别为 f_0 和 $2f_0$。然后两个 I/Q 接收机用于检测相位信息。

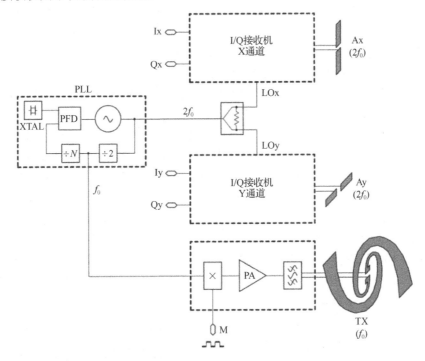

图 7.11 两个正交天线系统的读取器方框图

图 7.11 中,两个 I/Q 接收器用于检测相位信息。

最终,通过这种方法,传感器感知到的信号可以传输到读取器上而不需要任何载波调制,从而避免使用其他相关电子设备。事实上,除了变频器,只需要一个二极管来产生二倍频信号。

7.2.7 WPT 推动分布式传感的实现

大规模的分布式传感可以视为伯克利设想的"智能尘埃"概念的一种特殊形式[33],反过来,也可以被看作对无线传感器网络概念的一种极限阐释。如果将执行传感器节点功能所需的所有电路压缩到节点本身直到不可见为止(能量收集、传感、计算和互连都收缩到无穷小),"智能尘埃"在理论上就有可能实现。这个概念是引人入胜和富有远见的,实际上已经激发了许多潜在的发展。分布式传感虽然不像最初的概念那么极端,但可以被认为是受"智能尘埃"启发的演化形式之一,具有较现实的可行性。其基本思想是为环境提供大量的传感节点,非常简单,不一定像最先进技术那样性能优秀,但这些传感节点能够检测特定参数(温度、湿度、压力、应变、烟雾、气体等),并且将该参数转换为电参数(电压、电流),以便在调整之后可以存储或传输。极度小型化之后,由于技术降级,性能也随之下降，利用系统庞大的数据冗余和空间分辨率的提高，系统可以实现超低功耗运行状态和单位成本显著降低。

所谓的"智能表面"概念可以有效地总结分布式方法的潜在应用[34]。

目前，分布式感知无线传感器网络部署的瓶颈之一是一次性感知节点的供电问题。事实上，更换传统电池会导致定期维修，这在由大量难以追踪的节点组成的系统中无法有效地进行。因此，研究人员正专注于无线充电这一具有挑战性的任务，以使这些无处不在的设备和机器真正实现永久无线供电的通信[35]。

在具体应用的基础上，必须根据无线节点的能量需求进行区分，这又决定了无线节点在充电运行中所使用的能源类型和电源管理系统。

一方面，有些无线设备需要在中高能量水平上获得频繁甚至持续的支持（如移动电话和其他复杂电路），这些设备需要使用专用和可靠的电源，这些电源也可以用于电池充电。

另一方面，有一些超低功耗节点，它们每天只需要查询几次，其余时间通常都处于关闭状态。由于其低占空比和低功率的要求，研究人员正在研究利用环境能源的方法，包括用于通信的射频信号。然而，典型的环境中可用中电磁（EM）功率电平都很低，如数字电视、GSM 和 UMTS 等，几乎不超过 $10.6 \sim 10.4 \mathrm{mW/cm}^2$，特别是在室内场景中[36]。如此低的可用电磁功率通常不能满足典型的电源管理单元需求，因此制约了一些实际应用。这样一来，在某些情况下可以采用一种折中的方法，如部署专用的源，即所谓的"能量阵雨"[37]，它定期向随机分布的无电池应答器提供所需的低电量。

无论具体情况和能源需求如何，为了实现无线充电，网络中的每个无线设备都需要配备整流天线，即一个能够接收入射无线信号的结构，将其从较高的频率信号转变到直流（DC）。整流天线包含天线和整流电路，与通信系统的其他射频电路集成到一起[38]。根据性能和耗费之间的权衡结果，应答器可以采用不同的架构，下面是一些参考文献中报道的例子。

7.2.8 射频供电的用于识别和定位的环保型应答器

本节将介绍一种新的基于无线能量传输的标签设计，用于开发下一代 UWB-RFID 系统的架构 GRETA 项目（GREen 标签和传感器具有超宽带识别和定位能力）[19]。该项目旨在发展使用环保材料的支撑技术，并应用于分布式系统，分别实现识别、定位、跟踪和在室内场景监控。

在这种情况下，标签必须是：
- 即使在室内场景或有障碍物的情况下，也能以亚米级精度进行定位；
- 小型的（最大面积约几平方厘米）和轻便的（没有笨重的电池）；
- 环保的（采用可回收材料制成）；
- 可共形的；
- 低成本，以允许在环境中部署多个标签。

如图 7.12 所示为能量自主的 UWB-RFID 应答器框图，该系统设计适用于后向散射工作条件，其利用 IR-UWB 信号（欧洲低超宽带频段 3.1~4.8GHz）进行超低功耗通信和定位[36]。

7 使用无线充电的分布式传感

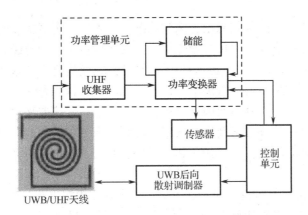

图 7.12 能量自主的 UWB-RFID 应答器框图

一方面,超宽带通信提供了标签标识符和传感器数据。另一方面,超高频链路(868 MHz)确保了能量收集和同步。读取器标签的同步可以通过对用于给标签供电的 UHF 载波进行适当的 ASK 或 OOK 调制来实现。为了达到最高的 RF-DC 转换效率,UHF 路径由整流器加载并优化。所获得的直流电压被传送到电源管理单元,以便使标签附加功能工作,如感知或超宽带通信的距离扩展。

利用一个基于低剖面纸基板的 UWB-UHF 天线和一个位于天线背面的类似于双工器的小型馈电网络,可以实现双模(UWB/UHF)工作(原理图见图 7.13)。

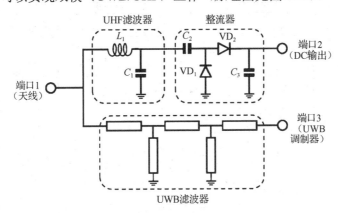

图 7.13 三端口双工器电路原理图(UHF 路径与全波整流器相连,UWB 信号与后向散射调制器相连)

天线设计基于阿基米德螺线的自补结构,保证了整个超宽带内几乎恒定的辐射特性。通过对螺旋外臂的扩展,得到了一个紧凑的 1.5 个波长的弯折偶极子,其谐振在 868MHz 频段。除了尺寸得以减小,两个辐射单元的共位形成了单端口天线结构,这对于直接连接未来的 UWB-UHF 集成芯片是很有必要的。

7.2.9 用于无线假肢控制的射频供电植入式传感器

本节将介绍一个射频无线能量传输用于生物医学可植入无线传感器的实例[39][40]。

在可植入设备中使用电池是非常不可取的。首先,体积巨大的电池造成了传感器节点尺寸的增加,在实际情况中无法接受。其次,电池的生命周期有限,需要定时通过外科手术更换电池，这样的话可能导致感染。因为传感器与人体组织直接接触，所以电池带来的毒性是一个主要问题。有许多为传感器提供能量的替代技术，如电磁、热电、太阳能和运动能量（见参考文献[41]~参考文献[44]）。辐射型无线能量传输技术适于在较远的距离和多节点工作，并有可能使用可控射频源[45]，鉴于此，其被认为是最适用于植入设备的。

作为实例，考虑了一个针对肌肉再生的传感器系统，它能够从再生的肌肉中获取肌电图信号，并允许上肢截肢者对义肢进行直观的控制。报告中提到的射频驱动电路是一种称为"生物节点"的超低功耗 SoC，由于建立了同步系统，该电路对多节点工作模式也是最优方案。

上述 SoC 的结构框图如图 7.14 所示，该系统由以下模块组成，射频功率源、生物感知模拟前端、数字内核、过程与电压补偿时钟振荡器、接收机（RX）和 TDMA 控制器，以及超低功率发射机（TX）[39][40]。天线拓扑采用片外电小型印刷弯折偶极子（片外）。整流器输入和发射机输出的阻抗匹配网络都是在芯片外实现的，但在整个系统中它们可以并入各自的天线阻抗。

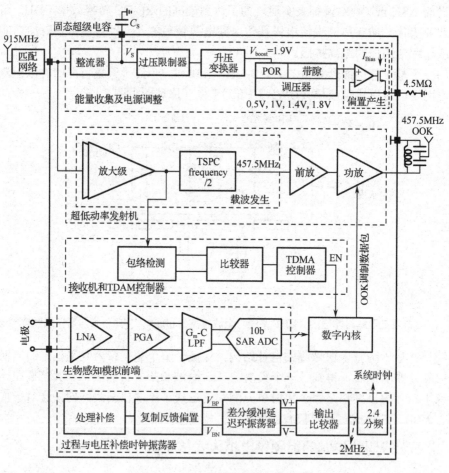

图 7.14 "生物节点"的结构框图[39]

所有传感器节点均由安装在义肢上的基站供电，该基站广播 915MHz 的射频信号和用于同步的短时（9μs）数据。

超级电容器用于存储整流后的射频能量，然后通过升压变换器将电容器上最高限为 0.8V 的电压 V_S 升压到 1.9V。线性稳压器利用该电压获得 4 个独立的电源值（0.5、1、1.4 和 1.8V），而带隙基准和偏置电流生成电路用于生成基准电压和偏置电流，该系统的时钟由经过电压补偿的 2MHz 片上振荡器来提供[46]。

部分供电的 RF 信号直接作为参考频率发送到 TX 模块。分频器用于生成 457.5MHz 的载波频率，并根据生物感知模拟前端模块提供给数字内核的信息对获得的信号进行调制（OOK 调制），然后将数据发送到调谐到 457.5MHz 的基站。

数字内核受 TDMA 控制器控制，该控制器可确保多节点访问，尤其是 RX 模块通过使用包络检波器和比较器来检测与 RF 供电信号相关的短脉冲。一旦 TDMA 控制器计数了一定数量的脉冲，便会触发"事件"，从而使数字内核进行信号传输。

最后，EMG 信号的采集由生物感知模拟前端完成，该模拟前端包括一个低噪声放大器、一个可编增益放大器、一个低通滤波器和一个超低功耗 ADC。

图 7.15 显示了在存在 3 个传感器节点的情况下测得的 TDMA 工作状态，在这种情况下，使用波形发生器为射频信号发生器创建触发脉冲。

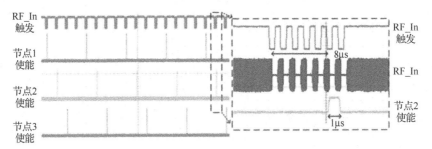

图 7.15　3 个独立传感器节点时域 TDMA 同步控制的测量结果[39]

输入的射频信号配置为在 8μs 的周期内具有 7 个关闭脉冲。每个节点的 TDMA 控制器对上述周期内的数字低信号的数量进行计数，并且当脉冲数在 4~8 之间时会产生"事件"来减轻时钟偏斜的影响（在放大的图中，可以看到节点 2 的"节点使能"信号在 5 个关闭脉冲后上升）。当"事件"编号与节点的硬编码 ID 编号匹配时，将为数字内核生成"使能信号"，并且相应的节点将发送自己的信息。

最后，图 7.16 给出了该芯片的照片，它采用 1P6M 0.18μm CMOS 工艺实现，整个芯片的尺寸为 1.35mm×1.5mm。

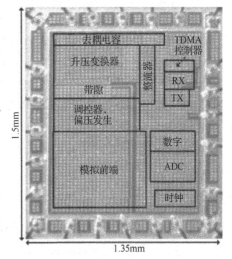

图 7.16　裸片显微照片[39]

7.2.10 用于环境监测的射频功率温度传感器

这小节中描述的传感器用于在 IoT 应用中执行温度等环境参数的监测。特举一例,设计的传感器用于监测食物温度,以确保食物沿着供应链进行正确存储。

图 7.17 给出了所介绍的温度传感器节点的框图[47]。调谐到 2.4GHz 的接收机天线负责从环境中收集 2.4GHz ISM 频段的 RF 能量。RF 信号被传送至整流器,即一个采用 CMOS 工艺的 Dickson 电荷泵,针对低功率电平对其进行了优化。然后将生成的直流信号存储在外部电容器中。电路保持待机状态,直到外部电容器存储了足够的能量。功率管理单元检测收集的能量水平,一旦达到电容器两端所需的电压,功率管理单元便开始测量工作周期。基于电流控制环形振荡器的 100kHz 主时钟发生器为传感器节点的所有数字电路提供时间参考。

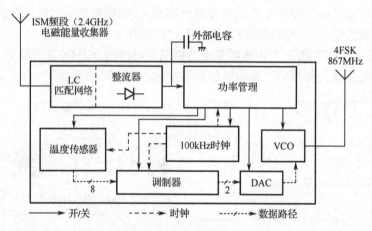

图 7.17 温度传感器节点的框图[47]

用超低功耗温度数字传感器进行温度测量,该传感器使用 8 位数字对温度范围为 −10℃~30℃ 的温度进行编码。这些数字被发送到调制器,调制器的功能是对包含原始测量数据的传输帧进行编码。调制器的输出通过 DAC 控制 VCO。需要特别指出的是,DAC 产生 VCO 所需的 4 个电压电平,以产生 4-FSK 信号的 4 个频率。最后,TX 天线发送 4FSK 信号,转发信号的频带位于 867MHz 附近。除了检测电容器的充电水平,电源管理单元还通过启用/禁用每个模块来最小化功耗。

7.3 空间互联网

7.3.1 生态系统

就物联网而言,人与物之间的连接属于地球上的无线网络,而 IoS 则基于将信息传递到世界各地的天基卫星的连接[48]。此外,IoS 被公认为是发展卫星技术的基准和机遇。

近年来,人们对使用 LEO 轨道小卫星进行空间飞行的兴趣日益增长。与"传统"人造卫星相比,小卫星(微型、纳级和皮级航天器)的重量更轻,尺寸更小,并且由于降低了开发成本和缩短了使用寿命，它们变得更具吸引力。尺寸、质量、功率是小卫星设计和开发的限制因素，因此也限制着卫星功能对小型化和集成技术的需求。

通过发射大量这些级别的卫星以形成星座或集群，并采用星间互连部署为网络形式，可以支撑 IoS 的发展。卫星网络能够以最少的人工干预实现控制、供电、通信和数据处理。这种解决方案非常经济，未来的空间任务将由相互连通的多颗先进智能卫星来实施[49]。

这些系统具有有限的功率、质量、天线尺寸、机载资源、计算能力等，这些特征将促进卫星网络的扩展，后者具备较低的运营成本和强化的电力管理。考虑到系统约束条件，如它们可以提供的有限的电力、有限的星上可用功率和计算资源，实际上当卫星间距离较小时，星间链路是可行的。

7.3.2 空间互联网未来发展轨迹

在 IoS 生态系统中培育小卫星网络的关键问题是电力管理，而朝着无线能量传输这类对于空间环境而言相对较新的技术方向迈进可能会成为一种解决方案。

众所周知，根据能量传输机制的不同，无线能量传输可以分为非辐射型和辐射型。非辐射型或近场能量传输，即两个分离的线圈之间的电感（或电容）耦合，工作于近距离（距离小于发射线圈直径的距离）和中距离（距离从 1~10 倍的发射线圈直径）[50]。在辐射型或远场能量传输技术中，利用微波能量传输和激光能量传输系统分别通过高方向性天线与激光束实现远距离（千米距离）的电磁波传播，并能够形成各自的接收区域。

目前正在从以上两类技术的角度研究空间环境中的无线能量传输。美国国防部和美国宇航局已经开始调研，以期为开发一种新的控制多星集群的方法提出方案，并验证无线能量传输在中等距离范围内的能力，这可以为未来的卫星集群提供更加灵活的架构[36]，这项研究（名为"DOD SPHERES-RINGS"）使用两颗装有甜甜圈状环（RINGS）的小卫星（SPHERES）来测试使用电磁场的无线能量传输。RINGS 的硬件（铝线圈和控制系统）围绕一颗单独的卫星放置，目的是演示如何使用电磁线圈在存在其他小卫星时来操控单颗小卫星。流过线圈的电流可以控制（吸引、排斥和旋转）卫星，而下一个研究目标将包括改进独立卫星之间的控制性能，以及在比中程更远的距离上更有效地进行无线能量传输[51]。

这只是针对有效地在小卫星之间传输能量以减少对备用电源需求的研究的一个实例。无线能量传输领域中的进一步实验将研制必要的硬件设备，为未来小卫星的潜在供电和增强型空间通信系统（辐射型能量传输或远场能量传输技术）提供必要的支撑。

很明显，无线能量传输空间应用中的主要挑战集中于远场能量传输技术（远距离），同时关注天线波束方向性和效率的提高[52][53]。可以使用具有高效率的、用于千米以上距离的微波能量传输的高增益天线[52][54]，但是某些应用可能需要使用全向天线来传输能量以覆盖更多区域。微波能量传输的一个优点是，可以使用波束形成技术向或者从移动目标进行能量传输，而使用相控阵技术来调整波束方向。SPS 是空间微波能量传输的一个应用实例，其中卫星配备了大型太阳能电池板，并将太阳能电池板产生的电转换为高功率微波波束（2.4~5.8GHz 的频率范围，以获得合理的效率）[52]。这些微波波束指向具有很大整流天线的地面接收站。

因此，由于微波能量传输技术可以以高波束效率链接移动目标[52]，因此可以在 IoS 生态系统中开辟新的前景，研究新的应用。例如，可以使用装配太阳能电池板的主卫星上的相控阵实现微波能量传输，然后仅利用微波能量传输为网络化的大量小卫星集群供电（概念可由图 7.18 推想）。发射的功率可由装配在微/纳米卫星表面的整流天线阵列接收。向在轨平台的网络提供微波能量，要求相控阵具有适当效率和精确的目标检测系统，就此正在开展一些研究[52]。如果信任新技术并降低所用微波系统的成本，这种 IoS 供电方式可能是未来面临的挑战。

图 7.18　卫星间的连接[55]

例如，尺寸为 10cm×10cm×30cm 的 3U 立方星的功率需求为 10～50W，考虑到主卫星的发射波束功率为千瓦级，并取决于天线距离（主星和小卫星之间）和天线孔径，该系统可能需要具有实用效率的相控阵和整流天线。

7.3.3　卫星集群愿景

从网络中卫星间的距离的角度来看，微波能量传输方法特别适合基于卫星集群的任务，后者被定义为一组集中在非常近的距离内飞行的小卫星（卫星间的距离为 250m～5km），以实现单个大型卫星的功能。卫星集群似乎是进行星载监视和遥感的新范例[56]。例如，这些卫星可以使用合成孔径技术来模拟具有非常大的实际天线的大型卫星[57]。对比于单个大型卫星，集群方法具有许多优点：

- 每个航天器体积小，重量轻，制造简单且成本相对较低；
- 在卫星发生故障的情况下，失效航天器很容易更换；
- 集群可以重新配置卫星轨道，以针对不同的情况进行任务优化。

一个星群可以实现低地球轨道的全球覆盖和/或连续覆盖。

构建卫星集群研究的第一个实例是"TechSat 21"计划（21 世纪的技术卫星）[58]，该计划由美国空军研究实验室的多个负责人共同研究，以测试航天器技术，它们可以根据任务要求变换集群形式。

作为可能的遥感应用，TechSat 21 计划已确定了 SAR 成像和无源辐射观测（见图 7.19）。尽管由于预算限制，该项目于 2003 年被取消，但仍呈现了集群卫星任务的新动向。

7 使用无线充电的分布式传感

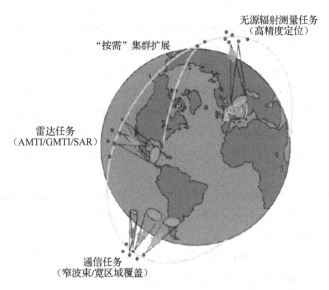

图 7.19 TechSat 21 计划（来自 Tech Sat 21 计划的图像）

TechSat 21 的进一步构想是一个"虚拟"星群，以增大地球覆盖范围，每个"虚拟"卫星都是一个微卫星集群。例如，根据雷达或辐射测量应用的需求，每个星群将包含 8 个微卫星，它们飞行时彼此之间的距离保持在 250m～5km。

通过 TechSat 21 可以预见，每颗小卫星都将保持太阳电池阵列的太阳指向以进行能量收集[58]：微波能量传输技术可能成为卫星集群供电的新愿景，但是限制了向装有大型太阳能电池板的主星的波束能量传输。

7.4 结论

在过去的十年中，无线能量传输在从电动汽车到消费电子产品，从 RFID 到远距离电力传输，甚至到空间太阳能向地面传输的多个应用领域中，已成为越来越流行的技术。在这众多的应用中，本章旨在强调 IoT 和 IoS 如何从无线能量传输的开发中受益，这是两个更具体的，不同但又接近的领域。特别要指出，本章一方面展示了无线能量传输在为物联网所带来的问题提供解决方案方面的潜力，这些问题日益增加了向独立智能物品供电的必要性，从而使它们无需电池或电网连接即可具有所需的感知能力。另一方面，本章还以更富远见的方式展示了无线能量传输如何促进卫星向低地球轨道上的立方星集群的演化，从而进一步拓展遥感的潜力。

7.5 参考文献

[1] CISCO (2011). Available at: http://www.cisco.com/c/dam/en us/about/ ac79/docs/innov/IoT IBSG 0411FINAL.

[2] Phonesat the Smartphone Satellite (2013). Available at: https://www. nasa.gov/centers/ames/ engineering/projects/phonesat.html.

[3] Roselli, L., et al. (2016). "WPT related applications enabling internet of things evolution," in *Proceedings of the 10th European Conference on Antennas and Propagation*, Davos, 1-2.

[4] Ansari, F. (2005). *Sensing Issues in Civil Structural Health Monitoring*. Dordrecht: Springer.

[5] San-Miguel-Ayanz, S., et al. (2012). *Comprehensive Monitoring of Wildfires in Europe: The European Forest Fire Information System*. Brussels: European Commission.

[6] Heilig, A., Schober, M., Schneebeli, M., Fellin, W. (2008). "Next level for snow pack monitoring in real-time," in *Proceedings of the International Snow Science Workshop*, Fernie, BC.

[7] Goetz, S. J., Baccini, A., Laporte, N. T., Johns, T., Walker, W., Kellndorfer, J., et al. (2009). Mapping and monitoring carbon stocks with satellite observations: a comparison of methods. *Carbon Balance Manag.* 4:2.

[8] Wu, Y. M., and Zhao, L. (2006). Magnitude estimation using the first three second P-wave amplitude in earthquake early warning. *Geophys. Res. Lett.* 33, 1-16.

[9] Murvaya, P., and Silea, I. (2012). A survey on gas leak detection and localization techniques. *J. Loss Prev. Process Ind.* 25, 966-973.

[10] Acharjya, D. P., and Geetha, M. K. (2017). *Internet of Things: Novel Advances and Envisioned Applications*. Berlin: Springer.

[11] Anastasi, G., Farruggia, O., Lo Re, G., Ortolani, M. (2009). "Monitoring high-quality wine production using wireless sensor networks," in *Pro-ceedings of the 42nd Hawaii International Conference System Sciences, 2009, HICSS '09*, Washington, DC, 1-7.

[12] Correia, R., Borges Carvalho N., and Kawasaki, S. (2016). Continuously power delivering for passive backscatter wireless sensor networks. *IEEE Trans. Microw. Theory Tech.* 64, 3723-3731.

[13] Karmakar, N. C. (2010). *Handbook of Smart Antennas for RFID System*. Hoboken, NJ: John Wiley & Sons.

[14] Nguyen, C. M., Mays, J., Plesa, D., Rao, S., Nguyen, M., and Chiao, J. C. (2015). "Wireless sensor nodes for environmental moni-toring in Internet of Things," in *Proceedings of the 2015 IEEE MTT-S International Microwave Symposium*, Phoenix, AZ, 1-4.

[15] Lee, Y. H., et al. (2017). "Wireless power IoT system using polarization switch antenna as polling protocol for 5G mobile network," in *Procee-dings of the 2017 IEEE Wireless Power Transfer Conference (WPTC)*, Taipei, 1-3.

[16] Roselli, L., Mariotti, C., Virili, M., Alimenti, F., Orecchini, G., Palazzi, V., et al. (2016). "WPT related applications enabling internet of things evolution," in *Proceedings of the 10th European Conference on Anten-nas and Propagation*, Davos, 1-2.

[17] Rida, A., Yang, L., and Tentzeris, M. M. (2010). *RFID-Enabled Sen-sor Design and Applications (Artech House Integrated Microsystems)*. Norwood, MA: Artech House.

[18] Finkenzeller, K., and Muller, D. (2010). *RFID Handbook: Fundamen-tals and Applications in Contactless Smart Cards, Radio Frequency Identification and Near-Field Communication*,

3rd Edn. Hoboken, NJ: Wiley.

[19] Decarli, N., Guerra, A., Guidi, F., Chiani, M., Dardari, D., Costanzo, A., et al. (2015). "The GRETA architecture for energy efficient radio identi-fication and localization," in *Proceedings of the International EURASIP Workshop RFID Technology*, Oberaudorf, 1-8.

[20] Tedjini, S., Karmakar, N., Perret, E., Vena, A., Koswatta, R., and E-Azim, R. (2013). Hold the chips: chipless technology, an alternative technique for RFID. *IEEE Microw. Mag.* 14, 56-65.

[21] Kim, S., Mariotti, C., Alimenti, F., Mezzanotte, P., Georgiadis, A., Collado, A., et al. (2013). No battery required: perpetual rfid-enabled wireless sensors for cognitive intelligence applications. *IEEE Microw. Mag.* 14, 66-77.

[22] Roselli, L., Palazzi, V., Alimenti, F., Mezzanotte, P. (2017). "Towards multi-bit, long range and eco-friendly implementation of tag sensors," in *Proceedings of the 11th European Conference on Antennas and Propagation (EUCAP)*, Paris, 3922-3925.

[23] Yang, L., Orecchini, G., Shaker, G., Lee, H. S., and Tentzeris, M. M. (2010). "Battery-free RFID-enabled wireless sensors," in *Proceedings of the IEEE MTT-S International Microwave Symposium*, Anaheim, CA, 1528-1531.

[24] Palazzi, V., Alimenti, F., Mariotti, C., Virili, M., Orecchini, G., Roselli, L., et al. (2015). "Demonstration of a high dynamic range chipless RFID sensor in paper substrate based on the harmonic radar concept," in *Proceedings of the IEEE International Microwave Symposium (IMS)*, San Francisco, CA, 1-4.

[25] Monitoring and Evaluating Cracks in Masonry, U-S: General Services Administration (GSA) (2017). Available at: http://www.gsa.gov/portal/ content/111626.

[26] Humboldt Construction Materials Testing Equipmen (2017). Avail-able at: http://www.humboldtmfg.com/concretecrack-monitor-crackgau ge.html.

[27] Yi, X., Wang, Y., Leon, R. T., Cooper, J., and Tentzeris, M. M. (2012). "Wireless crack sensing using an RFID-based folded patch antenna," in *Proceeding of the 6th International Conference on Bridge Maintenance, Safety and Management (IABMAS 2012)*, Lake Como, 8.

[28] Kalansuriya, P., Bhattacharyya, R., and Sarma, S. (2013). RFID tag antenna-based sensing for pervasive surface crack detection. *EEE Sens. J.* 13, 1564-1570.

[29] Kalansuriya, P., Bhattacharyya, R., Sarma, S., and Karmakar, N. (2012). "Towards chipless RFID-based sensing for pervasive surface crack detection," in *Proceedings of the IEEE International Conference on RFID-Technologies and Applications (RFID-TA)*, Warsaw, 5-7.

[30] Palazzi, V., Alimenti, F., Mezzanotte, P., Orecchini, G., and Roselli, L. (2017). "Zero-power, long-range, ultra low-cost harmonic wireless sensors for massively distributed monitoring of cracked walls," in *Proceedings of the IEEE MTT-S International Microwave Symposium (IMS)*, Honolulu, HI, 1-9.

[31] Alimenti, F., Mariotti, C., Palazzi, V., Virili, M., Orecchini, G., Mezzanotte, P., et al. (2015). Communication and sensing circuits on cellulose. *J. Low Power Electron. Appl.* 5, 51-164.

[32] Alimenti, F., and Roselli, L. (2013). Theory of zero-power RFID sensors based on harmonic generation and orthogonally polarized antennas. *Electromagn. Waves* 134, 337-357.

[33] Warneke, B., Last, M., Liebowitz, B., and Pister, K. S. J. (2001). Smart dust: communicating with a cubic-millimeter computer. *Computer* 34, 44-51.

[34] Roselli, L., et al. (2014). Smart surfaces: large area electronics systems for internet of things enabled by energy harvesting. *Proc. IEEE* 102, 1723-1746.

[35] Costanzo, A., and Masotti, D. (2017). Energizing 5G. *IEEE Microw. Mag.* 18, 125-136.

[36] Costanzo, A., Masotti, D., Fantuzzi, M., and Del Prete, M. (2017). Co-design strategies for energy-efficient UWB and UHF wireless sytems. *IEEE Trans. Microw. Theory Tech.* 65, 1852-1863.

[37] Masotti, D., and Costanzo, A. (2017). "Time-based RF showers for energy-aware power transmission," in *Proceedings of the 11th European Conference on Antennas and Propagation (EUCAP)*, Paris, 783-787.

[38] Yoo, T.-W., and Chang, K. (1992). Theoretical and experimental devel-opment of 10 and 35 GHz rectennas. *IEEE Trans. Microw. Theory Tech.* 40:6.

[39] Bhamra, H., Kim, Y.-J., Joseph, J., Lynch, J., Gall, O. Z., Mei, H., et al. A 24 μW, batteryless, crystal-free, multinodesynchronized SoC "bionode" for wireless prosthesis control. *IEEE J. Solid State Circ.* 50, 2714-2727.

[40] Kim, Y.-J., Bhamra, H. S., Joseph, J., and Irazoqui, P. P. (2015). An ultra-low-power RF energy-harvesting transceiver for multiple-node sensor application. *IEEE Trans. Circ. Syst.* 62:12.

[41] McDonnall, D., Hiatt, S., Smith, C., and Guillory, K. S. (2012). "Implantable multichannel wireless electromyography for prosthesis control," in *Proceedings of the Annual International Conferene IEEE EMBC*, Minneapolis, MN, 1350-1353.

[42] Jang, J., Berdy, D. F., Lee, J., Peroulis, D., and Jung, B. (2013). A wire-less condition monitoring system powered by a sub-100 μW vibration energy harvester. *IEEE Trans. Circ. Syst. I Reg. Pap.* 60, 1082-1093.

[43] Guilar, N. J., Amirtharajah, R., and Hurst, J. P. (2009). A full-wave rec-tifier with integrated peak selection for multiple electrode piezoelectric energy harvesters. *IEEE J. Solid State Circ.* 44, 240-246.

[44] Chen, G., et al. (2010). Millimeter-scale nearly perpetual sensor system with stacked battery and solar cells. *Proc. IEEE ISSCC* 53, 288-289.

[45] Agarwal, K., Jegadeesan, R., Guo, Y.-X., and Thakor, N. V. (2017). Wireless power transfer strategies for implantable bioelectronics: methodological review. *IEEE Rev. Biomed. Eng.* 10:1.

[46] Bhamra, H., and Irazoqui, P. (2013). "A 2-MHz, process and voltage compensated clock oscillator for biomedical implantable SoC in 0.18um CMOS," in *Proceedings of the IEEE International Symposium Circuits Systems (ISCAS)*, Montréal, QC, 618-621.

[47] Popov, G., Dualibe, F. C., Moeyaert, V., Ndungidi, P., Garcìa-Vàzquez, H., and Valderrama, C. (2016). "A 65-nm CMOS battery-less tem-perature sensor node for RF-powered wireless sensor networks," in *Proceedings of the IEEE Wireless Power Transfer Conference (WPTC)*, Taipei.

[48] IEEE Internet of Things, The Internet of Space (IOS): A Future Back-bone for the Internet of Things (2017). Available at: http://iot.ieee.org/newsletter/march-2016/the-internet-of-space-ios-a-future-backbone-for-the-internet-of-things.html.

[49] Radhakrishnan, R., Edmonson, W. W., Afghah, F., Rodriguez-Osorio, R. M., Pinto, F., and Burleigh, S. C. (2016). Survey of inter-satellite communication for small satellite systems: physical layer to network layer view. *IEEE Commun. Surv. Tutor.* 18, 2442-2473.

[50] Shadid, R., Noghanian, S., and Nejadpak, A. (2016). "A literature survey of wireless power transfer," in *Proceedings of the 2016 IEEE Inter-national Conference on Electro Information Technology (EIT),* Grand Forks, ND, 0782-0787.

[51] Department of Defense Synchronized Position, Hold, Engage, Reori-ent, Experimental Satellites-Resonant Inductive Near-field Gen-eration System (DOD SPHERES-RINGS) (2017). Available at: https://www.nasa.gov/mission pages/station/research/experiments/916.html.

[52] Shinohara, N. (2013). Beam control technologies with a high-efficiency phased array for microwave power transmission in Japan. *Proc. IEEE* 101, 1448-1463.

[53] Shinohara, N. (2010). Beam efficiency of wireless power transmis-sion via radio waves from short range to long range. *J. Korean Inst. Electromagn. Eng. Sci.,* 10, 224-230.

[54] McSpadden, J., and Mankins, J. (2002). Space solar power programs and microwave wireless power transmission technology. *IEEE Microw. Mag.* 3, 46-57.

[55] I Links (2017). Available at: http://personal.ee.surrey.ac.uk/Personal/L. Wood/isl/.

[56] Mohammed, J. L. (2001). Mission planning for a formation-flying satellite cluster. *Am. Assoc. Artif. Intell.*

[57] TECHSAT 21 and Revolutioning Space Missions using Microsatellites. Air Force Research Laboratories Space Vehicles Directorate (1998). Available at: http://www.kirtland.af.mil/Units/AFRL-Space-Vehicles-Directorate/.

[58] Burns, R., et al. (2000). TechSat 21: formation design, control, and simulation. *IEEE Aerosp. Conf. Proc.* 7, 19-25.

8

IoT

里卡多·科雷亚（Ricardo Correia）　丹尼尔·贝罗（Daniel Belo）
努诺·博格斯·卡瓦略（Nuno Borges Carvalho）
葡萄牙阿维罗大学电子通信与信息系通信研究所

8.1 引言

无线通信和射频识别技术的迅猛发展使得无线跟踪和感知某些物质成为可能。如今，随着连接对象不断增多，物联网（IoT）网络中的数十亿无线传感设备数量到 2020 年达 500 亿。物联网正在将我们周围的日常物品转变为可以丰富我们生活的信息生态系统。虽然物联网集中反映了小型化、无线连接、数据存储容量增加和电池等方面的进步，但如果没有传感器，将无法实现物联网。只有当不需要传感器电池或对其需求显著缩减时，才能实现设备量的增长。对于低功耗的传感器和相关设备，细致的电源管理和节能对器件的使用寿命与有效性至关重要。彻底改变物联网系统无线节点中的无线电收发机架构是一种可能的解决方案，新架构应该能够利用空中传输的电磁波进行通信，同时可以为传感器供电。在这种情况下，我们不希望甚至不可能去频繁维护所有无线节点的电池，而且无源后向散射无线电将因其低成本、简单和无需电池等特性而发挥重要作用。

物联网的目标是随时随地提供连接，相对 ZigBee、蓝牙和 Wi-Fi 等传统技术的高功耗特性（图 8.1 中所示为 10～1000mW），低配技术具有低功耗、无需电池、低成本和低复杂度等特性，支持实现无处不在的应用。因此，迫切需要研究新颖的无线通信技术以实现更高的数据速率，且同时使能耗最小化。

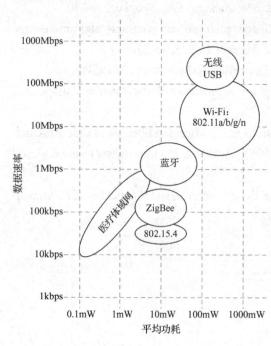

图 8.1　不同技术支持数据率下所需的平均功耗

8.2 后向散射通信

无源和有源 RFID 无线收发机之间的区别在于上行链路的后向散射调制[1]。如图 8.2 所示，在后向散射通信中，标签反射阅读器发射的无线电信号，并通过控制其自身的反射系数来调制反射信号[2]。负载调制器通常采用晶体管开关，在两个不同的阻抗之间切换。通过在两个值之间切换天线阻抗，标签可以二进制的方式调制散射回阅读器的射频信号。通过这种通信模式，传统无线收发机方案中的有源部件不再为必需，同时也是实现低功耗的基础。因此，每个传感器可以简单地通过接通和断开连接到天线端口的阻抗来实现后向散射通信。

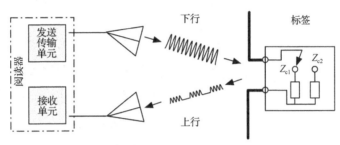

图 8.2 后向散射通信示意图

后向散射阅读器发送连续载波，后者传输一定距离后到达后向散射装置，一部分载波功率由后向散射装置转换成直流，并作为收集的能量存储在本地。通过简单地接通和断开射频晶体管，另一部分载波则被反射回阅读器，载波的变化可以由阅读器检测并且被解码为后向散射装置发送的信息。通过无线接收本振信号，后向散射标签不再需要自己的射频振荡器或锁相环（PLL），而去除这些电路可以降低标签芯片的功耗，并减小其成本[3]。然而，阅读器接收的后向散射信号很弱，因此会限制通信距离。在传统的后向散射通信中，标签必须从阅读器获得足够的能量以提供本振和调制数据，并且阅读器必须接收强后向散射信号才能工作。

后向散射通信中常采用 ASK 调制和 PSK 调制，研究人员还证明了其他更高阶的调制方案的可行性[4][5]，但由于接收机的信噪比较低，低阶调制还是最常见。在参考文献[6]中开展了一些关于后向散射调制特性的研究工作，包括测量后向散射负载调制器的阻抗以合理表征 RFID 标签的阻抗匹配。

能量收集器和功率管理电路负责收集足够的能量来为标签及其他附加传感器供电，如前所述，能量可以来自各种源，但通常是阅读器供能的射频能量。在过去的几年中，射频能量收集技术引发了很多关注，它能将射频信号转化为电力[7]。该领域的复兴已经催生了第一个商业解决方案。随着便携式应用的发展，包括 eCoupled、WiPower 和 Powermat 在内的许多公司已经提出了无线能量传输的商业化解决方案，这些都强烈地促使无线能量传输支持的无线传感器网络能够负担起所有的运营成本。

在后向散射 RFID 系统中，有必要保证高能效的通信。如果标签芯片处的功率低于标签的灵敏度（标签启动所需的最小功率），则后向散射通信系统的上行链路会受限。反过来说，如果不仅仅为了实现识别（ID）功能，或者如果要增大后向散射无线电波的传输距离，就需要电池来支持。

最近的研究参考文献[8]和[9]表明，可以使用一个频率连续为无线传感器供电，同时使用其他频率通过 ASK 调制的后向散射方式传输数据，如图 8.3 所示为参考文献[9]中提出的解决方案。

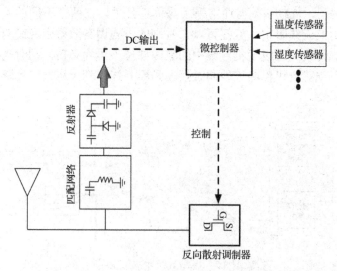

图 8.3　参考文献[9]中所提的方案框图

如图 8.4 所示，无须更换传统无线传感器网络中的耗能传感器，无源的无线能量传输无线传感器网络采用大量以固定的能量发射机供电的传感器实现了连续工作，这些发射机不仅用来无线充电，还用来采集数据。不仅如此，由于无线能量传输提供了更充足的电力，目前 RFID 设备有望实现更长的工作寿命，并且能够以比传统的基于后向散射的 RFID 通信更大的数据速率和更长的距离进行主动传输。因此可以想象，未来无线能量传输支持的无线传感器网络将成为许多流行的商业和工业系统的重要组成部分，包括即将推出的物联网/万物网（IoT/IoE）系统，它们包含数以百万计的感知/RFID 设备，以及大规模的无线传感器网络。

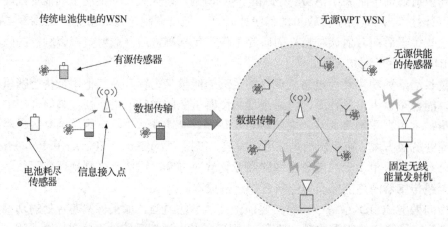

图 8.4　传统电池供电的 WSN 系统和无源 WPT 的 WSN 系统的示例应用

8.2.1 高速率后向散射 QAM 调制

在大多数 RFID 系统和无源传感器中，标签到阅读器之间的通信采用 ASK 或 PSK 调制方式，不是调制阅读器发射射频载波的幅度，就是调制其幅度和相位。与条形码技术相比，使用该技术具有许多优点，如能够实时跟踪人员、物品和设备，能够满足非视距要求，能够长距离读取和承受恶劣环境。而且最近的研究（参考文献[10]）已经表明：后向散射调制可以扩展到诸如 4-QAM 这样更高阶的调制方式。ASK 和 PSK 调制下的每个符号周期发送 1 比特的数据，而 4-QAM 调制下的每个符号周期可以发送 2 比特数据，因此提高了数据速率，降低了片上功耗，扩展了读取距离。

参考文献[4]和参考文献[10]中提出了在半无源系统中采用 4-QAM 调制、使用纽扣电池为调制器和需要 3V 电源的微控制器供电方案。用微控制器控制连接到 RF 开关的 4 个集总阻抗，通过这一方法，作者验证了 QPSK 调制器和电池供电系统。同时作者也提出了一种用于 UHF 后向散射通信的 16-QAM 调制器，其在 96Mbps 速率下仅调制器（注意，不包含为调制器馈电的数据生成逻辑单元的整个系统）消耗的功率是 1.49mW[11]。该调制器用 5 个开关实现，其集总终端是一个 16:1 的复用器，用于在负载的 16 种状态之间切换。

参考文献[12]的作者提出了一种 I/Q 后向散射调制器，其使用偏置电流来改变两个 PIN 二极管的阻抗，电路利用一个 Wilkinson 功率分配器和两个滤波器（低通和高通，两分支各一个）来保证电路板上的对称路径，每个分支连接一个 PIN 二极管。该电路的偏置功耗为 80 mW（不包括数模变换器和 FPGA 逻辑单元），这对高功耗和高速据率都提出了限制，因此在低功率传感器中采用这种电路方案并不可行。参考文献[13]中提出了另一种使用 PIN 二极管的方法，Pozar 给出了一种利用正交混合电桥和两个 PIN 二极管组成的反射型移相器，通过将二极管偏置到 ON 和 OFF 状态，可以改变两个反射波的总路径长度，从而在输出端产生相移。但是，PIN 二极管功耗较大，不适于低功率传感器。

参考文献[14]中提出了另外一种实现 BPSK 调制的方案，作者给出了一种包含两个开关的相移调制器，开关通过 90° 延迟线或 0° 延迟线相互连接。相移调制器为双端口器件，通过它选定端口 1 和端口 2，从而使信号延迟 90° 或没有延迟，从而实现 BPSK 调制。

参考文献[15]中使用了两种多天线技术，作者提出了一种能量收集器[交错模式电荷收集器（SPCC）]，它用两个独立的天线阵列收集能量为微控制器供电。还提出了一种方向回溯阵列相位调制器（RAPM），将来自阅读器的信号再后向散射到阅读器。RAPM 包括两个由微控制器控制的开关，通过不同波长的共面波导连接实现 4 个开关状态，其中每个状态相位差 90°。通过校准开关中的相位偏移，RAPM 可以实现 QPSK 调制。与参考文献[15]中提出的解决方案相比，本章提供的方案更简洁，易于扩展到更高的调制阶数。

为了使所分析系统的尺寸最小化并将调制阶数提高到 16-QAM，下面评估图 8.5 中模型的实现方案。该模型由 Wilkinson 功率分配器和两个不同的分支构成，每个分支各端接一段传输线和理想阻抗。这两段传输线互相提供了 45° 时相移，意味着两个分支的反射波之间有 90° 的相位差。通过在 2 个值之间切换理想阻抗，可以实现 4-QAM 调制方案；通过在 4 个值之间进一步调整阻抗，可以扩展调制阶数到 16-QAM。

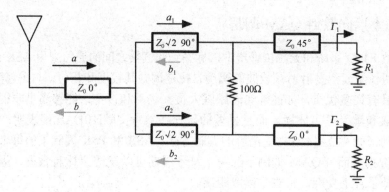

图 8.5　QAM 方案模型

图 8.6 示出了每个分支中传输线长度的差异，这些长度差提供了 45°的相移。采用这种方法设计了如图 8.6 所示的电路，并且每个晶体管都可以切换到不同的电压，从而实现不同的反射系数。

如图 8.7 所示为测量装置的实物照片，用以获得图 8.6 所示电路的反射系数。实验中使用电源和矢量网络分析仪（PNA）（E8361C，Agilent Technologies），并将矢量网络分析仪在 2~3GHz 的频率范围内将其标定为 0dBm。仿真和测量的结果如图 8.8 所示，根据仿真结果切换开关，在晶体管的每个栅极处有不同的电压电平。

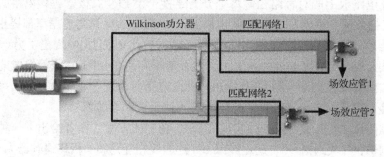

图 8.6　QAM 后向散射电路实物照片

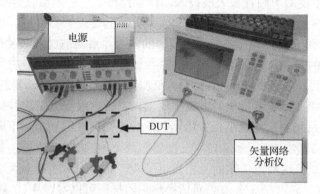

图 8.7　测量装置的实物照片

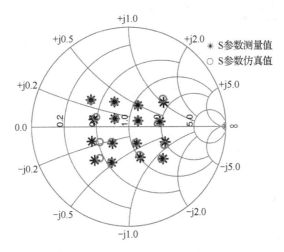

图 8.8　2.45GHz、0dBm 下每个晶体管栅极处的不同电压对应的 S_{11} 的仿真和测量结果

为了在实际应用场景中给出更精准的结果，针对不同的输入功率电平进行了一些仿真（见图 8.9）。由图 8.9（c）所示的结果可见，输入电平越高，其 S_{11} 参数点集越难分辨；如图 8.9（a）和图 8.9（b）所示，对于较低的输入电平，可以看出其实现了 16-QAM 调制。为了改善高输入功率电平的结果，应在这样的电平下优化电路。

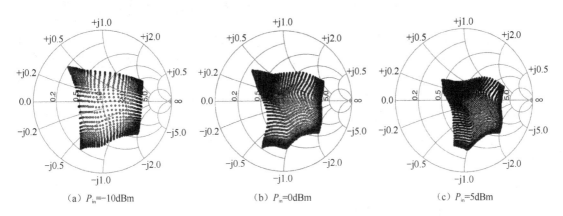

(a) $P_{in}=-10\text{dBm}$　　(b) $P_{in}=0\text{dBm}$　　(c) $P_{in}=5\text{dBm}$

图 8.9　2.45 GHz 时每个晶体管栅极的不同电压（0～0.6V，步长为 0.01V）对应的 S_{11} 仿真值

使用如图 8.10 所示的测量装置，可以研究和评估调制器链路的最大通信数据速率。该测量装置用于观察多种传输速率下接收信号的星座图，用矢量信号发生器（ROHDE & SCHWARZ SMJ 100A）产生 2.45GHz 的发射信号，用任意波形发生器（TEKTRONIX AWG5012C）在每个晶体管的栅极产生不同的电压。

将不同的电压施加到每个晶体管的栅极，并在信号&频谱分析仪中产生与分析 16 种不同的阻抗。对于 8Mbps、24Mbps 和 80Mbps 的比特率，接收到的星座图如图 8.11 所示。星座点位于适当的象限中，每个点都清晰可见。通过改变栅极电压来标定系统，可以获得更好的结果。

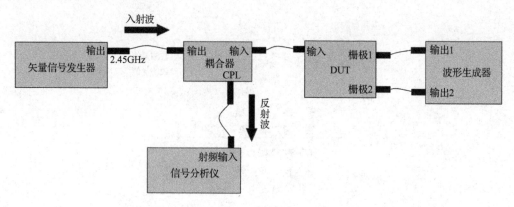

图 8.10 用于解调和可实现数据速率的测量装置框图

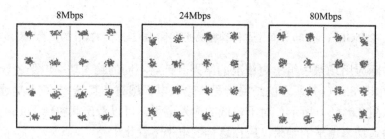

图 8.11 在 2.45GHz 的中心频率和不同数据速率下接收到的 16-QAM 星座图

图 8.12 给出了不同数据速率下的误差矢量幅度（EVM）的测量值。随着数据速率的增加，测得的 EVM 也会增加。尽管 EVM 看起来很高，但应注意到该过程还没有通过接收机上的任何信号均衡处理。这些结果清楚地说明：所提出的解决方案对于高比特率后向散射方法是可行的。

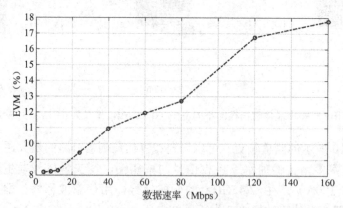

图 8.12 不同数据速率下 16-QAM 的 EVM 测量值

在图 8.13 中可以看到 16-QAM 调制器的实测 EVM 在不同的数据速率下都是输入功率的函数。由于该设备针对 0dBm（1mW）的 RF 输入信号进行了优化，所以可以看出其在该功率值附近时能取得的最低 EVM。从图 8.13 中可以看出，对于 120Mbps 的数据速率，系统的 EVM 最低为 16.7%；对于 60Mbps 的数据速率，系统的 EVM 最低为 10.3%。如果电路能够调谐在输入射频功率更低时，则此时这种解决方案的可行性可以得到提高。

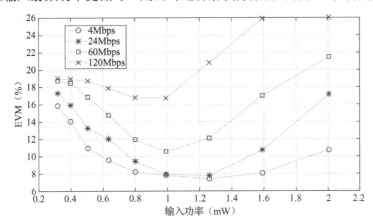

图 8.13　不同数据速率下 16-QAM 调制器的 EVM 测量值作为输入功率的函数

8.2.2　具有 WPT 功能的后向散射 QAM

如图 8.14 所示为将 QAM 后向散射调制器与无线能量传输相结合的系统框图，与传统的电池供电无线传感器网络相比，因为无须更换电池或充电，该方案具有提升性能的潜能。无线能量传输的运用可降低运营成本并提高通信性能，无线传感器需要在发送数据之前获得足够的能量，而本方案通过连续的能量输送有可能突破以上种种限制并提高通信性能。该方案使用两种不同的频率，一种用于无线能量传输，另一种用于 QAM 后向散射调制，因此它将在未来的物联网系统的主流商业和工业系统中发挥重要作用。

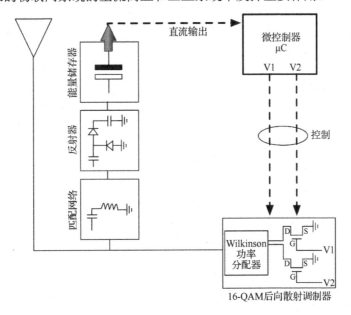

图 8.14　将 QAM 后向散射调制器与无线能量传输相结合的系统框图

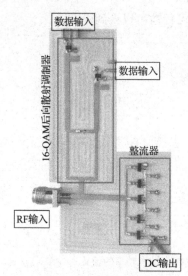

图 8.15　由 16-QAM 调制器和整流器构成的系统的实物照片

图 8.14 中提出的系统可分为两个主要模块，即 16-QAM 后向散射调制器和整流器，如图 8.15 所示为该系统的实物照片。首先是调制器，与参考文献[16]中的方法相同，由 Wilkinson 功率分配器、两个匹配网络和两个 E-pHEMT 晶体管（Broadcom ATF-54143）构成。此外还提出了一个五级 Dickson 倍压电路，用于从发射机连续波中收集最大的直流功率。整流器使用了射频肖特基二极管（Skyworks SMS7630-006LF），并在频率为 2.45GHz、功率为 0dBm 时对整流器进行了优化设计。

用与图 8.10 所示同样的装置可以评估图 8.14 所示系统可实现的数据速率。改变晶体管的栅极电压就可以改变漏极阻抗，引起反射系数的变化，从而实现调制。如图 8.16 所示，通过信号&频谱分析仪可以分析 4Mbps、400Mbps、960Mbps 数据速率下接收到的星座图、EVM 和每比特功耗对输入功率的依存关系。如图 8.16（c）所示，数据速率为 960Mbps 时，所得的 EVM 为 12.8%，对应于每比特能耗为 0.33pJ；而如图 8.16（a）所示，对于 4Mbps 的数据速率，EVM 可以降低到 6.2%，每比特能耗为 0.2pJ。

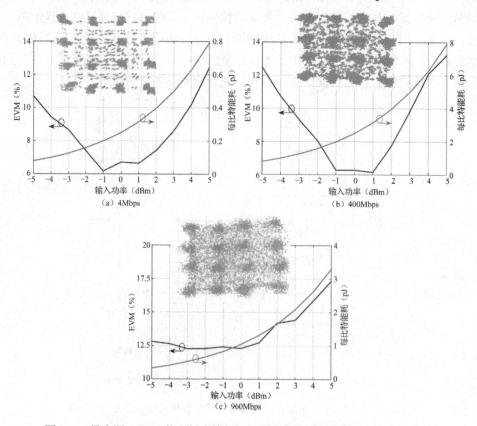

图 8.16　星座图、EVM 值和每比特能耗与不同数据速率下的输入功率的关系

不同数据速率下接收的眼图如图 8.17 所示。对于 4Mbps 的数据速率，眼睛明显打开，接收的信号是干净的；但是，如果数据速率增加到 960Mbps，则眼睛开始闭合，接收到的信号会表现出噪声。尽管如此，根据图 8.16 所示的结果，如此高速率的信号仍然可以解调。

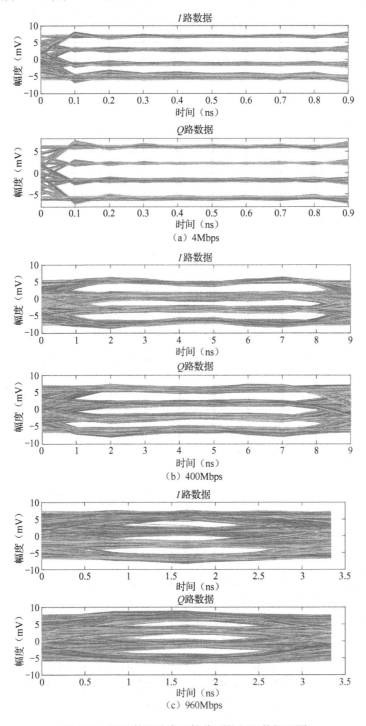

图 8.17 不同数据速率下接收到的解调数据眼图

图 8.15 示出了两个主要模块,即后向散射调制器和整流器,其中五级整流器的效率非常低(输入功率为 5dBm 时约为 6%),可以对其进行优化以改善以上结果,甚至可以采取类似于参考文献[9]中的方法,使用两个不同的频率。不管怎样,在进行通信时都可以从发射机获得一定量的直流电能。系统收集的直流输出电压随输入功率变化的结果如图 8.18 所示。

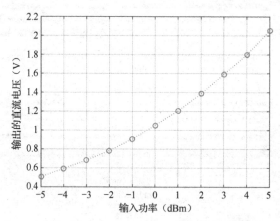

图 8.18 系统输出的直流电压与输入功率的关系

正是因为这些特性,该系统适用于为诸如物联网传感器这样未来的低功耗设备提供大的带宽。

8.2.3 用于移动无源后向散射传感器的高效无线能量传输系统

本小节将介绍一种工作频率为 5.8GHz 的连续波高效发射机,作为实现高效无线能量传输系统的可能解决方案,其可实现从发射机的能量转换到物联网传感器的直流能量产生,传感器与前文提到的那些类似[12]。根据导引信号提供的反馈,发射天线能够在 3 种不同状态之间切换,它们具有不同的天线增益和辐射功率,而导引信号频率为 3.45GHz,由 IoT 传感器后向散射产生。这种方案的目的是为移动的物联网传感器供电,单个天线单元如图 8.19(a)所示,该天线采用双层口径耦合技术,每个单元的馈源由单刀双掷(SPDT)开关组成,其中一个输出连接激励贴片的功率放大器,另一个连接 50Ω 的负载。上述天线只有一路输入,通过 4 路信号分配器进行分配。利用 4 位解码器轻松切换单刀双掷开关,将 4×4 天线重新配置为如图 8.20(b)所示的状态。请注意,当开关配置使信号流向 50Ω 负载时,它们各自的功放处于关闭状态以节省功耗。设计频率为 3.45GHz 的单个贴片天线并排放置在该贴片天线中,以辐射导引信号,后者将被物联网传感器吸收或反射。

根据某一时刻处于工作状态的天线单元的数目,这 3 种状态将表现出不同的输入匹配、不同的增益和不同的辐射功率。图 8.20(a)给出了这种天线 3 种状态下的反射系数,以及后向散射导引信号的反射系数;图 8.20(b)给出每种状态下的增益。请注意,如果说状态 1 的辐射功率是 P_{rad},那么状态 2 的辐射功率是 P_{rad}+3dB,状态 3 的辐射功率是 P_{rad}+6dB,这种方法允许功放工作在关闭状态或饱和状态,以最大限度地提高发射机的效率。

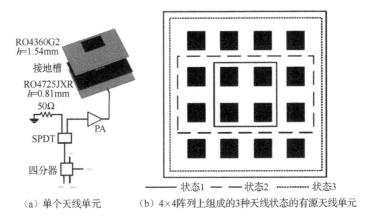

(a) 单个天线单元　　(b) 4×4阵列上组成的3种天线状态的有源天线单元

图 8.19　可重构发射微带贴片天线

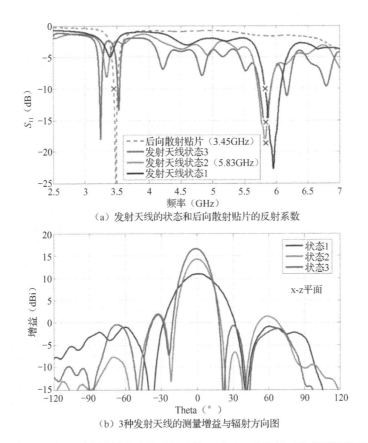

(a) 发射天线的状态和后向散射贴片的反射系数

(b) 3种发射天线的测量增益与辐射方向图

图 8.20　发射天线的状态和后向散射贴片的反射系数，以及3种发射天线的测量增益与辐射方向图

如图 8.21（a）所示，为了能够连续接收能量并同时向发射机告知其工作的 RF-DC 转换效率值，在整流器上安装了一个后向散射系统。该电路经过优化，在开关晶体管上施加直流电压，使后向散射贴片将 3.45GHz 的导引信号反射回发射机。不管晶体管处于导通状态还是截止状态，整流器本身是一个单管串联的肖特基二极管，匹配在 5.83GHz。

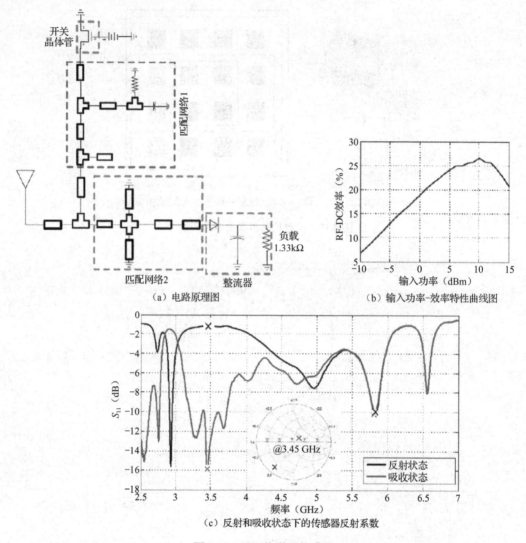

图 8.21 无源物联网传感器

为了提供开关晶体管所需的电压,可以从整流器得到的直流电压采样得到。因此,在设计中预先确定的晶体管导通所需的电压对应于某个已知效率的工作点,而该工作点的效率可由式(8.1)推算:

$$\eta = \frac{P_{DC}}{P_{in,RF}} = \frac{V_{DC}^2}{R_L \times P_{in,RF}} \qquad (8.1)$$

其中,$P_{in,RF}$ 是传感器的平均输入功率;P_{DC} 为直流输出功率;V_{DC} 为输出直流电压;R_L 为传感器负载。这样,发射机就可以根据导引信号反射情况来改变其状态,而导引信号的反射又由晶体管导通状态决定。

参考图 8.21(b)所示的特定接收机的输入功率-效率曲线,可以找到 RF-DC 最高转换效率的点。对于较低的输入功率,二极管的正向阈值电压是限制因素;对于较高的功率,击穿区域是限制因素。请注意,此曲线是一般的 RF-DC 转换效率曲线,考虑到这一点,通过有效地激活天线状态，可以使接收机保持在预定的有效工作点上。结合前面几节介绍的概念，对于连续波信号而言，可以保持 IoT 传感器在某个特定的效率点运行，同时保持收发机的最高效率。

为了验证上述方法，开展了一项试验，试验中，在与发射天线对齐的直线上移动物联网传感器，电路原理图如图 8.22（a）所示。在图 8.22（b）中，通过功率合成器将无线能量传输天线和后向散射天线合并起来，并用一个定向耦合器来监测输入功率。图 8.22（c）中的 3 条曲线分别是对于每个发射机状态下接收机在覆盖距离上的效率分布。由于该实验在真实的实验室环境中进行，其中多径效应不容忽视。如图 8.22 所示，通过开关天线单元及其各自的功放，可以向 IoT 传感器有效地分发能量。对于天线连接器处的给定输入功率 P_{in}，通过监视后向散射导引信号确定 IoT 传感器的距离，并据此选定状态进而被动地控制天线的辐射功率。此外，天线增益本身也会发生变化，从而有助于增大整体的有效覆盖范围。

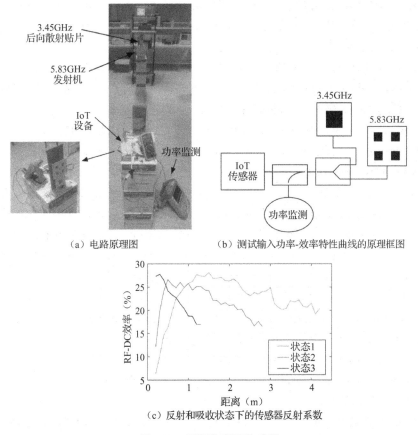

图 8.22 无源物联网传感器

发射机的整体效率主要取决于功率放大器的效率，由于使用连续波信号，所以功率放大器可以始终工作在饱和状态下。假设物联网传感器必须以最低 20%的效率工作，那么天线状态 1 的覆盖范围最多为 1m；通过监视后向散射信号切换到状态 2，则变成双倍功率且覆盖范围增至 2.2m；最后切换到状态 3，进一步增加发射功率到翻倍，覆盖范围最多达 4m。

必须指出，在 IoT 传感器处，引入功率合成器用于合成由天线收集的无线功率和后向散射信号。此外，还插入了一个定向耦合器用于监测输入功率［见图 8.22（b）］。因为附加了这两个组件，所以它们引入的损耗将导致覆盖范围减小。

8.3 参考文献

[1] Fuschini, F., Piersanti, C., Paolazzi, F., and Falciasecca, G. (2008). Analytical approach to the backscattering from UHF RFID transponder. *IEEE Antennas Wirel. Propag. Lett.* 7, 33-35.

[2] Griffin, J. D., and Durgin, G. D. (2009). Complete link budgets for backscatter-radio and RFID systems. *IEEE Antennas Propag. Mag.* 51, 11-25.

[3] Daniel, K., and Popovic, Z. (2013). How good is your tag? RFID backscatter metrics and measurements. *IEEE Microw. Mag.* 14, 47-55.

[4] Stewart, T., and Reynolds, M. S. (2010). "QAM backscatter for pas-sive UHF RFID tags," in *Proceedings of the 2010 IEEE Interna-tional Conference on RFID (IEEE RFID 2010)*, (Warsaw: IEEE), 210-214.

[5] Correia, R., and Borges Carvalho, N. (2016). "Design of high order modulation backscatter wireless sensor for passive IoT solutions," in *Proceedings of the 2016 IEEE Wireless Power Transfer Conference (WPTC)*, Jersy: IEEE, 1-3.

[6] Marina, J., Correia, R., Ribeiro, D., Cruz, P., and Carvalho, N. B. (2016). "RF-to-DC and backscatter load modulator characterization," in *Pro-ceedings of the 2016 87th ARFTG Microwave Measurement Conference (ARFTG)*, (San Francisco, CA: IEEE), 1-4.

[7] Visser, H. J., and Vullers, R. J. M. (2013). RF energy harvesting and transport for wireless sensor network applications: principles and requirements. *Proc. IEEE* 101, 1410-1423.

[8] Correia, R., Borges De Carvalho, N., Fukuda, G., Miyaji, A., and Kawasaki, S.-G. (2015). "Backscatter wireless sensor network with WPT capabilities," in *Proceedings of the International Microwave Symposium*, (San Francisco, CA: IEEE), 1-4.

[9] Correia, R., Borges Carvalho, N., and Kawasaki, S. (2016). "Contin-uously power delivering for passive backscatter wireless sensor net-works," in *Proceedings of the IEEE Transactions on Microwave Theory and Techniques*, (Nanjing: IEEE), 1-9.

[10] Stewart, J. T., Wheeler, E., Teizer, J., and Reynolds, M. S. (2012). Quadrature amplitude modulated backscatter in passive and semi-passive UHF RFID systems. *IEEE Trans. Microw. Theory Tech.* 60, 1175-1182.

[11] Stewart, J. T., and Reynolds, M. S. (2012). "A 96 Mbit/sec, 15.5 pJ/bit 16-QAM modulator for UHF backscatter communication," in *Proceed-ings of the 2012 IEEE International Conference on RFID (RFID)*, (Warsaw: IEEE), 185-190.

[12] Winkler, M., Faseth, T., Arthaber, H., and Magerl, G. (2010). "An UHF RFID tag emulator for precise emulation of the physical layer," in *Proceedings of the Microwave Conference (EuMC 2010)*, European, Paris, 273-276.

[13] Pozar, D. M. (2012). *Microwave Engineering*. Hoboken: Wiley.

[14] John, K., and Tentzeris, M. M. (2016). "Pulse shaping for backscat-ter radio," in *Proceedings of the 2016 IEEE MTT-S International Microwave Symposium (IMS)*, (Honolulu, HI: IEEE), 1-4.

[15] Matthew, S. T., Valenta, C. R., Koo, G. A., Marshall, B. R., and Durgin, G. D. (2012). "Multi-antenna techniques for enabling passive RFID tags and sensors at microwave frequencies," in *Proceedings of the 2012 IEEE International Conference on RFID (RFID)*, (Warsaw: IEEE), 1-7.

[16] Correia, R., Boaventura, A., and Borges Carvalho, N. (2017). "Quadra-ture amplitude backscatter modulator for passive wireless sensors in IoT applications," in *Proceedings of the IEEE Transactions on Microwave Theory and Techniques*, (Nanjing: IEEE), 1-8.

9

波束式无线能量传输和太阳能发电卫星

篠原真毅（Naoki Shinohara）

日本京都大学可持续人类圈研究所

摘要

利用无线电波的无线能量传输（WPT）不仅可以用于能量扩散传播（例如，在无线通信系统中），而且可以实现"波束式"WPT，以代替有线能量传输系统。在波束式无线能量传输中，通常利用微波将无线能量聚焦到单个目标上，具有接近100%的高效率。采用微波的无线能量传输称为微波能量传输（MPT），MPT可应用于：①固定目标远距离波束式无线能量传输；②固定目标中短距离波束式无线能量传输；③移动目标的波束式无线能量传输；④太阳能发电卫星。本章将介绍已开展的实验和未来的波束式无线能量传输系统。

9.1 引言

无线电波可以取代电缆用于传输电力。远距离、高效率地将无线能量集中传输至单个接收器是有可能的。然而，基于麦克斯韦方程，无线能量聚焦传输比一般的无线能量传输需要更大的天线或更高的频率。微波（1~30GHz）通常用于远距离无线能量传输，以减小天线的尺寸并提高波束效率。利用微波的无线能量传输系统被称为微波功率传输（MPT）系统。如图9.1所示为波束效率为99.9%时的2.45GHz的天线口径与传输距离之间的关系。例如，传输距离为10km（80km）时，在2.45GHz频点处要达到99.9%的波束效率所需的发射天线和接收天线的口径理论上为50m（200m），比起构建微波能量传输系统理想的尺寸要大。然而，即使对位于地球表面以上36000km的太阳能发电卫星（SPS）来说，理论上也可以实现效率为99.9%的2.45GHz的无线能量传输系统。为了评估微波能量传输的总效率，还应该考虑天线上的DC-RF转换效率和RF-DC转换效率。1975年，布朗使用磁控管和喇叭天线在他的2.45GHz实验室中进行了无线能量传输实验（见图9.2）[1]。他在实验中以495W的直流输出功率实现了54%的效率，这是完全波束式无线能量传输系统所达到的世界纪录。另外，可以利用相控阵天线和方向回溯目标检测系统来电控波束方向。无线能量可以用于对车辆驾驶或无人机飞行供电。无线电波的无线能量传输历史始于20世纪60年代的波束式无线能量传输应用。最近，全世界围绕波束式无线能量传输开展了许多研究。

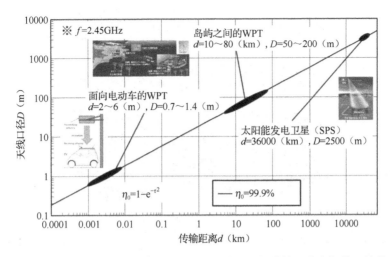

图 9.1　波束效率为 99.9% 时的 2.45GHz 的天线口径与传输距离之间的理论关系

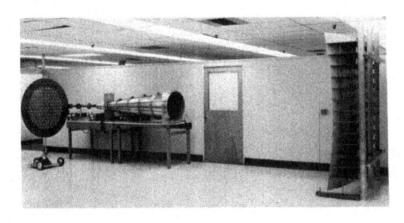

图 9.2　1975 年布朗的 2.45GHz 无线能量传输实验室实验[1]

9.2　面向固定目标的远距离波束式无线能量传输

波束式无线能量传输（MPT）到固定目标的示意图如图 9.3 所示。人们感兴趣的微波能量传输应用可能包括在紧急情况下代替电缆对岛屿、山顶和孤立地区输电。必须考虑无线能量传输系统的初始成本和运行成本，因为我们还有其他技术将电力传输到被隔离的地方（如通过电缆或携带电池），而不是只有微波能量传输系统。

目前已经开展了一些波束式无线能量传输的室外试验。如第 9.1 节所言，布朗、理查血德·迪金森和他们的团队于 1975 年成功地完成了迄当时为止最大的波束式 WPT 演示，该演示在喷气推进实验室的戈德斯通实验室（美国）的维纳斯（Venus）试验场进行。口径为 26m 的抛物面发射天线与尺寸为 3.4m×7.2m 的整流天线阵列之间的距离为 1 英里。速调管产生 2.388GHz 的发射微波信号，功率为 450kW，所获得的整流直流功率为 30kW，整流效率为 82.5% 波束效率约为 8%。

图9.3 波束式无线能量传输到固定目标的示意图

1994 年至 1995 年，在日本，京都大学和神户大学在日本电力公司的支持下进行了 2.45GHz 的波束式无线能量传输实验（见图 9.4）。研究人员设想向一个孤立的地点（如山顶或岛屿）进行波束式无线能量传输。在实验中，使用 3mf 的抛物面天线和 5kW 的工业磁控管作为发射机，在 3.2m×3.6m 的格阵上使用 2304 个器件的整流天线阵列作为接收机[2]。传输距离约为 42m，估计波束效率超过 74%。

图9.4 1994年至1995年日本开展的波束式无线能量传输的室外实验

2008 年，神户大学和一个日本团队、一个美国团队在毛伊岛的哈莱阿卡拉峰上成功地利用相控阵进行了距离为 148km 的微波能量传输试验（见图 9.5）。这个试验得到了 Discovery 电视频道的支持。波束效率非常低，正如理论计算所预期的，但微波能量到达了接收点。

图9.5 2008年由Discovery频道支持的距离为148km的MPT演示

在欧洲，一些独有的技术也在研发当中。20世纪90年代后期曾计划在留尼汪岛（Ŕeunion Island）上开展一项波束式无线能量传输外场试验（见图9.6所示）[3][4]，试验中开发了大型整流天线阵列。然而，整个项目至今尚未开展。

图9.6 法国留尼汪岛大盆地和整流天线原型[4]

如9.3节所述，更高的频率适用于具有高波束效率的波束式无线能量传输。21世纪初，美国和日本进行了通过激光束进行光学无线能量传输的试验。这些试验利用波长约为1mm的激光器来传输数百瓦的无线功率。光学无线能量传输系统的天线尺寸和光束效率优于微波能量传输系统，但光学无线能量传输系统存在一些问题，包括精准的波束形成，以及直流与激光之间的转换效率。

在远距离波束式无线能量传输系统中，由于人或动物可能会进入微波波束，所以微波安全问题需要得到保证。此外，无线能量传输系统对传统无线通信系统影响的研究也很重要。然而，我们可以将微波波束的空间分成"内部"和"外部"，传统无线通信系统将被放置在微波束之外，以减少微波功率对该系统的影响。在不久的将来，无线电波的安全问题和对传统无线通信系统影响的研究对于实现微波能量传输系统将是最为重要的。

9.3 面向固定目标的中短距离波束式无线能量传输

微波能量传输通过减小天线尺寸，也可以用于短距离应用。在短距离微波能量传输系统中，发射和接收天线之间不会有人或动物，因此微波功率可以增加到千瓦特量级。与远距离微波能量传输系统相比，短距离微波能量传输系统中微波能量波束的有效面积较小，因此其影响性研究相对更为容易。

短距离微波能量传输的一种应用是为电动车辆（EV）进行无线充电。从2000年开始，京都大学和尼桑汽车集团提出并开发了一种用于电动车的微波能量传输技术（见图9.7）。发射天线位于道路路面，整流天线位于电动车底部。发射天线和接收天线之间的距离约为12.5cm，即相当于2.45GHz电波的一个波长。电动车上的电池可仅利用微波能量传输进行充电，理论波束效率为83.7%，实验中波束效率为76.0%[5][6]。这样的效率已经足够高，可以经济地应用微波来传输无线能量。从2006年到2008年，日本三菱重工（MHI）有限公司与三菱汽车公司、富士重工株式会社、大发汽车株式会社、京都大学等共同开展了电动车微波能量传输研发项目[7]。为了减少功率损耗，他们采用的措施包括：（1）采用 6.6kV

直接驱动的 2.45GHz 磁控管作为微波发射机；（2）在发射天线和接收机之间使用阻挡壁，让微波沿壁通过；（3）使用热回收系统。包括热量回收在内的总效率约为 38%，输出功率为 1kW，传输距离为 12.5cm。2009 年发布的原型样机如图 9.8 所示。

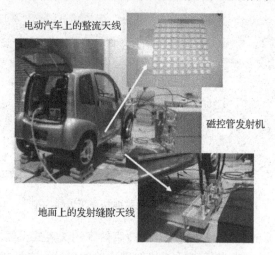

图 9.7　2004 年京都大学和尼桑汽车公司用微波为电动汽车无线充电的系统

图 9.8　2009 年三菱重工集团开展的微波无线充电实验的原型样机

2012 年，沃尔沃技术公司（日本集团）、日本电装有限公司和京都大学开始开发新的电动轨道微波能量传输系统。之前的微波能量传输系统由于传输距离太短，导致发射和接收天线之间存在相互耦合的问题。因此，新系统将从路面到车身的传输改为从顶上到车顶传输的配置（见图 9.9）[7][8]，以利用微波能量传输实现远距离无线能量传输。发射天线与电动车顶部的接收天线之间的距离为 2~6m，具体取决于所用电动车的类型。为了在不同的距离上保持高效率，该系统提出了一种可以在接收天线上产生平面波束的相控阵系统。2012 年 7 月 6 日，日本沃尔沃技术公司和日本电装有限公司发布了一款 10kW 的整流天线阵列，效率为 84%，工作频率为 2.45GHz，适用于中等距离的无线能量传输系统（见图 9.10）[9]。接收的微波功率密度在离发射机大约 4m 的距离处高于 $3.2kW/m^2$。

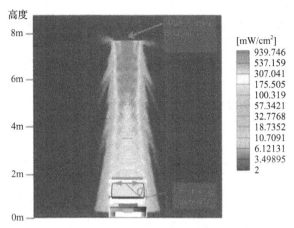

图 9.9 中等距离电动汽车无线充电和微波波束的 FDTD 仿真[7]

图 9.10 为电动汽车无线充电的 2.45GHz、10kW 的整流天线[8]

2015 年，京都大学和 MHI 集团开发了一种 2.45GHz、100W 的机动自行车微波无线充电器（见图 9.11）。整流天线置于篮筐前面，可以从接收到的微波中获得为 20~30W 的直流功率。直流功率直接为电动自行车中的电池充电。因为不需要用户主动为电池充电，所以该充电系统非常方便。从 2017 年开始，将在京都府南部的市政厅对微波能量传输系统进行日常使用的考察。为了这个试验，负责控制日本所有无线电波应用的内政和通信部将允许在京都府南部的市政厅设立"微波能量传输特区"。

图 9.11 2.45GHz、100W 的机动自行车微波无线充电器

另一个短距离波束式无线能量传输应用是 NTT 公司和京都大学提出的固定无线接入（FWA），如图 9.12（a）所示给出了所提出系统的示意图[10]。室外设备通过 FWA 或光纤与因特网通信，内部设备和外部设备之间采用无线通信。内部设备通过微波向外部设备传输能量，外部设备可以在没有电池的情况下工作。对于该系统而言，最好是由同一微波载波携带无线信息和能量，以减小系统的尺寸。首先选择了 24GHz 的频率，并开发了具有 F 类负载输出滤波器的 MMIC 整流天线[11]。采用 GaAs 工艺，24GHz 的 MMIC 天线的尺寸为 1mm×3mm[见图 9.12（b）所示]，对于 120W 的负载，该天线在 24GHz 频率、210mW 的微波输入下的最高 RF-DC 转换效率为 47.9%。

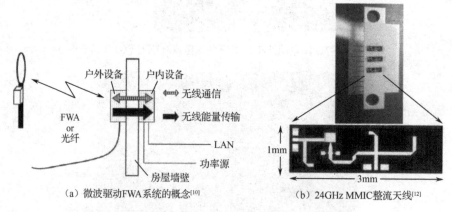

(a) 微波驱动FWA系统的概念[10]　　　(b) 24GHz MMIC整流天线[12]

图 9.12　微波驱动 FWA 系统的概念和 24GHz MMIC 整流天线

9.4　面向移动目标的波束式无线能量传输

对于固定目标，远距离波束式无线能量传输可以用有线能量传输系统代替，短距离和中等距离波束式无线能量传输可以用配合电感耦合式无线能量传输系统的有线能量传输系统代替。每种替代系统都有利弊。但是，对移动目标的能量传输除采用波束式无线能量传输外，别无他法。实际上，对移动目标进行功率传输是波束式无线能量传输系统最合理的应用。如第 9.1 节所述，由于布朗清楚波束式无线能量传输最适合应用于移动目标系统，所以在 1964 年第一次波束式无线能量传输试验中，布朗就是面向无人机进行的。

来自加拿大通信研究中心的小组于 1987 年成功地使用微波能量传输进行了无燃料飞机的飞行试验，称为 SHARP（高空静止中继平台，如图 9.13 所示）[12][13]。研究人员向总长度为 2.9m、机翼跨度为 4.5m 的飞机模型发送了 2.45GHz、10kW 的微波能量信号，使其在距地面 150m 以上的高空飞行。

在阿拉斯加费尔班克斯大学（美国），研究人员修改了布朗的微波能量传输无人机试验方案，开发了一种新的磁控管放大器[14][15]，于 1995 年进行了微波能量传输无人机试验，并在日本神户展示了这种无人机（见图 9.14）。无人机用位于发射天线和磁控管上方的准线固定，螺旋桨旋转仅依靠微波能量提供动力。另一个来自科罗拉多大学的美国研究小组和法国国家高等航空航天研究所在 2015 年开发了一种支撑微型无人驾驶飞行器（微型 UAV）

飞行的无线能量传输系统（见图9.15所示）[16]。

图9.13　加拿大SHARP飞行试验和1987年的1/8飞机模型[13]

图9.14　1995年，阿拉斯加费尔班克斯大学在日本神户举行的MPT-无人机演示

图9.15　科罗拉多大学为微型无人机进行无线能量传输的实验系统

在日本，京都大学和神户大学的研究人员于1992年开发了一种新的相控阵，用于对飞机的微波能量传输实验。日本的项目被命名为微波升力飞机试验（MILAX）。在MILAX的

发射机中，96 个 GaAs 半导体放大器和 4 位数字移相器连接到 2.411GHz 的 288 个天线单元，即每个放大器连接一个 3 天线的子阵列。在输入功率为 0dBm 时，放大器的增益为 42dB，此时输出功率约为 42dBm，放大器的功率附加效率约为 40%。相控阵的口径约为 1.3m，波束宽度约为 6°。微波信号的形式是没有调制的连续波，总功率为 1.25kW。相控阵组装在汽车的车顶上。汽车在无燃料飞机下方驾驶尽可能长的时间，并且借助计算机和检测目标位置的两台电荷耦合器件（CCD）相机得到的位置数据将微波束指向无燃料飞机模型。飞机机身上的整流天线阵列如图 9.16 所示，总共有 120 个整流天线单元，单元间距为 0.7 倍的波长。在输出直流功率为 1W 的条件下，整流天线的效率约为 61%。飞机仅使用相控阵提供的微波能量在地面上空 10m 飞行，从整流天线阵列上获得的最大直流功率约为 88W，足以支持飞机飞行（见图 9.16）。在 MILAX 试验成功之后，该相控阵在 1993 年的下一次 MPT 火箭实验中得以重复使用，该试验被京都大学、神户大学、德克萨斯 A&M 大学（USA）、通信研究实验室（CRL）、国家信息和通信技术研究所，以及空间和宇宙科学研究所（ISAS）命名为"ISY-METS"（意为国际空间年的空间微波能量传输）。

图 9.16　1992 年日本采用相控阵的 MILAX 微波驱动飞机实验

1995 年，日本神户大学和 CRL 的团队成功进行了微波能量传输外场实验，该实验涉及飞艇，称为 ETHER（Energy Transmission toward High-altitude long endurance airship ExpeRiment：向高空长航时气艇传输能量试验）项目。该研究小组将 2.45GHz、10kW 的微波传输到离地面 35~45m 的飞艇（见图 9.17）。与 MILAX 项目不同，研究人员在该实验中采用的微波能量传输系统使用了微波电子管和抛物面天线。在 MILAX 项目中只使用了相控阵系统，因此 ETHER 是第一个采用这种天线系统的微波能量传输外场试验。

日本立命馆大学的研究小组在 2015 年对飞行无人机进行了无线能量传输演示验证（见图 9.18 所示）[17]，该演示采用 430MHz 频段约 30W 的无线电波为无人机供电。无人机模型的重量为 25g，其需要 2W 的直流功率才能飞行。在撰写本书时，无人机可以在发射天线上方距离大约 10cm 的高度飞行，而系统正在完善中。

图 9.17　1995 年日本用抛物面天线开展微波驱动飞艇的实验 ETHER

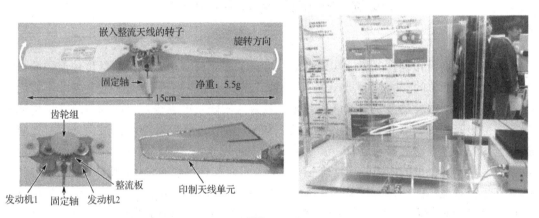

图 9.18　日本 WPT 飞行无人机实验系统[17]及完善的无人机演示（2016 年 3 月，日本）

9.5　太阳能发电卫星（SPS）

如第 9.1 节所述，20 世纪 60 年代以后，微波能量传输系统的研究和发展是由太阳能发电卫星概念推动的。太阳能发电卫星是一种运行在距地面 36000km 的地球同步轨道（GEO）上的大型发电卫星，其典型示意图如图 9.19 所示。太阳能发电卫星系统由空间段和接收电力的地面站组成。空间部分包括将太阳能转换为直流电的太阳能收集器、直流到微波的转换器和将微波功率发送到地面的大型天线阵。太阳能收集器可以是光伏电池或太阳能热涡轮机。直流到微波的转换器可以由微波管系统和/或半导体系统构建。第三部分是巨型相控阵，其产生的能量波束必须以优于 0.0005° 的精度指向地面部分（整流天线阵列）。

图 9.19　SPS 的概念示意图

没有微波能量传输，就无法实现太阳能发电卫星系统。由于微波能量传输系统的尺寸理论上比人们想象的要大，因此 MPT 系统总是需要通过"杀手级应用"（具备非常有用的功能且只能利用这样的系统）才能商业化，只有太阳能发电卫星可以作为微波能量传输系统的杀手级应用。太阳能发电卫星系统在 5.8GHz 频段若要获得 90%的波束效率，发射和接收天线的口径理论上要超过 2km。这样在地面可以收到 1GW 的电力，后者由太阳能发电卫星上几平方公里的太阳能电池产生。根据太阳能发电卫星的设计，其重量将超过 10000 吨，这是非常庞大的。然而相对于在地面上使用太阳能电池，应用太阳能发电卫星可以以更稳定的方式多获得 7~10 倍的电力。这是因为在距地表 36000km 以上的空间不存在夜晚，并且微波可以通过雨、云、大气层和电离层从空间传到地面而不会损失，故即使在下雨天也可以接收微波能量。

自从 1968 年格拉泽（P. E. Glaser）首次提出太阳能发电卫星的概念之后，全世界已经相继设计出了多个太阳能发电卫星系统，图 9.20 给出了其中几种设计方案。

- 图 9.20（a）：美国国家航空航天局（NASA）/能源部（DOE）提出的基准系统（美国，1978）[18]

在距地 36000km 高度，分离的太阳能电池阵（50km^2，13%，9GW 直流输出）和微波天线（1km 口径，6.72GW 微波功率，2.45GHz）通过旋转关节连接。在地面上，一个 13km× 10km 的整流天线阵接收微波并将其转换为直流（5GW）。整流天线阵列中心的功率密度为 23mW/cm^2，边缘仅为 1mW/cm^2。

- 图 9.20（b）：ISAS 设计的 SPS2000（日本，1993）[19]

这是赤道低地球轨道（LEO，高度为 1100km）的中等规模的太阳能发电卫星试验。太阳能电池阵的形状类似于三角形棱柱，长度为 303m，边长为 336m。利用频率为 2.45GHz

的电磁波，用尺寸为 132m×132m 的发射天线将功率传输到地球。SPS2000 可以专门服务于赤道区域，尤其有利于发展中国家地理位置偏远的地区。

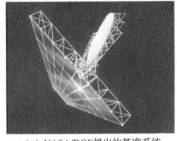
（a）NASA/DOE提出的基准系统
（美国，1978）

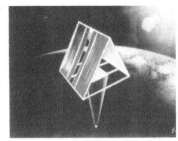
（b）ISAS设计的SPS2000
（日本，1992）

（c）NASA的太阳塔
（美国，1997）

（d）太阳帆（欧洲，1990）

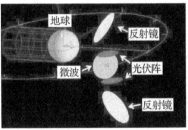
（e）JAXA的JAXA2004模型
（日本，2004）

（f）JAXA的激光SPS
（日本，2004）

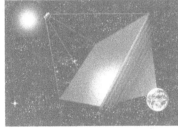
（g）USEF/METI的USEF2006模型
（日本，2006）

（h）NASA的SPS-alpha
（美国，2012）

图 9.20　各种太阳能发电卫星（SPS）系统的设计方案

- 图 9.20（c）：NASA 的太阳塔（美国，1997）[20]

这种设计是一个由中等规模的重力梯度稳定卫星组成的星座。每颗卫星都像一个朝向地球的大向日葵，其中花的那一面是发射阵列，茎上的"叶子"是太阳能收集器。该概念假设其在距地 1000km 的初始运行轨道上以太阳同步方式工作，利用 5.8GHz 的电磁波进行传输，并且发射微波功率大约在 200MW 的水平。

- 图 9.20（d）：太阳帆塔（欧洲，1990）[21]~[23]

每个帆的尺寸为 150m×150m，并通过延伸 4 个对角轻质碳纤维（CFRP）运动臂自动展开，这些运动臂最初是卷起在中央轮毂上的。研究人员对 CFRP 运动臂的功能进行了充分验证。在帆模块内产生的能量将通过中央系绳传输到天线，其中 2.45GHz 电磁波将由批量生产的廉价磁控管产生。

- 图 9.20(e)：JAXA 的 JAXA2004 模型（日本宇宙航空研究开发机构，前身为 NASDA，国家空间发展局）（日本，2004）[24][25]

这一方案是 5.8GHz 频率的 1GW 太阳能发电卫星，被称为"编队飞行模型"。该设计基于旋转反射镜系统的编队飞行和集成面板，位于距地面 36000km 的高度，太阳能电池表面和微波相控阵分别位于集成面板的两侧。利用张力可以使主反射镜独立飞行，反射镜编队飞行可以消除对旋转关节的需要。主镜的尺寸为 2.5km×3.5km（2 块），每个重量为 1000 吨。集成主面板由一个尺寸为 1.2～2km 口径的太阳能电池、一副微波发射机和 1.8～2.5km 口径的天线组成，加上两个副镜，模型总重约为 8000 吨。

- 图 9.20（f）：JAXA 的激光太阳能发电卫星（日本，2004）

该方案不是微波太阳能发电卫星，而是激光太阳能发电卫星。设计尺寸为 400m×200m×12km，包含 100 个模块，重量为 5000 吨。激光波长为 1.064mm，由 YAG：Nd/Cr 陶瓷激光器产生。激光直接从太阳光转换而来，效率为 19.1%。发射的激光功率为 10～100MW 量级。

- 图 9.20（g）：USEF / METI 的 USEF2004 模型（日本，2004）[26][27]

这种设计称为绳系式太阳能发电卫星。在没有任何主动姿态控制的情况下，该模型通过绳系配置中的重力梯度力自动稳定姿态。该设计由一个 2.0km×1.9km 的发电/传输面板构成，该面板由多条系绳悬挂，系绳从距离能量面板 10km 之上的总线系统上引出。发电/传输面板和绳系架构中的重力梯度导致太阳能产生的功率不稳定，随时间变化，该方案能够产生 1.2GW 的功率传输，地面平均接收功率为 0.75GW。面板和总线系统的重量分别为 18000 吨和 2000 吨。

- 图 9.20（h）：NASA 的 SPS-alpha（美国，2012）[28][29]

该方案涉及 3 个主要功能部件：（1）指向地球的大型主阵列；（2）一个由大量反射器组成的超大太阳光反射器系统，其上的反射器作为单独可控指向的"定日镜"，安装在固定结构上；（3）连接前两个部件的桁架结构。

表 9.1 为太阳能发电卫星发射天线的一些典型参数。几乎所有太阳能发电卫星设计中的发射天线阵列都采用了幅度锥削，以便提高波束收集效率并降低副瓣电平。采用典型的 10 dB 高斯幅度锥削时，发射天线中心的功率密度是发射天线边缘功率密度的 10 倍。

表9.1 太阳能发电卫星发射天线的一些典型参数

模 型	基 准 模 型	JAXA 模型
工作频率	2.45GHz	5.8GHz
发射天线直径	1km	1.93km
幅度锥削	10dB 高斯	10dB 高斯
输出功率（发向地球的波束功率）	6.72GW	1.3GW
中心处最大功率密度	2.2W/cm^2	114mW/cm^2
边沿处最小功率密度	0.22W/cm^2	11.4mW/cm^2
天线单元间距	0.75	0.75
天线单元功率	最大 185W	最大 1.7W
（单元数目）	(9700 万)	(19.5 亿)

续表

模　　型	基 准 模 型	JAXA 模型
整流天线口径	10km×13.2km	2.45km
最大功率密度	23mW/cm²	100mW/cm²
波束收集效率	89%	87%

图 9.21 显示了 2004 年设计的 JAXA（日本航空航天局）模型中微波波束的详细信息。整流天线以外的微波功率必须保持在 1mW/cm² 以下。与 1978 年设计的 NASA/DOE 模型相比，JAXA 模型的地面微波功率密度更大，因为日本国土面积小，因此地面系统必须更小。对于所示参数，因为天线增益非常大，太阳能发电卫星中的微波能量传输系统即使在距地表 36000 km 的位置也属于辐射近场系统。

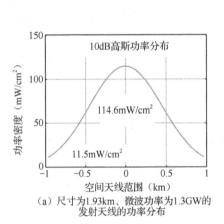
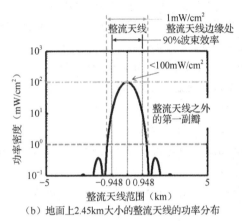

(a) 尺寸为 1.93km、微波功率为 1.3GW 的发射天线的功率分布

(b) 地面上 2.45km 大小的整流天线的功率分布

图 9.21 JAXA2004 模型

9.6 参考文献

[1] Brown, W. C. (1973). "Adapting microwave techniques to help solve future energy problems", *1973 G-MTT International Microwave Sym-posium Digest of Technical Papers*, Seattle, WA, 189-191.

[2] Shinohara, N., and Matsumoto, H. (1998). Experimental study of large rectenna array for microwave energy transmission. *IEEE-Trans. MTT*, 46, 261-268.

[3] Celeste, A., Luk, J-D. L. S., Chabriat, J. P., and Pignolet, G. (1997). "The grand-bassin case study: technical aspects", *Proceedings of the SPS'97*, Montreal, 255-258.

[4] Celeste, A., Jeanty, P., and Pignolet, G. (2004). Case study in Reunion island. *Acta Astronaut.* 54, 253-258.

[5] Shinohara, N., and Matsumoto, H. (2004). Wireless charging system by microwave power transmission for electric motor vehicles (in Japanese). *IEICE Trans. C.* J87-C, 433-443.

[6] Shinohara, N. (2011). Beam efficiency of wireless power transmission via radio waves from

short range to long range. *J. Korean Inst. Electro. Eng. Sci.* 10, 224-230.

[7] Shinohara, N. (2013). "Wireless power transmission progress for electric vehicle in Japan," *Proceedings of the 2013 IEEE Radio & Wireless Symposium (RWS)*, Tokyo, 109-111.

[8] Shinohara, N., and Kubo, Y. (2013). Suppression of unexpected radi-ation from microwave power transmission system toward electric vehicle. *Proceedings of the 2013 Asia-Pasific Radio Science Conference (AP-RASC)*, Tokyo, E3-4.

[9] Furukawa, M., Minegishi, T., Ogawa, T., Sato, Y., Wang, P., Tonomura, H. (2013). "Wireless power transmission to 10 kW output 2.4 GHz-band rectenna array for electric trucks application (in Japanese)", *IEICE Tech. Report, WPT2012-47*, 36-39.

[10] Hatano, K., Shinohara, N., Mitani, T., Seki, T., and Kawashima, M., (2012). "Development of improved 24 GHz-Band Class-F load recten-nas," in *Proceedings of the 2012 IEEE MTT-S International Microwave Workshop Series on Innovative Wireless Power Transmission: Technolo-gies, Systems, and Applications (IMWS-IWPT2012)*, Tokyo, 163-166.

[11] Hatano, K., Shinohara, N., Seki, T., and Kawashima, M. (2013). "Devel-opment of MMIC rectenna at 24 GHz," in *Proceedings of 2013 IEEE Radio & Wireless Symposium (RWS)*, Austin, TX, 199-201.

[12] Schlesak, J. J., Alden, A., and Ohno, T. (1988). "A microwave powered high altitude platform," in *Proceedings of IEEE MTT-S International Symposium Digest*, Baltimore, MD, 283-286.

[13] SHARP. Available at: http://www.friendsofcrc.ca/Projects/SHARP/ sharp.html.

[14] Hatfield, M. C., Hawkins, J. G., and Brown, W. C. (1998). "Use of a magnetron as a high-gain, phase-locked amplifier in an electrically-steerable phased array for wireless power transmission," in *Proceedings of 1998 MTT-S International Microwave Symposium*, Baltimore, MD, 1157-1160.

[15] Hatfield, M. C., and Hawkins, J. G. (1999). "Design of an electronically-steerable phased array for wireless power transmission using a magnetron directional amplifier," in *Proceedings of 1999 MTT-S Inter-national Microwave Symposium*, Baltimore, MD, 341-344.

[16] Dunbar, S., Wenzl, F., Hack, C., Hafeza, R., Esfeer, H., Defay, F., et al. (2015). "Wireless far-field charging of a micro-UAV," in *Proceedings of IEEE Wireless Power Transfer Conference (WPTc)*, Boulder, CO, T1.2.

[17] Nishikawa, H., Kiani, Y., Furukoshi, T., Yamaguchi, H., Tanaka, A., and Douseki, T. (2015). "UHF power transmission system for multiple small self-rotating targets and verification with batteryless quadcopter having rotors with embedded rectenna," in *Proceedings of IEEE Wireless Power Transfer Conference (WPTc)*, Boulder, CO, T1.1.

[18] DOE and NASA report (1978). *Satellite Power System; Concept Devel-opment and Evaluation Program.* Washington, DC: NASA.

[19] SPS 2000 Task Team (1993). *SPS 2000 Project Concept-A Strawman SPS System.* Japan: S2-T1-X, Preliminary.

[20] Mankins, J. C. (1997). A fresh look at space solar power: new architec-tures, concepts and technologies. *Acta Astronaut.* 41, 347-359.
[21] Seboldt, W., Klimke, M., Leipold, M., and Hanowski, N. (2001). European sail tower SPS concept. *Acta Astronaut.* 48, 785-792.
[22] Leipold, M., Eiden, M., Garner, C. E., Herbeck, L., Kassing, D., Niederstadt, T., et al. (2003). Solar sail technology development and demonstration. *Acta Astronaut.* 52, 317-326.
[23] A Study for ESA Advanced Concept Team (2005). *Earth & Space-Based Power Generation Systems-A Comparison Study*. Paris: ESA.
[24] Mori, M., Nagayama, H., Saito, Y., and Matsumoto, H. (2004). Sum-mary of studies on space solar power systems of the national space development agency of Japan. *Acta Astronaut.* 54, 337-345.
[25] Oda, M. (2004). "Realization of the solar power satellite using the formation flying solar reflector," in *Proceedings of the NASA Formation Flying Symposium*, Washington, DC.
[26] Sasaki, S., Tanaka, K., Kawasaki, S., Shinohara, N., Higuchi, K., Okuizumi, N., et al. (2004). Conceptual study of SPS demonstration experiment. *Radio Sci. Bull.* 310, 9-14.
[27] Fuse, Y., Saito, T., Mihara, S., Ijichi, K., Namura, K., Honma, Y., et al. (2011). "Outline and progress of the Japanese microwave energy transmission program for SSPS," in *Proceedings of the 2011 IEEE MTT-S International Microwave Workshop Series on Innovative Wireless Power Transmission: Technologies, Systems, and Applications (IMWS-IWPT2011)*, Kyoto, 47-50.
[28] Mankins, J. C. (2009). New detections for space solar power. *Acta Astronaut.* 65, 146-156.
[29] SPS-ALPHA (2012). *The First Practical Solar Power Satellite via Arbi-trarily Large Phased Array (A 2011-2012 NASA NIAC Phase 1 Project)*. Available at: https://www.nasa.gov/pdf/716070main_Mankins_2011_PhI_SPS_Alpha.pdf.

第 III 部分：无线能量传输的共存

10

人体电磁安全及国际健康评估

宫古俊（Junji Miyakoshi）

日本京都大学

10.1 引言

自 20 世纪末以来，由于电磁辐射源（如手机和基站、高压线、医疗设备等）在世界范围内的迅速扩展，环境中的电磁场越来越多。在不久的将来，通过电磁场进行无线能量传输的实际发展有望大大强化这一趋势。各种电磁环境不可阻挡的发展将成为社会和日常生活的持续趋势，如静磁场、低频场、中频场、射频场、毫米波、太赫兹波及其他电磁场。像电离辐射一样，这些电磁场是不可见的，因此使许多人对可能的健康影响感到不安。

与电离辐射的研究相比，在低频和射频场对健康的影响上，研究历史还非常短浅。本章将概述国内外对非电离电磁场的生物学效应的研究现状，以及世界卫生组织（WHO）、国际癌症研究机构（IARC）和其他国际研究机构开展的评估，主要重点是对电磁场的生物学效应进行准确的科学理解，尽管对其仍然知之不多。本章讨论了作为日常生活中环境因素的电磁场，特别是总结了极低频和射频电磁场对健康的影响的国际评估。其他已发表的报告[1]~[3]中阐述了静磁场、低频和高频（包括实用频率）电磁场对健康的影响。

10.2 电磁场与健康的历史背景

关于电磁场和健康研究的历史背景始于 1979 年，美国流行病学家报道了生活在高压线路附近的儿童中高白血病的发生率[4]。自 20 世纪 90 年代初以来，国际上就非电离电磁场对健康的影响问题开展了积极的研究和探讨，非电离电磁场包括静电磁场、低频和射频电磁场等。现在与将来可能导致暴露于电磁场的源包括磁共振成像过程中产生的强静态电磁场、商业频率谱段的极低频电磁场、手机使用的射频谱段的电磁场，以及即将谱段、感应加热范围的中频电磁场，机场和其他设施中使用的毫米波成像设备。图 10.1 按频率增高的顺序示出了典型的非电离和电离电磁场源。

在 1979 年流行病学报告之后，直到 20 世纪 90 年代，对动物和细胞的生物学研究在欧洲、美国、日本尤为活跃，并且对高压线路的极低频电磁场（尤其是磁场）进行了许多流行病学方面的研究。自从 20 世纪 90 年代后期手机迅速普及以来，有关射频方面的研究和讨论在国际上也变得非常活跃。

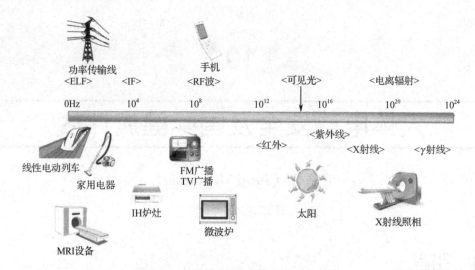

图 10.1 按频率递增的典型电磁场辐射源

本章后续将主要讨论迄今为止电磁场及其对健康的影响评估方面的研究历程。

10.3 电磁场对健康影响评估的相关研究

10.3.1 概述

已知的非电离电磁场生物效应通常分为两类：低于和高于 100kHz 左右频率的效应。众所周知，低于 100 kHz 的低频段发挥"刺激作用"，高于 100kHz 的频段发挥"热作用"。细胞和动物在极低频电磁场中的生物学研究通常表明，环境中的电磁场水平极低时（通常为 1μT 或更小），电磁场的效应将难以显现；但增强到几万倍（达到几个 mT）时，电磁场的效应将会显现。大多数关于电磁场生物效应的研究都集中在常见的居住环境中的低磁通密度上，因此关注的暴露水平非常低，因此可以合理地预期不会对细胞或动物产生实质性影响。

由于强微波在癌症、风湿病和神经性热疗法中的热效应，在临床中会采用射频电磁场暴露。但是关于环境水平射频电磁场的研究很少，并且在许多方面，这一问题仍然有许多不确定性。如上所述，自 20 世纪 90 年代末以来，手机在全球范围内的广泛应用，就一直伴随着关于发射的射频电磁场可能诱发脑部肿瘤和其他不良影响等问题，特别是考虑到使用时总是在人的大脑附近。关于"非热效应"的可能性，尤其是对儿童的影响的争论也更加激烈。

用于研究电磁场生物效应的主要方法（见表 10.1）通常包括流行病学研究、动物研究和细胞研究。

表 10.1 研究电磁场生物效应的主要方法

流行病学研究	电磁场与人体健康调查（主要致癌）
动物研究	利用小鼠和大鼠等动物对电磁场进行生物学评估的实验
细胞研究	来自人类和动物的细胞对电磁场进行细胞与遗传评估的实验

作为研究对象，人、动物和细胞之间的基本差异排除了人优于其他种类的优越性，但是对人体影响的评估权重通常按流行病学研究、动物研究和细胞研究的顺序递增。另一方面，评估方法的准确性和可重复性通常按细胞研究、动物研究、流行病学研究的顺序递增，并且研究的时间跨度也按此顺序递增（见图10.2）。可能还需要指出的是，自从十多年前人类基因组计划（HGP）完成以来，随着脱氧核糖核酸（DNA）和基因使用的增加，细胞研究的权重已大大增加。

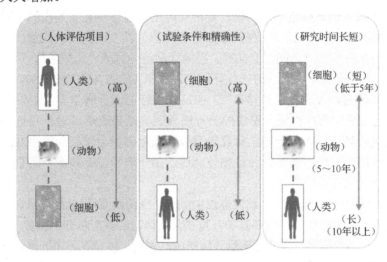

图 10.2 流行病学和生物学（动物和细胞）研究的种类

表10.2总结了细胞、动物和个体研究中用于评估电磁场生物效应的主要指标。长期以来，许多研究一直集中在电磁场致癌效应的评估中，但是近年来，有关免疫反应、应激反应、细胞凋亡和其他功能表现的影响的细胞研究也引起了人们越来越多的兴趣。在流行病学研究中，除癌症外，阿尔茨海默氏病和其他疾病已成为研究的主题，评估指标的范围也相应扩大了。

表 10.2 评估电磁场生物效应的主要指标

研究类别	学科	评估标准
体外研究	细胞	细胞增殖、DNA合成、染色体畸变、姐妹染色单体交换、微核形成、DNA链断裂、基因表达、信号转换、离子通道、突变、转化、免疫反应、细胞分化、细胞周期、细胞凋亡
体内研究	实验动物（大鼠、小鼠等）	致癌作用（淋巴瘤、白血病、脑瘤、乳腺肿瘤、肝癌）、生殖和发育（生育率、胎儿体重、致畸性）、异常行为、以褪黑激素为主的神经内分泌、免疫功能、血脑屏障
流行病学研究	人体	致癌和癌症死亡（脑瘤、儿童和成人白血病、乳腺癌、黑色素瘤、淋巴瘤）、生殖能力、自然流产、阿尔茨海默氏病
对人体的影响	人体	心理和生理影响（疲劳、头痛、焦虑、睡眠不足、脑电波、心电图、记忆）、以褪黑激素为主的神经内分泌、免疫功能

10.3.2 流行病学研究

人类流行病学的研究往往比细胞和动物的研究对公众舆论的影响更大，但是人类的生活环境各不相同，单一地分析所研究的因素是不可行的，并且偏向群体选择和其他因素（称为"选择偏见"和"混杂因素"）不可能完全排除在外，可能会使结果和统计评估产生偏差。如前所述，关于极低频电磁场致癌作用的第一份报告是 1979 年进行的流行病学研究，这引发了国际上的广泛争论，从此欧洲其他许多关于极低频电磁场的流行病学研究不断增加，20 世纪 90 年代美国开展了研究[5]，而 2000 年后日本国立环境研究所首次在该领域进行了流行病学联合研究[6]。

一项对 9 个国家极低频电磁场的统计分析（可以更精确地定义为极低频磁场和儿童白血病）发现，生活在 0.4μT（约 99.2%的家庭符合此值）以下环境中的儿童暴露于极低频电磁场与儿童患白血病的风险之间没有关联，因此表明这一因素"无效应"。对于生活在具有 0.4μT 或更高水平的极低频电磁场的居住环境中的孩子（约占儿童的 0.8%），患白血病的风险几乎是原来的两倍，表现出统计意义[7]。在日本进行的流行病学研究中发现了类似的趋势[6]。关于其他儿童期癌症和成人癌症的流行病学研究结果表明，对于极低频电磁场"无效应（未发现关联）"。有些流行病学研究表明极低频电磁场会引起儿童白血病增加，这些结果的生物学作用机制仍不清楚，并且如前所述，由于选择偏差和混杂因素而导致准确性降低的可能性也无法完全排除。

在国际癌症研究机构（IARC）和世界卫生组织（WHO）对极低频电磁场进行了评估之后，随后其发表了关于极低频磁场暴露和儿童白血病风险的新汇总分析报告[8]，该报告包括对 7 组人群的流行病学研究，强调电磁场环境精确的测量，以及在日本开展的上述流行病学研究的结果。该报告得出的结论是：与 9 个国家的汇总分析结果没有太大差异[7]，并且在下文描述的 WHO 致癌性评估或基于环境健康质量标准的综合评估中均不得做出更改。

与手机相关的无线电频率也一直是国际流行病学研究的主题，其中包括一项由 IARC 开展的名为"对讲机研究"的重大研究，日本、英国、瑞典和其他十个国家（不包括美国）也参与了该项研究，这属于聚焦脑瘤风险的病例对照研究。IARC 在 2010 年 5 月发布的新闻稿中汇总了所有参与国的研究，并总结了这项国际联合研究的最终结论[9]。总体来说，研究结果是：(1) 经常使用手机的人患脑胶质瘤和脑膜瘤的概率比有所降低；(2) 长期用户（10 岁以上）患病的概率比并没有增长；(3) 累计通话时间较长（1640 小时以上）的用户患神经胶质瘤的概率比增加了 1.40 个百分点（95%的置信区间：1.03～1.89）。这里的几率比代表患有脑瘤的个体的统计量，即手机用户中的概率除以非用户中的概率。总之结果表明，手机的长期用户（10 岁以上）中的脑瘤（神经胶质瘤和/或脑膜瘤）患者没有增加，并且该报告还指出，对于观察到的概率比降低、长时间累积呼叫者概率比增高、使用手机的一侧背折处神经胶质瘤增加，以及其他此类效应等，都很难准确地解释因果关系。

同样，大多数其他流行病学研究也没有发现增加致癌率的证据。例外情况有二，瑞典的一项流行病学汇总研究显示，在累计呼叫时间超过 2000 小时的用户中，胶质瘤的发生概率是其他用户的 3 倍[10]；日本的另一项研究表明，每天的呼叫时间达到 20min 或更长，听觉神经瘤就会增多[11]。尚无明确证据表明职业性微波暴露与脑瘤、白血病、淋巴瘤或其他癌症有关，同样也没有证据表明广播和电视塔、基站或其他设施的电波发射与致癌相关。关于儿童期使用手机和致癌的流行病学研究包括有 3 国参加的 Cefalo 项目（包括丹麦）和 15 国参加的 MobiKids 项目（包括日本）。Cefalo 的研究已经完成，没有发现统计学上的明显效应[12][13]。2014 年 1 月开始的 MobiKids 研究[14]已更名为"EU GERoNiMO"项目[15]，它是一个运用创新方法开展一般性电磁场研究的项目，其综合方法从研究扩展到风险评估、风险控制支持，在截至 2018 年的五年期间，他们努力完成了一项新的重大计划，包括动物、细胞和分子水平的研究，以及流行病学的常规方法研究，其工作内容扩展到风险管理和沟通。该研究计划非常宽泛，并且研究的频率范围涵盖了中频频段。

10.3.3 动物实验

20 世纪 90 年代，对小鼠和大鼠进行了许多动物实验，以评估极低频电磁场的生物学效应。这些实验中大多数几乎全部涉及致癌作用，而另一些则寻找与生殖（胎儿/胚胎发育和致畸性）、神经系统（行为和感觉功能）或免疫功能的关联性。一个主要问题集中在暴露于极低频电磁场上是否会通过将正常细胞转化为癌细胞（癌细胞启动），或通过促进已启动细胞的增殖（促进增殖），或兼而通过两者来影响致癌过程上。研究中极低频电磁场的通量密度范围从几微特到 1mT。研究结果几乎都是消极的（没有显示出致癌作用），而很小的数字表明，由于极低频电磁场的暴露，白血病或乳腺肿瘤的发生率增加了[16]。几乎所有关于致癌以外过程（生殖、行为和免疫力）的研究都报告了"全无效应"的结果。总之，目前进行的动物实验研究尚未发现极低频电磁场的任何明显影响，也没有提供它们存在的充分证据。

射频电磁场也已被广泛研究。1997 年，据报道对转基因小鼠的一项研究发现，由于射频电磁暴露导致了白血病增加[17]，而进入 21 世纪以来，人们越来越积极地评估射频电磁场的致癌作用，其中动物实验主要集中在欧洲、美国和日本。在目前报道的研究中，其中一些涉及长期（两年）暴露，以及对特别容易患癌动物的使用，几乎所有研究都没有发现因射频电磁场导致的影响[18]。几项关于组合（化学和射频电磁场）暴露的研究发现，将射频电磁场纳入暴露要素的组合时，会增加致癌作用[19]~[21]。

2016 年 6 月，在 BioEM 2016 学术会议（比利时根特）上发表了一份中期报告[22]，该报告涉及在美国国立卫生研究院（NIH）的国家毒理学计划（NTP）支持下进行的大规模动物实验研究，该报告基本如下。

1. 研究条件（节选）

- 射频电磁场暴露：CDMA、GSM、1900MHz（小鼠）、900MHz（大鼠）。
- 动物：大鼠、小鼠（实验 1 组，90 只动物）。
- 暴露模式：全身，1、1.5、3、6 W/kg，10min 开/关（最多 9 个小时），每天，107 周。

2. 研究结果（节选）

- 寿命：暴露组比假暴露组（控制组）有寿命更长的趋势。
- 脑瘤：雄性大鼠由于暴露而增加（GSM 时全部暴露，CDMA 时仅采用 6W/kg）。
- 心脏神经鞘瘤：用 GSM 和 CDMA 实验的雄性大鼠的 SAR 依赖性增加（高达 6W/kg）（心脏神经鞘瘤：由神经鞘细胞组成的原发性心脏神经瘤）。
- 雌性大鼠：任何暴露对大脑或心脏均无影响。

- 细胞遗传毒性（中期报告中未包括）：使用彗星分析（DNA 链断裂）测试，脑细胞的比吸收率（SAR）依赖性增加，但对红细胞微核形成（细胞核碎片分离）测试没有影响。

3. 中期报告结果的意义

- 手机目前在世界范围内普遍使用。
- 研究内容引起了公众和媒体的浓厚兴趣。
- 研究的发现与某些流行病学研究相符。
- 研究结果支持 IARC 评估结果。

4. NTP 研究的计划项目

- 完成未分析的大鼠组织评估。
- 剩余的小鼠研究结果评估表现。
- 大约 18 个月内完成病理评估。
- 同时准备技术报告（TR）的汇编。

NIH 研究具有很高的权威性，并在国际上占有举足轻重的地位，但上述报告只是一份中期报告，期待有关该研究的下一步进展及其完成后的信息。

10.3.4 细胞实验

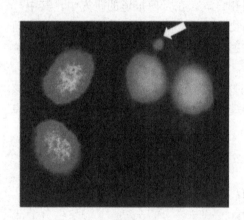

图 10.3 培育双核细胞中微核（箭头所指）的典型形成

关于电磁场对细胞（及其基因和分子）影响的研究在许多国家都是非常活跃的，并且已经发表了许多相关论文。此处提供的空间将不允许展开更多的细节，但进一步的信息可以在相关文献中找到[1]~[3]。大部分研究包括研究电磁场效应与致癌性、细胞遗传毒性（微核形成、DNA 损伤、染色体异常和突变）之间的联系，以及基因表达的功能变化（如癌基因和热休克及其他应激蛋白的表达）。最近有报道称，致癌性与细胞微核形成之间存在明显的联系[23]。图 10.3 显示了由染色体分离、片段形成和分裂形成的微核，其中从细胞核分离的染色体片段（DNA）在双核细胞分裂阶段以微核形式出现。

在一些早期的研究中，细胞实验的背景是环境电磁场水平（通常为 $1\mu T$ 或更低），试验结果对某种效应呈现出积极性，但后来发现缺乏复现性，被认为环境电磁场"没有效果"或"影响太小，无法检测"[18]。

自 2000 年以来，在欧盟、美国、日本、韩国和其他国家的许多研究中已经开展了针对手机和基站发射的射频电磁场的细胞实验。对于在无加热效应的射频电磁场水平下，任何与致癌性有关的细胞遗传毒性，结果通常都是消极的。而另一方面，在围绕作为细胞代谢功能产物的热休克蛋白的研究中，发现某些类型的热休克蛋白（如 HSP-27）的产生是作为射频电磁场的非热效应而增多的[24]。虽然这一发现对于手机和基站射频电磁场的生物效应可能被认为是积极的，并在后续的实验中得到复现，但却还没有被许多实验室证实，一些报告也给出了消极的信息，并且明确的科学结论并未出现。在细胞遗传学研究中，对射频电磁场的遗传毒性和非遗传毒性［免疫功能、基因表达（RNA、蛋白质）、信号转导、氧化应激、细胞凋亡、增殖能力等试验］进行了测试，已经报道了一些遗传毒性的积极结果，但是没有明确的证据表明它们是由于非热条件下的射频作用机制所产生的[18]。

10.4　WHO 和 IARC 评估及相关趋势

世界卫生组织（WHO）于 1996 年启动了国际电磁场项目[25]，当时正值 20 世纪 90 年代开始的关于电磁场对健康影响的国际争论不断升温。自该项目启动以来，参与国已增至 60 个。在组织上，该项目隶属于 WHO 电离辐射对健康影响署。后者召开了座谈会和研讨会，并提供了生物效应评估的进展报告和对有待解决的问题的建议。图 10.4 给出了 WHO 的组织机构及其电磁场生物评估的地位。

图 10.4　WHO 的组织机构及其电磁场生物评估的地位

2001 年，WHO-IARC 召开了一次关于评估极低频电磁场的会议（法国里昂）。必须注意的是，国际癌症研究机构 IARC 的致癌性评估是定性的，且只是简单地展示了证据的效力，而没有量化致癌效应的程度。如果不注意这一点，有时会产生公众误解的报道。综上所述，可分类如下。

1. 极低频磁场被归类为"第 2B 组"（可能是致癌的）

研究结果表明，极低频磁场增加了儿童白血病的患病率，这为第 2B 组分类提供了基础。

2. 静磁场、静电场和极低频电场被归类为"第 3 组"（与人类致癌性无关）已有数据并不足以进行致癌性评估，这正是第 3 组分类的基础。

值得注意的是，流行病学研究结果强烈影响了上述第 2B 组的分类。更多信息可以参考 80 部 IARC 著作[16]。

2005 年，WHO 召集了一个任务组（包括作者）来制定环境健康标准（EHC），用于评估来自极低频电磁场的生物效应，包括癌症以外的其他生物效应。最终版本已完成约两年，并于 2007 年 6 月在互联网上发布[26]，并在 2008 年 2 月出版发行[27]。这是一本 519 页的巨著，所有章节都是用英文写的，第 1 章的内容是对标准的一个重要综述，在本章末尾附加了其法文版、俄文版和西班牙文版。

2011 年 5 月 24 日至 2011 年 5 月 31 日，在 IARC 举办的微波致癌性评估会议上，由 15 个国家和 30 个成员的 IARC 工作组（包括作者）给出了关于射频电磁场结论，主要内容如下。

（1）流行病学：工作组在全面总结已取得的研究成果后得出结论，微波对人体致癌的证据很有限，即使根据上述报告的积极结果来判断。

（2）动物实验：工作组在对迄今获得的研究结果进行全面总结时指出，大多数研究结果均为消极的，尽管上述联合致癌作用的研究结果提供了一些致癌的证据，但可得出的结论是微波对实验动物的致癌性的证据有限。

（3）细胞实验：工作组的综合结论是，尽管一些研究显示出了积极的结果，但微波致癌性的原理性证据还很薄弱。

（4）总结：人类流行病学研究和实验动物致癌性研究都被认为提供的证据有限。工作组结合细胞研究提供的可视为微弱的机制性证据，对暴露于射频电磁场的致癌性的最终结论是其属于第 2B 组（可能对人类致癌）。

这种射频电磁场归属第 2B 组的分类仅仅表明手机的电磁场与脑瘤之间有关联的证据有限，初步报告概述了这一结果[18]。最终报告从会议结束后还用了两年多时间才得以完成，全部内容由 102 部专著组成，于 2013 年出版[28]。图 10.5 示出了 IARC 关于 ELF 的著作、WHO-EHC 关于 ELF 的著作和 IARC 关于 RF 的著作。大约就在著作发行的同时，评估委员会主席和 IARC 有关的个人对手机致癌性评估提出了独立的意见[29]，他们强调有必要继续向公众提供信息。

 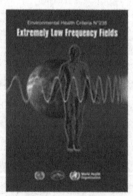 

（a）IARC专著卷80（2002）　（b）WHO-EHC各类研究资料调研报告等238（2007）　（c）IARC专著卷102（2013）

图 10.5　IARC 关于 ELF 的著作、WHO-EHC 关于 ELF 的著作和 IARC 关于 RF 的著作

由 IARC 评估的致癌性类别已经达到 1001 类，包括日常生活和工作环境中的化学物质、电离辐射、紫外线、电磁场、食品和饮料及其成分、药物、工作环境和空气环境[30]。表 10.3 显示了截至 2017 年 4 月 13 日，评估和分类的总数目，以及典型实例。

表 10.3 典型的 IARC 致癌性分类

分类和致癌性分类标准	分类结果[1001 例]
第 1 组：对人类致癌	石棉，镉和镉化合物，甲醛，*γ 射线，*太阳辐射，*X 射线，酒精饮料，煤焦油，非自愿吸烟，烟草吸烟，*紫外线辐射（波长为 100~400nm，包括 UVA、UVB 和 UVC），*日光灯和日光浴床（请参见发射紫外线的晒黑设备）[120 例，包括其他情况]
2A 组：很可能对人类致癌	丙烯酰胺，阿霉素，苯并[a]蒽，苯并[a]芘，顺铂，甲磺酸甲酯，柴油机排气，多氯联苯，[81 例，包括其他]
2B 组：可能对人类致癌	乙醛，AF-2，博莱霉素，氯仿，道诺霉素，铅，*磁场(极*低频)，默法兰，甲基汞化合物，丝裂霉素 C，苯巴比妥，*射频电磁场，咖啡（膀胱），汽油，[294 例，包括其他病例]
第三组：对人类致癌性无法分类	放线菌素 D，氨苄西林，蒽，胆固醇，地西泮，*电场（极低频），*电场（静态），乙烯，*荧光灯，*磁场（静态），6-巯基嘌呤，汞，氯甲烷，苯酚，甲苯，二甲苯，茶[505 例，包括其他病例]
第 4 组：可能对人类没有致癌性	己内酰胺（尼龙材料）[1 宗]

*：与电磁场、紫外线和电离辐射有关的环境因素。

在收到 IARC 射频电磁场致癌性评估报告后，WHO 计划对其于 2017 或 2018 年度制定的环境卫生标准（EHC）一起进行致癌性和其他健康效应的综合评估。WHO 于 2014 年 9 月 30 日发布了一份 EHC 草案[31]，并邀请公众在当年 12 月 15 日前对该草案发表评论。草案公布了 14 个 EHC 章节中的第 2 章至第 12 章。第 1 章（概述和推荐的研究主题）、第 13 章（健康风险评估）和第 14 章（保护措施）最为重要，但他们准备等任务组得出结论后再完成，其中结论也包括考虑公众的意见因素。

另一方面，欧盟委员会下属的新兴和新发现健康风险科学委员会（SCENIHR）于 2015 年 1 月 20 日发布了《电磁场暴露对健康潜在影响的认识》[32]。文中关于射频电磁场对健康影响的结论可概括为如下几点。

（1）流行病学的研究结果没有提供足够的证据能够表明脑肿瘤的风险增加，也没有表明其他颅颈癌（包括儿童和其他恶性肿瘤）的风险增加。

（2）一些早期的研究结果提出了一个问题，即关于高强度使用手机的人患神经胶质瘤和听神经瘤风险增加的问题。近期队列研究和随时间变化的发病率研究的结果弱化了神经胶质瘤风险增加的迹象，但是听神经瘤与射频暴露之间存在联系的可能性仍然没有得到解决。

（3）研究结果表明，射频暴露可能会影响人们清醒时和睡眠时的脑电图，最近的研究进一步证实了这一点，但轻微生理变化的生物学意义尚不清楚。

（4）没有证据表明射频暴露会影响人类的认知功能。

（5）早期 SCENIHR 的意见认为，低于当前暴露限值的射频电磁场暴露水平对生殖或发育没有有害影响，根据这些最新数据，这一结论保持不变。

10.5 电磁过敏

在过去的十年或更长时间里,世界上越来越多的人认为他们的身体或精神状况的恶化应归结于对电磁场的高度敏感,这些人被称为"对电磁过敏",在大众传播媒介和其他地方被 WHO 更确切地称为"电(电磁)过敏反应:EHS"。在弱电磁场暴露下,据说会发生皮肤表现变化(如发红、烧灼感)或自主神经紊乱(如头痛、疲劳、头晕、恶心)等现象。这种现象不是由任何特定的频段引起的,而似乎是由高频和低频共同引起的。

在 20 世纪 90 年代末,欧洲和美国的一些医院开始对此类过敏患者提供护理,在北欧,此类患者的数量似乎特别高。WHO 于 2004 年在捷克共和国布拉格召开了一次环境、健康和安全(EHS)研讨会,并发布了一份 EHS 情况说明书[33]。EHS 与化学过敏性(如病房综合征)在多个方面存在不同,但在为寻求因果关系开展的针对主体症状患者的盲测(患者未被告知与测试相关的电磁场暴露)中,并没有发现电磁场的关联。关于电磁场对 EHS 的影响,WHO 目前基于科学数据的立场是消极的。

10.6 电磁场生物效应和风险沟通

如前所述,现代社会以电力的形式又远又广泛地传输能。各种各样的电磁场在环境中用于信息通信和其他目的的作用已经变得极其巨大,而且无疑将在未来几年加速增长。这为人们带来了更多的便利,但也引起了许多人对电磁场的担忧,尤其对电磁场对健康的影响感到不安。因此,WHO 工作组的许多成员都指出了风险沟通的重要性。工作组审议的电磁场是非电离的低频和射频电磁场,不同于通常与公众称之为"辐射"的电离 X 射线和伽马射线。虽然电磁场的能级使得它们极不可能直接破坏细胞 DNA,但对于大部分公众来说,"电磁场"一词可能具有与"辐射"相同的内涵。日本经济产业省、内务省、交通省、环境省等相关政府机构正在利用各自的网站和其他手段增加这方面的公众知识,并正在制定举办电磁场与健康讲座的政策,向更多的人阐述认知的现状,并加深理解。同时,有许多出版物和网站也增加了对电磁场的过度不安与焦虑。

风险沟通对于增进对电磁场和健康的清晰理解至关重要。但是,如果在生命科学中目前尚不确定的领域没有进一步的研究和发展,那么其有效性将受到限制。正因为如此,同期取得的进展应该是必不可少的。

10.7 结论

生物电磁学的一个主要目的是基于科学可靠的研究结果对电磁场的生物学效应进行有效的评估。生物、细胞和聚合化合物对远高于通常环境的磁通密度的响应的研究结果是重要的,因为它们将引领该领域未来的进展。这类研究将能够根据电磁场的剂量效应关系推导阈值(目前,剂量对于低频电磁场是基于磁通密度和感应电流的,而对于射频电磁场是基于比吸收率的,暴露时间仅作为一个附加因素)。电磁场可用作生命科学本身的研究工具,其已知效应在生命科学、工程、农业、卫生和医药领域也有积极的应用，目前相关的研究正在开展。

手机和无线电源的发展推动了工程技术的快速发展。同时，电磁场是一个新的环境因素，必须作为社会的一部分来考虑。电磁场是非电离的，但很可能大多数公众会倾向于将"电磁场"一词与人们通常理解的"电离辐射"等同起来。在不久的将来，对因手机和电脑的无线电池、电动车无线电源及其他非接触式能量传输技术而产生的电磁场的利用，将会遵循一个快速上升的轨迹。电磁环境不可阻挡的增长将需要进一步的研究，以便根据可靠的科学数据对未能解释的问题确定电磁场的安全性，并推动生命科学领域中前沿技术的发展。

10.8 参考文献

[1] Kato, M., Shigemitsu, T., Miyakoshi, J., Fujiwara, O., Wang, J., Yamazaki, K., et al. (2006). *Electromagnetics in Biology*. Berlin: Springer.

[2] Miyakoshi, M., Schoemaker, M. J., Preece, A. W., Leitgeb, N., Bernardi, P., Lin, J. C., Lin, J. C. (2009). "Health effects of cell phone radiation," in *Advances in Electromagnetic Fields in Living Systems*, Vol. 5, ed. J. C. Lin (New York: Springer).

[3] Miyakoshi, M. (2013). Cellular and molecular responses to radio-frequency electromagnetic fields. *Proc. IEEE* 101, 1494-1502.

[4] Wertheimer, N., Leeper, E. D. (1979). Electrical wiring configurations and childhood cancer. *Am. J. Epidemiol.* 109, 273-284.

[5] Kheifets, L., Shimkhada, R. (2005). Review; childhood leukemia and EMF: review of the epidemiologic evidence. *Bioelectromagnetics* 7, S51-S59.

[6] Kabuto, M., Nitta, H., Yamamoto, S., Yamaguchi, N., Akiba, S., Honda, Y., et al. (2006). Childhood leukemia and magnetic fields in Japan: a case-control study of childhood leukemia and residential power-frequency magnetic fields in Japan. *Int. J. Cancer* 119, 643-650.

[7] Ahlbom, A., Day, N., Feychting, M., Roman, E., Skinner, J., Dockerty, J., et al. (2000). A pooled analysis of magnetic fields and childhood leukaemia. *Br. J. Cancer* 83, 692-698.

[8] Kheifets, L., Ahlbom, A., Crespi, C. M., Draper, G., Hagihara, J., Lowenthal, R. M., et al. (2010). Pooled analysis of recent studies on magnetic fields and childhood leukaemia. *Br. J. Cancer* 103, 1128-1135.

[9] World Health Organization (2017). Available at: http://www.iarc.fr/en/ media-centre/pr/2010/pdfs/pr200 E.pdf#search ='IARCWHO Press Release No. 200'

[10] Hardell, L., Carlberg, M., and Hansson Mild, K. (2011). Pooled analysis of case-control studies on malignant brain tumours and the use of mobile and cordless phones including living and deceased subjects. *Int. J. Oncol.* 38, 1465-74.

[11] Sato, Y., Akiba, S., Kubo, O., and Yamaguchi, N. (2011). A case-case study of mobile phone use and acoustic neuroma risk in Japan. *Bioelectromagnetics* 32, 85-93.

[12] Aydin, D., Feychting, M., Schz, J., Tynes, T., Andersen, T. V., Schmidt, L. S., et al. (2011). Mobile phone use and brain tumors in children and adolescents: a multicenter case-control study. *Natl. Cancer Inst.* 103, 1-13.

[13] Cardis, E., Armstrong, B. K., Bowman, J. D., Giles, G. G., Hours, M., Krewski, D., et al. (2011). Risk of brain tumours in relation to estimated RF dose from mobile phones—results from five Interphone countries. *Occup. Environ. Med.* 68, 631. DOI:10.1136/oemed-2011-100155.

[14] Mobi kids (2015). Available at: http://www.crealradiation.com/index. php/en/mobi-kids-home.

[15] GERoNiMO (2016). Available at: http://www.crealradiation.com/index. php/en/geronimo-home.

[16] IARC (2002). *Monograph on the Evaluation of Carcinogenic Risks to Humans,* Vol. 80. IARC: Lyon.

[17] Repacholi, M. H., Basten, A., Gebski, V., Noonan, D., Finnie, J., and Harris, A. W. (1997). Lymphomas in E-Piml transgenic mice exposed to pulsed 900 MHz electromagnetic fields. *Radiat. Res.* 147, 631-640.

[18] Baan, R., Grosse, Y., Lauby-Secretan, B., El Ghissassi, F., Bouvard, V., Benbrahim-Tallaa, L., et al. (2011). Carcinogenicity of Radiofrequency electromagnetic fields. *Lancet Oncol.* 12, 624-626.

[19] Szmigielski, S., Szudzinski, A., Pietraszek, A., Bielec, M., Janiak, M., Wrembe, J. K. (1982). Accelerated development of spontaneous and benzopyrene-induced skin cancer in mice exposed to 2450-MHz microwave radiation. *Bioelectromagentics* 3, 179-191.

[20] Tillmann, T., Ernst, H., Streckert, J., Zhou, Y., Taugner, F., Hansen, V., et al. (2010). Indication of cocarcinogenic potential of chronic UMTS-modulated radiofrequency exposure in an ethylnitrosourea mouse model. *Int. J. Radiat. Biol.* 86, 529-541.

[21] Heikkinen, P., Ernst, H., Huuskonen, H., Komulainen, H., Kumlin, T., Mki-Paakkanen, J., et al. (2006). No effects of radiofrequency radia-tion on 3-chloro-4-(dichloromethyl)-5-hydroxy-2(5H)-franone-induced tumorigenesis in female Wister rats. *Radiat. Res.* 166, 397-408.

[22] Wyde, M. (2016). *NTP Toxicology and Carcinogenicity Studies of Cell Phone Radiofrequency Radiation.* Ghent:BioEM.

[23] Crasta, K., Ganem, N. J., Dagher, R., Lantermann, A. B., Ivanova, E. V., Pan, Y., et al. (2012). DNA breaks and chromosome_pulverization from errors in mitosis., *Nature* 482, 53-58. doi: 10.1038/nature10802.

[24] Leszczynski, D., Joenvr, S., Reivinen, J., Kuokka, R. (2002). Non-thermal activation of the hsp27/p38MAPK stress pathway by mobile phone radiation in human endothelial cells: molecular mechanism for cancer-and blood-brain barrier-related effects. *Differentiation* 70, 120-129.

[25] World Health Organization (2014). Available at: http://www.who.int/ peh-emf/project/en/
[26] World Health Organization (2007). Available at: http://www.who.int/ peh-emf/publications/ extremely-low frequencyelectromagnetic field ehc/en/index.html
[27] World Health Organization (2008). *Extremely Low Frequency Fields-Environmental Health Criteria No.238*. Geneva: WHO.
[28] IARC Working Group on the Evaluation of Carcinogenic Risks to Humans (2013). Non-Ionizing Radiation, Part 2: Radiofrequency Elec-tromagnetic Fields. *IARC Monogr. Eval. Carcinog. Risks Hum*. 102, 1-460.
[29] Samet, J. M., Kurt, S., Joachim, S., Rodolfo, S. ()2014. Mobile phones and cancer-next steps after the 2011 IARC review. *Epidemiology* 25, 23-27.
[30] World Health Organization (2011). Available at: http://monographs.iarc. fr/ENG/Classification/
[31] World Health Organization (2014). Available at: http://www.who.int/ peh-emf/research/ radiofrequency_ehc_page/en/.
[32] European Commission (2017). Available at: http://ec.europa.eu/health/ scientintermediate-frequencyic_committees/emerging/opinions/index_en.htm.
[33] World Health Organization (2014). Available at: http://www.who.int/ mediacentre/factsheets/ fs296/en/index.html.

11

2.4GHz 频段 WPT 和 WLAN 的共存

山本幸司（Koji Yamamoto）　　山下正太（Shota Yamashita）

日本京都大学信息研究学院

摘要

2.4GHz 频段是实现无线能量传输（WPT）的理想频段[1]，也是目前众多无线局域网（WLAN）设备所使用的频段，因此应认真考虑 WPT 与 WLAN 之间的兼容问题。在本章中，通过试验讨论了 WPT 与 WLAN 的共存问题，特别是 WPT 如何为 WLAN 设备供能的问题。通常最常见的两种划分无线电资源的方式是频率划分和时间划分。在频域中实现 WPT 和 WLAN 共存的无线电资源管理被称为连续 WPT 和 WLAN 数据传输的临近信道工作模式，而在时域中被称为断续 WPT 和 WLAN 数据传输的共信道工作模式。试验结果表明，因为已开发的 WLAN 设备未曾考虑 WPT 的存在，即使实现了这两种工作模式，也会存在一些新问题。在试验中发现了一个问题，即由于存在相当强的干扰，因此 2.4GHz 频段的临近信道工作模式的性能不一定很好，而且在 2.4GHz 频段无论如何划分频率，都不能消除这种干扰。另一个问题是考虑到 WLAN 中的速率自适应性，断续性 WPT 可能导致其吞吐量降低。作为解决吞吐量降级的一种方案，采用了基于暴露评价的速率自适应方案，并对其进行了评估。

11.1 引言

在先前的一些研究中，已经讨论了无线设备的无线能量传输问题，如参考文献[5]和参考文献[6]中设计了天线与整流器，参考文献[7]和参考文献[8]证明了移动电话与传感器设备可以使用 2.4GHz 频段进行无线供电。在参考文献[9]中，作者研究了无线能量传输对基于 IEEE 802.15 的通信系统的影响。然而，在这些先期研究中都没有详细讨论 WPT 对 WLAN 通信方面的影响。

本章的主要目的是通过试验研究无线能量传输对基于 IEEE 802.11g 的WLAN 数据通信的影响。在此特别假设无线设备是由无线方式供电的，并且设备必须利用存储的能量来传输数据。

在本研究中，为了有效利用频谱，我们假设 WPT 与 WLAN 共用相同的 2.4GHz 频段。2.4GHz 频段只是无线能量传输的备选频段之一[1]。

在不改变 WLAN 设备的情况下,有两种基本方法来避免无线能量传输对 WLAN 数据通信的干扰:(1) 连续能量和数据传输的临近信道工作模式(频域分离);(2) 断续微波能量和数据传输的共信道工作模式(时域分离)。分别实现了这两种方法,并评估了各自的性能。

试验结果表明,由于开发 WLAN 设备时并未考虑 WPT 的存在,即使采用上述这些基本方法,也会产生无法解决的问题。由于开发临近信道 WLAN 设备时没有考虑微波能量源的功率电平,前者受到无线能量传输的影响。然而如果断续地进行无线能量传输,由于具有冲突避免的载波监听多址接入(CSMA/CA)机制,WLAN 设备将成功实现通信。

本章安排如下:11.2 和 11.3 节分别描述了临近信道工作模式与共信道工作模式;为避免同信道工作模式中的吞吐量降级,11.4 节讨论了基于暴露评价的速率自适应方案;11.5 节则对主要成果总结。

11.2 连续 WPT 和 WLAN 数据传输的邻近信道工作模式

在本节中,为了讨论连续 WPT 和 WLAN 数据传输的临近信道工作模式的可行性,我们通过试验测量了 WLAN 的吞吐量,特别对 WLAN 设备的接收功率密度和频率分离对吞吐量的影响进行了评估。试验结果表明,即使使用临近信道工作模式,WLAN 设备也会受到 WPT 的影响,这是因为接收 WPT 功率太大,使用带通滤波器都不能完全将其衰减掉。

11.2.1 连续无线能量传输试验装置

如图 11.1 所示为测试装置,该系统包括能量源(ES)、数据发射机(DT)和数据接收机(DR)。如图 11.2 所示为本试验中使用的 ES 和 DT,将 DR 置于 ES 后面以避免无线能量传输带来的任何影响。本章介绍的所有测量均在无线电暗室中进行。

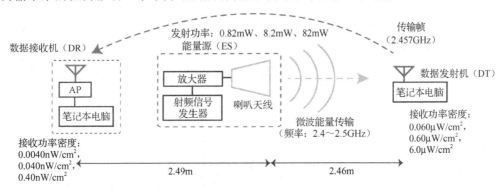

图 11.1 相邻信道工作装置

ES 由射频信号发生器、放大器和喇叭天线组成,其中 ES 将发射连续的微波到 DT。注意,一般假设无线能量传输使用连续微波[6][7][10][11]。通过测量可以确认无线能量传输的带宽小于 2kHz,中心频率 f_{WPT} 设定在 2.4~2.5GHz 频段内。

用一台笔记本电脑(Apple MacBook Pro)作为 DT,利用 Iperf 2.0.5 软件向 DR 发送用户数据报协议(UDP)的数据帧 20s[12],载波的中心频率为 2.457GHz,提供的负载和 UDP 数据报的大小分别为 15Mbit/s 和 1470B。

图 11.2 ES 和 DT 的实验装置

DR 由一个接入点（Allied Telesis AT-TQ2403）和一台笔记本电脑组成，其中笔记本电脑使用 Iperf 2.0.5 软件通过接入点（AP）从 DT 接收数据帧，然后测量吞吐量。

11.2.2 测试结果

如图 11.3 所示为实际吞吐量，其特性在很大程度上取决于 DT 处的接收功率密度。当 DT 的接收功率密度小于或者等于 $0.60\mu W/cm^2$ 时，如果无线能量传输的中心频率 f_{WPT} 与 WLAN 的信道不重叠（DT 没有从 ES 检测到无线能量传输），则可实现大约 15Mbps 的吞吐量。请注意，此处提供的负载就是 15Mbps。相反，当 f_{WPT} 与用于 WLAN 通信的信道重叠时，吞吐量几乎为零（DT 检测到无线能量传输并推迟 WLAN 数据传输）。

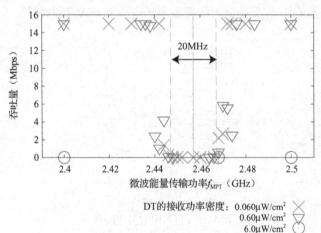

图 11.3 相邻信道工作模式下的吞吐量

然而，当 DT 处的接收功率密度为 $6.0\mu W/cm^2$ 时，无论 f_{WPT} 如何，吞吐量均为 0，这可能是因为接收机处的带通滤波器没有完全衰减 WPT 的能量。

如果 WLAN 设备采用无线方式供电，则设备的接收功率密度通常必须远高于 $6.0\mu W/cm^2$。在这种情况下，无论 f_{WPT} 的值为多少，WLAN 模块都将检测到来自 ES 的微波能量。举个例子，如参考文献[3]中所估计的，即使在睡眠模式下，WLAN 传感器节点处接收到的功率密度至少可达 0.3 mW/cm²。至少存在两种方案可能解决这一与功率相关的问题：第一种是在接收机处应用适当的带通滤波器来衰减 WPT 的微波功率；第二种是断续地传输微波功率。由于第二种解决方案可以通过商用设备来实现，因此本章将讨论断续性无线能量传输。

11.3 断续 WPT 和 WLAN 数据传输的共信道工作模式

本节将讨论断续 WPT 和 WLAN 数据传输的共信道工作模式的可行性。因为 WLAN 设备基于 CSMA/CA 机制工作，所以它们在无线能量传输过程中将延迟传输，因此即使在进行断续的无线能量传输时，仍有望成功进行通信。为了详细评估共信道工作模式的可行性，测量了数据速率和数据丢帧的数量。

11.3.1 断续无线能量传输试验装置

如图 11.4 所示为试验装置，主要包括能量源（ES）、数据发射机（DT）、数据接收机（DR）和帧分析仪（FA）。其中 DR 和 FA 位于 ES 后方，以避免受无线能量传输的任何影响。FA 由 WLAN 帧捕获设备和便携 PC 组成，用于从 DT 和 DR 中捕获帧。帧捕获的目的是明确每一帧的标头中指定的数据速率，以及传输帧的数量。

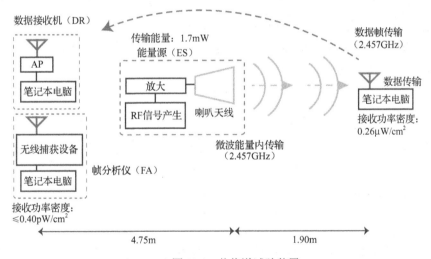

图 11.4 共信道试验装置

ES 定期发送微波能量。具体来说，它在固定时间 T_{PT} 期间进行无线能量传输，并在另一个固定时间 T_{PS} 期间停止无线能量传输。下标"PT"表示能量传输，下标"PS"表示能量暂停传输。设定能量源以 2.457GHz 的中心频率和 1.70mW 的发射功率进行发射。

在 T_{PT} 期间，DT 检测来自能量源的 WPT 能量而无法发送数据帧，而是在此期间将其保存在有限大小的缓冲器中，到了 T_{PS} 期间再传输该数据帧。如 11.2 节所述，此处提供的负载和 UDP 数据报的大小分别为 15Mbps 和 1470B。

11.3.2 共信道工作模式下的丢帧率估计

根据 CSMA/CA 工作流程，WLAN 设备按预期检测无线能量传输并在后者结束时传输数据。此外，如果 WLAN 设备的输出缓冲区已满，则根据预编程的缓冲区管理规则[13]，WLAN 设备将删除缓冲区中的特定帧。在本小节中，为了区分帧丢失的原因，我们申明为避免因缓冲区溢出而发生帧丢失的必要条件，此处统一假设是尾部丢失。

丢帧率 P_{loss} 定义为

$$P_{\text{loss}} := \frac{N_{\text{generated}} - N_{\text{received}}}{N_{\text{generated}}} \tag{11.1}$$

其中，N_{received} 和 $N_{\text{generated}}$ 分别代表接收帧与生成帧的数量。

DT 的输出缓冲区主要因 T_{PT} 很长或 T_{PS} 很短而溢出。为了确认这些假设并预估防止帧丢失的条件，将帧丢失率表示为 T_{PT} 和 T_{PS} 的函数。为简单起见，假设 DT 在 T_{PT} 期间不发送数据帧。

首先，当 T_{PS} 足够长时，输出缓冲区是否溢出取决于 T_{PT} 的值。直观地说，当 T_{PT} 期间生成的数据帧的大小之和大于输出缓冲区大小 B 时，输出缓冲区将发生明显溢出。用 G 表示所供负载，防止缓冲区溢出的条件是：

$$GT_{\text{PT}} \leq B \tag{11.2}$$

在这里，如果式（11.3）成立，则等式（11.2）成立：

$$T_{\text{PT}} = B/G =: T_{\text{PT,longPS}} \tag{11.3}$$

因此，当 T_{PS} 足够长且满足 $T_{\text{PT}} > T_{\text{PT,longPS}}$ 时，$N_{\text{generated}} - N_{\text{received}} =: N_{\text{discarded}}$ 表示丢帧的数量，可按下式计算：

$$N_{\text{discarded}} = \frac{GT_{\text{PT}} - B}{L} \tag{11.4}$$

其中，L 表示 UDP 有效负载的大小。

其次，当 $T_{\text{PT}} \leq T_{\text{PT,longPS}}$ 时，输出缓冲器是否溢出取决于 T_{PS} 与 T_{PT} 的比值。如果在一个周期中生成的数据帧的数量大于可以在 T_{PS} 中发送的数据帧的数量，缓冲区将溢出。因此，避免缓冲区溢出的条件是：

$$\frac{G(T_{\text{PT}} + T_{\text{PS}})}{L} \leq \frac{T_{\text{PS}}}{\tau} \tag{11.5}$$

其中，τ 表示从一个数据传输开始到下一个数据传输开始的周期的平均值。注意，τ 的值是通过实验评估而来的。在这里，式（11.5）成立的条件是：

$$T_{\text{PS}} = \frac{GT_{\text{PT}}}{L/\tau - G} =: T_{\text{PS,shortPT}} \tag{11.6}$$

因此，当 $T_{\text{PT}} \leq T_{\text{PT, longPS}}$ 和 $T_{\text{PS}} < T_{\text{PS,shortPT}}$ 时，$N_{\text{discarded}}$ 的值用下式计算：

$$N_{\text{discarded}} = \frac{G(T_{\text{PT}} + T_{\text{PS}}) - LT_{\text{PS}}/\tau}{L} \tag{11.7}$$

第三，当 $T_{\text{PT}} > T_{\text{PT, longPS}}$ 时，计算 $N_{\text{discarded}}$ 是采用式（11.4）还是式（11.7）取决于 T_{PS} 的值。在这种情况下，DT 应在 T_{PS} 期间发送 $(B + GT_{\text{PS}})/L$ 个数据帧。因此，如果满足下式：

$$\frac{B+GT_{\text{PS}}}{L} \leq \frac{T_{\text{PS}}}{\tau}, \tag{11.8}$$

就利用式（11.7）计算 $N_{\text{discarded}}$。此处式（11.8）成立的条件是：

$$T_{\text{PS}} = \frac{B}{L/\tau - G} =: T_{\text{PS,longPT}} \tag{11.9}$$

因此，根据式（11.2）~或（11.6）和 $N_{\text{generated}} = G(T_{\text{PT}} + T_{\text{PS}})/L$，丢帧率 P_{loss} 可用下式计算：

$$P_{\text{loss}} = \begin{cases} \dfrac{G(T_{\text{PT}}+T_{\text{PS}}) - LT_{\text{PS}}/\tau}{G(T_{\text{PT}}+T_{\text{PS}})} & \text{当 } T_{\text{PS}} < T_{\text{PS,shortPT}} \text{ 或 } T_{\text{PS}} < T_{\text{PS,longPT}}; (11.10a) \\ \dfrac{GT_{\text{PT}} - B}{G(T_{\text{PT}}+T_{\text{PS}})} & \text{当 } T_{\text{PT}} > T_{\text{PT,longPS}} \text{ 且 } T_{\text{PS}} \geq T_{\text{PS,shortPT}}; (11.10b) \\ 0 & \text{当 } T_{\text{PT}} \leq T_{\text{PT,longPS}} \text{ 且 } T_{\text{PS}} \geq T_{\text{PS,shortPT}}. (11.10c) \end{cases}$$

注意，P_{loss} 是 T_{PT} 的递增函数和 T_{PS} 的递减函数。

为了避免缓冲区溢出，需要同时满足 $T_{\text{PT}} \leq T_{\text{PT,longPS}}$ 和 $T_{\text{PS}} \geq T_{\text{PS,shortPT}}$，其中 T_{PS} 和 T_{PT} 的比应该满足下式：

$$T_{\text{PS}}/T_{\text{PT}} \geq T_{\text{PS,shortPT}}/T_{\text{PT,longPS}}$$
$$= \frac{1}{L/G\tau - 1} \tag{11.11}$$

换言之，$T_{\text{PS}}/T_{\text{PT}}$ 的下限必须与提供的负载同步增加。注意，$T_{\text{PS}}/T_{\text{PT}}$ 值越大，意味着数据传输时间越多、无线能量传输时间越少。

$T_{\text{PS}}/T_{\text{PT}}$ 存在下限，意味着所提供的功率存在上限。用 P_{PT} 来表示 T_{PT} 期间的供电功率，那么多个周期的平均供电功率 P_{e} 可以写成

$$P_{\text{e}} = \frac{P_{\text{PT}} T_{\text{PT}}}{T_{\text{PS}} + T_{\text{PT}}} = \frac{P_{\text{PT}}}{1 + T_{\text{PS}}/T_{\text{PT}}}$$
$$\leq \frac{P_{\text{PT}}}{1 + T_{\text{PS,shortPT}}/T_{\text{PT,longPS}}} \tag{11.12}$$
$$= (1 - G\tau/L)P_{\text{PT}} =: P_{\text{e,max}}$$

因此，提供的流量 G 越大，意味着平均供电功率越低。图 11.5 给出了 $P_{\text{e,max}}/P_{\text{PT}}$ 和 G 之间的关系：$P_{\text{e,max}}/P_{\text{PT}}$ 随着 G 的增加而减少。因此，必须降低 G 以向 WLAN 设备提供足够的电力。

11.3.3 测试结果

1. 数据速率

如图 11.6 所示为每 0.050s 内所定义的一帧的平均数据速率。请注意，这并不代表实际吞吐量。从图 11.6 中可以看到，根据速率自适应原理，T_{PT} 期间的数据速率会下降。

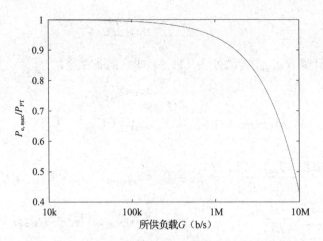

图 11.5　当 $\tau = 0.67$ms 和 $L = 1470$B 时 $P_{e,max}/P_{PT}$ 随着提供负载 G 变化的曲线

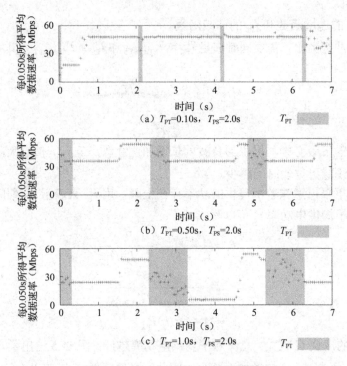

图 11.6　每 0.050s 的平均数据速率

具体来说，在图 11.6 中有两个因素在第 11.3.2 小节中没有考虑，而这两个因素与速率自适应有关，它们致使丢帧率比式（11.10）中估算得更高。第一个因素是，即使在 T_{PT} 期间，DT 也会尝试降低数据速率重新传输数据帧。这是因为 DT 有时会尝试发送数据，甚至在 T_{PT} 期间也是如此，并因此未能接收到确认（ACK）帧而判为丢帧。特别需要指出，数据速率会随着 T_{PT} 的增加而逐渐降低。

第二个因素是 DT 在无线能量传输停止后，重新配置数据速率需要一定的时间。如图 11.6（a）所示，DT 通常在 T_{PS} 期间以 48Mbps 的速率传输数据帧，但如图 11.6（b）和

11.6（c）所示，当 T_{PT} 足够长时，即使能量源停止无线能量传输并开始传数据时，DT 也不会重新配置数据速率。

对于以上两种情况，一种解决方案是控制 DT，使其在无线能量传输期间不传输数据帧，因此 ES 和 DT 必须共享有关无线能量传输和数据传输的时序信息以实现这种控制。另一种解决方案是区分丢帧的情况，这种方法将在第 11.4 节进行讨论。

2. 丢帧率

如图 11.7 所示为丢帧率随 T_{PS} 变化的情况，其中 T_{PT} 分别为 0.5s 和 1.0s。正如式（11.10）所言，丢帧率 P_{loss} 随着 T_{PS} 增加而减少。从图 11.7 中可以看到，在 $T_{PS} \geq 2.0s$ 的范围内且 $T_{PS}=1.0s$ 时，可用式（11.10a）和式（11.10b）建立 P_{loss} 和 T_{PS} 之间关系的合适模型。在该范围内，测得 $\tau=0.65ms$ 且不依赖于 T_{PS}，并且通过使用最小二乘法将该范围内的实验数据 $T_{PS}=1.0s$ 拟合到估算式（11.10）中来估计 B。因此，丢帧率可用下式估算：

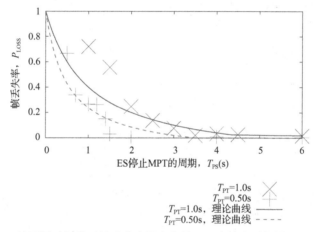

图 11.7 ES 断续 WPT 的不同时间段下帧丢失率的变化情况（实线表示假设 $B=1.6MB$ 且 $\tau=0.65ms$、$T_{PT}=1.0s$ 时的帧丢失率的实验数据与估计数据的拟合；虚线表示假设 $B=1.6MB$ 且 $\tau=0.68ms$、$T_{PT}=0.5s$ 时的帧丢失率的实验数据与估计数据的拟合）

$$P_{loss} = \begin{cases} \dfrac{1.2s}{T_{PS}+1.0s} - 0.21 & T_{PS} < 4.4s \\ \dfrac{0.15s}{T_{PS}+1.0s} & T_{PS} \geq 4.4s \end{cases} \quad (11.13)$$

注意，利用式（11.9）计算得 $T_{PS,longPT}$ 为 4.4s。在另一个范围内（当 $T_{PS}=1.0s$ 且 $T_{PS} \leq 1.5s$ 时），估计值不能很好地拟合实验数据，这是因为在第 11.3.2 小节中未考虑的第一和第二因素，特别是第二个因素是主要原因。请注意，当 T_{PS} 很短时，DT 低速率传输的时段会增加。

当 $T_{PS} \geq 0.7s$，且 $T_{PT}=0.5s$ 时，式（11.10a）和式（11.10c）是建 P_{loss} 和 T_{PS} 之间关系的适当模型。在此范围内，测得 $\tau=0.69ms$，且与 T_{PS} 无关。因此，丢帧率可以估算如下：

$$P_{loss} = \begin{cases} \dfrac{0.58s}{T_{PS}+0.5s} - 0.15 & T_{PS} < 3.5s \\ 0 & T_{PS} \geq 3.5s \end{cases} \quad (11.14)$$

这里使用式（11.6）计算得 $T_{\text{PS,shortPT}}$ 为 3.5s。在另一范围内（即当 $T_{\text{PT}} = 0.5\text{s}$ 且 $T_{\text{PS}} = 0.5\text{s}$ 时），估算值不能很好地拟合实验数据。这也是在第 11.3.2 节中没有考虑第二个因素造成的。

注意，$T_{\text{PT}} = 1.0\text{s}$ 时的试验数据与式（11.13）所得的理论曲线之间的差异大于 $T_{\text{PT}} = 0.5\text{s}$ 的试验数据与式（11.14）所得的理论曲线之间的差异。这主要是由于在第 11.3.2 小节中未考虑的第一个因素造成的。请注意，T_{PT} 越长，DT 越难以接收 ACK 帧，数据速率也因而降低。

如图 11.8 所示为 $T_{\text{PT}} = 2.0\text{s}$ 和 $T_{\text{PT}} = 6.0\text{s}$ 时丢帧率 P_{loss} 与 T_{PT} 的关系。此处 T_{PT} 在本试验中设定为大于或者等于 0.1s，这是因为当 $T_{\text{PT}} < 0.1\text{s}$ 时，将达到与 $T_{\text{PT}} = 0.1\text{s}$ 时相似的趋势。从式（11.10）易知，丢帧率 P_{loss} 随着 T_{PT} 的增加而增加，当 $T_{\text{PS}} = 2.0\text{s}$ 时，由式（11.10）所得的估算值不符合实验数据，这是由前面提到的第二个因素引起的。请注意，T_{PS} 太短，以至于在 T_{PS} 期间无法重新配置数据速率。

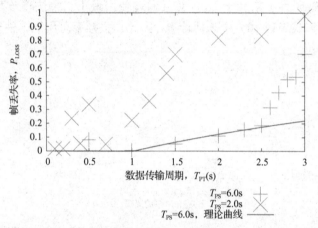

图 11.8　帧丢失率与功率传输周期的关系（实线表示 $T_{\text{PS}} = 6.0\text{s}$ 时的实验数据与
帧丢失率估计的拟合，假设 $B = 1.9\text{MB}$ 且 $\tau = 0.67\text{ms}$）

此外，从图 11.8 中还可以看到，当 $T_{\text{PS}} = 6.0\text{s}$ 且满足 $0 \leqslant T_{\text{PT}} \leqslant 2.5\text{s}$ 时，适合用式（11.10b）和式（11.10c）为 P_{loss} 和 T_{PT} 之间的关系建模。在此范围内测得 $\tau = 0.67\text{ms}$，且不依赖于 T_{PT}，使用最小二乘法拟合在 $1.0\text{s} \leqslant T_{\text{PT}} \leqslant 2.5\text{s}$ 的范围内的实验数据与估算式（11.10b）来估计 B。因此，当 $T_{\text{PS}} = 6.0\text{s}$ 时，根据式（11.10b）和式（11.10c），丢帧率可估算如下：

$$P_{\text{loss}} = \begin{cases} 1.0 - \dfrac{5.0\text{s}}{T_{\text{PT}} + 6.0\text{s}} & T_{\text{PT}} > 1.0\text{s} \\ 0 & T_{\text{PT}} \leqslant 1.0\text{s} \end{cases} \qquad (11.15)$$

其中，根据式（11.3）计算可得 $T_{\text{PT,longPS}}$ 为 1.0s。

在另一个范围内（$T_{\text{PT}} \geqslant 2.6\text{s}$ 和 $T_{\text{PS}} = 6.0\text{s}$ 时），式（11.10a）、式（11.10b）和式（11.10c）所得的估算值不能很好地拟合实验数据，这是由研究中未讨论的因素引起的，此后称之为第三个因素，即 DT 常常无法在 T_{PT} 期间从 DR 接收包括信标帧在内的帧。我们发现，当 $T_{\text{PT}} \geqslant 2.6\text{s}$ 时，DT 会试图进入睡眠状态，在一定时间内不再传输数据，因此 P_{loss} 高于估计值。请注意，与睡眠控制相关的细节并未标准化，并且取决于设备特性。除这些睡眠周期外，信标接收失败还会导致网络解除关联。

作为如何避免这些睡眠周期，以及网络解除关联的实例，要么在信标传输期间不应该发射微波功率，要么就应该调整与信标接收相关的一些定时值。

这些结果表明，在丢帧率受到前述三种因素之一影响的范围之外，第 11.3.2 小节中的估计值与实验数据值匹配良好。同时，由于存在这三种因素，丢弃的数据帧比第 11.3.2 小节中预期得要多。

11.4 基于暴露评估的速率自适应

本节将介绍基于暴露评估的速率自适应方案[4]。速率自适应方案的目的是解决第 11.3.3 小节的第 1 部分中描述的数据速率降低问题，也就是说，将基站暴露于微波辐射会导致选择较低的物理（PHY）层数据速率，即使在微波辐射中断后，也会继续使用这样的低数据速率。

本节所提方案的主要思想是利用整流天线的输出。利用整流天线的输出值，WLAN 基站可以评估该站是否暴露于微波辐射；然后利用评估结果对应的历史数据，基站选择适当的物理层数据速率进行传输，其中历史数据是从先前的传输结果（如与数据丢帧率有关的历史数据）中获得的。

该方案通过试验得以实现和验证。试验结果表明，通过利用存储在单个存储器中的历史数据，该方案能够防止物理层数据速率的降低。因此，该方案提高了 WLAN 吞吐量。

11.4.1 速率自适应方案

在大多数速率自适应方案中，通过利用与先前传输结果有关的数据（如数据丢帧率的历史数据），可以调整用于数据传输的物理层数据速率。使用历史数据的目的是估计当前链路质量，后者取决于 DT 和 DR 之间的距离，以及 DR 处的干扰功率。为了保持链路质量，调整物理层数据速率以使 DR 能够成功接收数据帧。然而，在设计大多数传统速率自适应方案中都不会假设对基站的高干扰功率会导致物理层数据速率降低。

前期的研究已经提出了几种速率自适应方案，它们能够评估 WLAN 基站是否暴露于来自使用蓝牙、ZigBee 的设备或微波炉的微波辐射下。SGRA[14]和 ARES[15]试图根据信噪功率比（SNR）和数据丢帧率来评估 WLAN 基站是否暴露于微波辐射中。然而，由于暴露评估是基于数据丢帧率进行的，因此如果数据接收机信噪比显著降低，基站将错误地检测到自身暴露于无线能量传输的微波辐射中，即使情况并非如此。这是由数据丢帧率的增加引起的，其原因不仅在于基站暴露于无线能量传输的微波辐射，还在于数据接收机的信噪比恶化。在参考文献[16]中，已经通过试验证明了数据丢帧率随信噪比的降低而增加。

11.4.2 基于整流天线输出暴露评估的速率自适应方案

前述方案的设计侧重在常规速率自适应中使用历史数据，而这些历史数据是从先前的传输中获得的（如数据丢帧率的历史数据）。该方案具有以下两个特征：（1）该基站根据整流天线的输出功率评估其是否暴露于无线能量传输的微波辐射；（2）该基站通过评估结果关联的历史数据选择适当的物理层数据速率。采用整流天线输出功率作为判据的原因是双重的。首先，在由无线能量传输供电的基站中安装了整流天线，因此无须安装其他设备来进行暴露评估。其次,使用整流天线输出功率使得配备整流天线的基站能够直接评估它是否暴露于无线能量传输的微波辐射中。

在速率自适应之前,基站测量整流天线输出功率 p_o,然后通过 p_o 去评估它是否暴露于无线能量传输的微波辐射中,其中功率阈值用 P_{th} 表示。

通过使用存储器中与评估结果相关的历史数据,该基站能够选择适当的物理层数据速率。存储用于速率自适应目的的历史数据的两个独立存储器表示为 M_E 和 M_{NE},其中下标"E"和"NE"分别表示"曝光"和"非曝光"。当 $p_o > P_{th}$ 时,基站确定它暴露于无线能量传输的微波辐射,然后将根据存储在 M_E 中的历史数据选择适当的物理层数据速率。但是,当 $p_o \leq P_{th}$ 时,基站确定它没有暴露于无线能量传输的微波辐射,然后使用存储在 M_{NE} 中的历史数据选择适当的物理层数据速率。

如图11.9所示为两种基于比例-积分-微分(PID)的速率自适应方案的数据丢帧率和物理层数据率变化情况。图11.9中的灰线表明,当数据发射机暴露于无线能量传输的微波辐射时,物理层数据速率降低。将图11.9(a)中的物理层数据速率与图11.9(b)中的物理层数据速率进行比较,可以看出后者有明显提高。

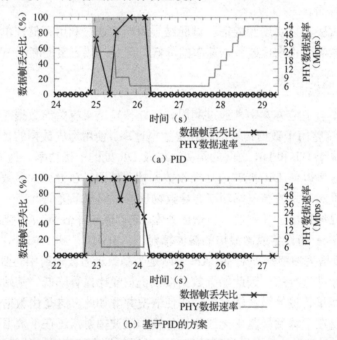

图11.9 两种基于比例-积分-微分(PID)的速率自适应方案的数据丢帧率和物理层数据率变化情况(灰色区域表示 DT 暴露于 WPT 的微波辐射的时间)

11.5 结语

通过实验,已经阐明使用相同的 2.4GHz 频段进行无线能量传输和基于 IEEE 802.11 的 WLAN 数据传输的要求。特别讨论了与无线能量传输相关的影响 WLAN 设备的 3 个具体因素。通常,微波能量和数据传输采用临近信道工作模式是一种可能的解决方案。事实上,我们首先证明了如果用于 WLAN 设备供电的微波功率足够强,那么无论如何划分 2.4GHz 频段的频率,几乎所有数据通信都会失败。这可能是因为接收机处的带通滤波器没有完全衰减微波能量。由于大量 WLAN 设备已经得到应用,因此仅通过改变 2.4GHz 的无线能量传输频率来解决这个问题是困难的。

因此,我们转而对断续无线能量传输期间数据传输的丢帧率进行测试。通常,如果设置提供的负载可以使 WLAN 设备的输出缓冲区不溢出,则由于 CSMA/CA 协议而不会丢弃帧。另外,还明确了如果 WLAN 设备尝试在无线能量传输期间进行数据传输,则会降低数据速率,从而导致传输效率下降。此外还发现,如果 WLAN 设备由于无线能量传输而未接收到一定数量以上的连续信标,则会将其切换到休眠模式,或者断开与接入点的关联。

目前已有一些方案可以解决这些问题。为了避免数据速率下降,可以采用以下方案来有效解决:设置数据发射机使其在无线能量传输期间不传输数据帧且不降低数据速率;设置数据发射机在无线能量传输停止后立即提高数据速率。此外,为了避免睡眠周期内与接入点失联,可以采用以下有效解决方案:调整睡眠和解除关联相关的定时参数,并将能量源设置为在数据发射机接收信标帧时不发送微波功率。尤其是为了避免无线能量传输对信标接收的干扰,能量源和数据发射机必须共享无线能量传输和数据传输的定时信息。同样,为了防止在无线能量传输期间传输数据帧,也必须共享无线能量传输和数据传输的定时信息。

请注意,本章给出的部分结果是特别针对本研究中使用的 WLAN 设备所提出来的(如速率自适应和相邻信道抑制)。尽管如此,仍然需要强调,本章的目的是揭示将无线能量传输应用于 WLAN 设备时所导致的未知问题。

11.6 致谢

我们非常感谢森仓正弦(Masahiro Morikura)教授、筱原直树(Naoki Shinohara)教授、西尾隆行(Takayuki Nishio)博士、岩本纪胜(Norikatsu Imoto)先生、土反口光一(Koichi Sakaguchi)先生、市原拓也(Takuya Ichihara)先生和黄勇(Yong Huang)博士的支持。该试验的开展得力于京都大学可持续人类研究所的微波能量传输实验室(METLAB)系统的支撑。

11.7 参考文献

[1] ITU-R. (2016). *Applications of Wireless Power Transmission via Radio Frequency Beam*. Technical Report, ITU-R SM.2392-0. Geneva: The International Telecommunication Union.

[2] Imoto, N., Yamashita, S., Ichihara, T., Yamamoto, K., Nishio, T., Morikura, M., et al. (1842). Experimental investigation of co-channel and adjacent channel operations of microwave power and IEEE 802.11g data transmissions. *IEICE Trans. Commun.* E97-B, 1835-1842.

[3] Yamashita, S., Imoto, N., Ichihara, T., Yamamoto, K., Nishio, T., Morikura, M., et al. (2014). Implementation and feasibility study of co-channel operation system of microwave power

transmissions to IEEE 802.11-based batteryless sensor. *IEICE Trans. Commun.*, E97-B, 1843-1852.

[4] Yamashita, S., Sakaguchi, K., Huang, Y., Yamamoto, K., Nishio, T., Morikura, M., et al. (2015). Rate adaptation based on exposure assess-ment using rectenna output for WLAN station powered with microwave power transmission. *IEICE Trans. Commun.* E98-B, 1785-1794.

[5] Umeda, T., Yoshida, H., Sekine, S., Fujita, Y., Suzuki, T., and Otaka, S. (2006). A 950-MHz rectifier circuit for sensor network tags with 10-m distance. *IEEE J. Solid State Circuits* 41, 35-41.

[6] Yoshida, S., Noji, T., Fukuda, G., Kobayashi, Y., and Kawasaki, S. (2013). Experimental demonstration of coexistence of microwave wire-less communication and power transfer technologies for battery-free sensor network systems. *Int. J. Anntenas Propag.* 1-10.

[7] Shinohara, N., Tomohiko, M., and Matsumoto, H. (2005). "Study on ubiquitous power source with microwave power transmission," in *Pro-ceedings of the Union Radio Science (URSI) General Assembly 2005*, New Delhi, 1-4.

[8] Farinholt, K. M., Park, G., and Farrar, C. R. (2009). RF energy transmis-sion for a low-power wireless impedance sensor node. *IEEE Sens. J.* 9, 793-800.

[9] Ichihara, T., Mitani, T., and Shinohara, N. (2012). "Study on intermittent microwave power transmission to a ZigBee device," in *Proceedings of the IEEE Microwave Workshop Series (IMWS) on Innovative Wireless Power Transmission: Technologies, Systems, and Applications 2012*, Kyoto, 209-212.

[10] Brown, W. C. (1984). The history of power transmission by radio waves. *IEEE Trans. Microw. Theory Technol.* 32, 1230-1242.

[11] Paing, T., Morroni, J., Dolgov, A., Shin, J., Brannan, J., Zane, R., et al. (2007). "Wirelessly-powered wireless sensor platform," in *Proceedings of the European Microwave Conference 2007*, Munich, 241-244.

[12] Iperf. Available at: http://www.iperf.fr

[13] Shacham, N., and McKenney, P. (1990). "Packet recovery in high-speed networks using coding and buffer management," in *Proceedings of the IEEE International Conference on Computer Communications (INFOCOM)*, San Francisco, CA, 124-131.

[14] Zhang, J., Tan, K., Zhao, J., Wu, H., and Zhang, Y. (2008). "A practical SNR-guided rate adaptation," in *Proceedings of the IEEE Interna-tional Conference Computer Communication (INFOCOM)*, Phoenix, AZ, 146-150.

[15] Pelechrinis, K., Broustis, I., Krishnamurthy, S. V., and Gkantsidis, C.-T. (2011). A measurement-driven anti-jamming system for 802.11 networks. *IEEE/ACM Trans. Netw.* 19, 1208-1222.

[16] Aguayo, D., Bicket, J., Biswas, S., Judd, G., and Morris, R. (2004). "Link-level measurements from an 802.11b mesh network," in *Pro-ceedings of the ACM Annual Conference Special Interest Group Data Commun (SIGCOMM)*, New York, 121-132.